柴达木盆地地球物理勘探技术方法及应用

付锁堂　马达德　冯云发　马建海等　著

科学出版社

北　京

内 容 简 介

全书共分为上、下两篇，分别介绍了对油气田勘探最为重要的两种地球物理学方法。

上篇针对柴达木高原含油气盆地的实际地质情况，应用现代地球物理理论与思路，从实际地震资料出发，应用复杂地表综合静校正技术、高保真连片叠前偏移成像技术、地震资料综合解释技术等对柴达木盆地的高陡构造、复杂低渗透岩性油气藏进行了精细分析，提出了有效的解决方法，为柴达木盆地大中型油气田的发现提供了有利的技术支撑。

下篇针对柴达木高原含油气盆地岩性复杂、储层多样的特点，应用现代测试技术与理论，从岩电关系入手，分别建立了低孔低渗储层测井评价技术、复杂岩性储层测井评价技术、低阻储层测井评价技术研究、裂缝性储层测井评价技术研究、薄层与薄互层测井评价技术研究等，有利于准确精细开展储层评价与描述，有助于柴达木盆地新层系、新油田的发现。

上述这些技术与方法也有助于其他盆地或地区开展相关问题的研究。本书供油气地质与勘探的相关人员及研究生使用。

图书在版编目（CIP）数据

柴达木盆地地球物理勘探技术方法及应用/付锁堂等著. —北京：科学出版社，2014.1

ISBN 978-7-03-039354-8

Ⅰ. ①柴… Ⅱ. ①付… Ⅲ. ①柴达木盆地-油气勘探-地球物理勘探 Ⅳ. ①P618.130.8

中国版本图书馆 CIP 数据核字（2013）第 304004 号

责任编辑：张井飞 韩 鹏/责任校对：郭瑞芝
责任印制：钱玉芬/封面设计：耕者设计工作室

科 学 出 版 社 出版
北京东黄城根北街 16 号
邮政编码：100717
http://www.sciencep.com

中国科学院印刷厂 印刷

科学出版社发行 各地新华书店经销

*

2014 年 1 月第 一 版 开本：787×1092 1/16
2014 年 1 月第一次印刷 印张：21
字数：497 000

定价：168.00 元
（如有印装质量问题，我社负责调换）

本书主要作者

付锁堂　马达德　冯云发　马建海

雍学善　王敬农　王传武　王九栓

杨洪明　王宇超　李　斐　令狐松

前　言

柴达木盆地位于青藏高原北麓，为祁连山、昆仑山和阿尔金山三山环抱的菱形山间高原盆地，海拔 2600～3000m，东西长 850km，南北宽 150～300km，面积 12.1×10⁴km²，其中沉积岩面积 9.6×10⁴km²。盆地西高东低，西宽东窄，自边缘至中心依次为戈壁、丘陵、平原、咸化湖泊或盐壳，属大陆干旱性气候，风蚀地貌广泛分布，植被稀疏，水系短小，以高山冰雪融水补给为主。

柴达木盆地是在前侏罗纪地块基础上发育起来的中、新生代陆内沉积盆地，南界为东昆仑中央断裂，北界为祁连山宗务隆山断裂，西界为阿尔金断裂。盆地基底具有古生代褶皱基底和元古代结晶基底的双重基底结构，基底顶面分布有古生代末浅变质岩、古生代变质岩、元古代深变质岩和海西期花岗岩体，最浅埋深区铁木里克小于 500m，最深为茫崖拗陷和一里坪拗陷，分别达 14000m 和 17000m。盆地内发育古生界、中生界和新生界三套地层，沉积岩最大连续厚度为 17200m。发育柴西古近系和新近系、三湖第四系、柴北缘侏罗系三大含油气系统。

盆地油气勘探始于 1954 年，迄今已有 50 多年，经历了艰苦曲折的历程，有着明显的阶段性和复杂性。①普查发现阶段（20 世纪 50～60 年代），基本以地面地质调查和重磁电物理勘探为主，并对评价较好的地面构造实施钻探，1955 年 11 月 24 日第一口探井泉 1 井在油泉子开钻获得工业油流，1958 年冷湖油田地中 4 井在 650m 获得日产 800 多吨高产工业油流，发现了冷湖油田，在此期间发现地面构造 140 个，对其中近 30 个构造进行了钻探，发现油田 12 个，探明石油地质储量 6455×10⁴t。②规模探明阶段（20 世纪 70 年代），开展模拟地震勘探，在地面条件较好和地质评价较高的区块进行地震普查，落实了一批潜伏构造并择优钻探，1976 年在盆地东部进行了天然气勘探，揭开了寻找大气田的序幕，发现并初步落实涩北一号、涩北二号含气构造，探明天然气地质储量 89.17×10⁸m³。1978 年 2 月，在柴西南区发现的跃进一号构造上的跃深 1 井喷出高产工业油流，发现亿吨级尕斯库勒油田。③持续勘探阶段（20 世纪 70 年代末到 90 年代初），随着尕斯库勒油田的发现，石油部组织开展甘青藏石油会战，在盆地开展了大规模数字地震，落实了大量构造圈闭，期间发现了跃进二号、乌南、砂西等油田和台南气田。④滚动发展阶段（1995～2006 年），依靠技术进步落实三千亿方的涩北气田，发现了南八仙、马北油气田，同时在老区开展滚动勘探，增加了一批储量，保障了油田的稳产。⑤多种类型圈闭勘探阶段（2006 年以后），基于岩性圈闭、地层不整合圈闭与构造圈闭相结合，以三维地震和精细解释为手段，对盆地山前带进行了精细勘探，在柴北缘发现了一批深层油气藏，在昆北和阿尔金山前带获得了重大油气勘探突破，储量规模上了一个新台阶，展示了柴达木盆地广阔的油气勘探远景。

截至 2006 年年底，油田共钻各类探井 2045 口，总进尺 280.58×10⁴m；获工业油气流井 491 口，探井的平均井深为 1372m，井深超过 4500m 的井只有 64 口。共完成三维地震 3461km²，二维数字地震 73166km，其中二维地震一级品为 41184km。

截至 2006 年，在柴达木盆地找到不同圈闭类型、多种储集类型的油田 16 个，气田 6 个，探明石油地质储量 33493×10⁴t，其中凝析油地质储量 7.8×10⁴t，技术可采储量 7781.4×10⁴t，探明率为 15.6％；天然气地质储量 3056×10⁸m³，其中探明气层气地质储量 2900.35×10⁸m³，探明溶解气地质储量 156.04×10⁸m³，探明天然气可采储量 1625.59×10⁸m³，探明率 12.2％，总体探明率较低。

青海油田开发从 1956 年开始，大致可以划分为四个阶段。①早期起步阶段（1954～1976 年）：先后对油泉子、尖顶山、开特米里克、油砂山、南翼山浅层、花土沟、七个泉、狮子沟浅层、鱼卡、冷湖三号、冷湖四号、冷湖五号等一批埋藏较浅的油田进行试采，年产原油在 10×10⁴t 左右。②稳步发展阶段（1977～1984 年）：相继发现并开发了尕斯库勒、砂西、乌南和红柳泉等油田，探明含油面积 73.8km²，新增探明石油地质储量 9725×10⁴t。到 1985 年底，原油年产量达到了 19.9×10⁴t。③快速建设阶段（1985～1999 年）：在此阶段发现了狮子沟深层油气藏、南翼山中深层凝析气藏、跃进二号油田和台南气田、南八仙中型油气田。1991 年原油产量达到 102×10⁴t，首次突破百万吨大关。完成了尕斯库勒油田 120×10⁴t 产能建设、花土沟－格尔木 436km 输油管道、格尔木 100×10⁴t 炼油厂等三项重点工程，标志着青海油田勘探开发并举，上下游一体化经营的格局已基本形成。到 1999 年年底，已实际建成 195×10⁴t 原油生产能力，年产原油 190×10⁴t，建成天然气生产能力 8×10⁸m³，年产天然气 3×10⁸m³ 以上。④高效开发阶段（2000 年以后）：以老油田"稳油控水"为中心，加大了科技增油和滚动勘探开发力度。坚持效益开发原则，努力做到储量、产量、效益协调增长，上下游一体化、供产销一体化，有重点地搞好效益开发系统工程建设，基本上实现了"三平衡"、"五配套"，使油气产量增幅达 10％以上，到 2006 年年底已形成 556.5×10⁴t 的油气生产能力。

总体来看，柴达木盆地油气勘探程度低，盆地认识研究程度低，勘探还存在许多空白区带和未知领域，油田发展尚有十分巨大的勘探空间和开发潜力。实践证明，柴达木盆地具有特殊的地表勘探条件和复杂的地下地质背景，油气条件的特殊性、复杂性、多变性给研究认识盆地以及勘探开发油气田带来了极大的难度，也给常规勘探开发技术的使用带来了重大挑战。

在勘探方面，由于盆地构造运动强烈、断裂发育、差异隆升明显，并且物源多、相带窄、储层薄、岩性杂、物性差，给认识油气规律、寻找整装油气田带来了诸多问题。主要是基础地质认识，特别是在生烃、沉积、储层等重要专业领域的基础地质研究还不够深入，整装油气田的勘探方向不明确，严重制约了油气勘探方向和甩开勘探的力度。主要体现在如下几个方面。

（1）烃源岩方面：柴北缘侏罗系源岩分布范围及生烃潜力，三湖第四系生物气生烃下限深度和温度等要素及资源潜力，古近系和新近系烃源岩的生烃期次和强度以及富烃凹陷的展布范围。

（2）储层方面：古近纪和新近纪陆相河流湖泊三角洲沉积对储层的宏观控制作用，快速沉积背景下的储层自生成岩作用，多类型裂缝对油气储层的影响，湖泊相碳酸岩储层的成因机理及有利储层分布规律。

（3）构造方面：古构造（古隆起、古断裂）对油气成藏的作用及影响，断裂演化中开启与封堵作用对油气成藏的作用和意义，不同期次构造的定量解释及构造圈闭有效性分析。

（4）源储组合方面：盆地不同类型油气藏源储组合的划分标准及依据，源内组合、近源组合及远源组合在盆地的分布范围及层系，不同含油气层系的资源量评价。

（5）运聚成藏方面：油气运聚时间、通道、动力、方向距离及规模对成藏的控制作用，断层、不整合面、沉积砂岩、古构造对油气运聚的作用，次生油气藏的成因及分布，晚期构造运动对油气成藏的影响因素。

（6）岩性油气藏方面：岩性油气藏的主控因素和形成背景，碳酸盐岩等复杂岩性油气藏的富集规律和勘探思路。

其次是勘探主体技术不配套，勘探技术瓶颈有待突破。储层预测、油气检测、地质建模和油藏描述等方面基础技术手段比较落后，不能完全满足需求。

（1）地震勘探在高陡构造和断裂下盘成像的技术问题，尽管有所进步，仍需要结合发展需求持续开展攻关。

（2）岩性油藏预测和判识问题，需要对高品质地震资料深化研究和分析，通过地质、地震、测井一体化联合攻关。

（3）烃类检测技术，目前已应用于天然气勘探，但对低丰度和岩性气藏的检测水平还较低，急需理论深化和实践突破。

（4）随着数字测井、成像测井技术的大规模推广应用，低孔、低渗、低阻、薄层岩性和裂缝型油气层的定性评估和定量解释要作为攻关重点。

（5）低渗薄层压裂改造技术是解放油气层的关键技术，对提高单井产量、快速动用难采储量、提高勘探开发效益具有重要意义，是攻关的技术重点。

另外，油田处于边陲高原，信息闭塞，人才匮乏，自研能力和水平较低，技术创新能力有待增强。

（1）科技资源整合力度不够，现有科研力量没有得到充分发挥，急需打造科研大平台，营造科技创新的氛围，整合科研资源。譬如集中中国石油内部研究力量、大学院校研究力量和青海油田研究力量为一体，按研究内容和项目需求做好项目立项及分工，减少低水平的重复项目和工作量，提高科研效率。

（2）勘探开发难点技术攻关的速度较慢，进展不均衡。仅依靠油田自身的力量和现有的研究水平和技术能力还不能有效破解技术难题，特别是引进的新技术、新方法解决柴达木盆地地质和技术问题的针对性不强，应用效益及效果不明显。

（3）勘探开发人员解决复杂问题的能力有限，创新意识薄弱，科研水平有待进一步提高。研究课题既需要联合攻关，也需要专项重点突破，需要发挥科研单位各自的优势，有针对性地进行科研工作，确保研究质量和水平。

最后，受盆地特殊性和复杂性的影响，五十多年已形成了围绕构造寻找油气的传统模式，随着油气勘探理论的发展，勘探思路亟待调整完善。

（1）需要进一步解放思想，坚定科学找油的理念。树立开拓意识和创新理念，要借鉴国内外先进的勘探理论和经验，科学分析柴达木盆地的油气资源，科学判断大中型油气田可能的数量与位置。立足盆地实际，精细分析油气成藏的有利条件和勘探风险，大胆探索，力争区域甩开勘探有新的突破。

（2）勘探思路不够明确，勘探层次不够清晰。注重构造找油，对岩性油气藏有所忽视；立志新区、新领域突破，对老区深化勘探有所懈怠；侧重深层高效油气藏，对浅层低渗、低产油气藏有所轻视。

（3）勘探开发一体化管理亟待加强。勘探开发一体化是缩短勘探和开发周期，实现快速发展的有效做法，也是勘探与开发各路工作观念的一个大转变。要树立"勘探为开发领路，开发为勘探护航"的一体化思想，真正达到"预探甩开发现、评价落实储量、开发贡献产能"的目的。

在油气开发方面，由于储量接替严重不足，加之注水水质不达标、油井套损、气井出砂等诸多因素影响，油气田稳产和上产中遇到了八个方面的问题。

（1）油田开发对象变差、上产难度加大。随着油田注水开发的进一步深入，主力油田主力小层水淹严重，含水上升速度加快，产量递减幅度加大，新钻开发井效果有逐年变差的趋势，开发对象逐步向主力油田的次主力、非主力小层转移，向难采储量转移。面临开发调整挖潜难度急剧加大，难采油田储量动用程度低，单井产量低，开发成本高，油田上产难度大，总体效益有所下滑。

（2）主力油田（油藏）进入中高含水期，各类矛盾日益突出。随着主力油田、油藏含水上升，吨油采出的液量大幅上升，造成地层压力下降快，单井日产下降快。"二升二快"给老油田稳产带来巨大的难度，急需加大对剩余油分布规律、油气富集区、高含水后期水驱改善、三次采油技术等方面组织攻关。

（3）主力油田自然递减率逐年加大，稳产难度越来越大。随着主力油田进入中高含水期，含水上升较快，老井产量逐年递减，如尕斯库勒油田 E_3^1 油藏、跃进二号等油田自然递减达到20％以上，其他油田自然递减也逐年上升，虽然通过近几年的"稳油控水"综合治理工作，逐步调整完善注采井网，取得一定的成效，但由于措施及调整难度越来越大，递减逐年上升，稳产难度加大。

（4）部分主力油田注水水质超标严重。围绕注水开发油田注入水水质达标，近几年来开展了一系列的改善注入水水质系列技术攻关，见到了一定的效果。但是，主力油田如尕斯库勒油藏注入水水质超标，以机械杂质超标现象最为严重，其中机械杂质超标20倍左右，总铁超标3倍左右，注入水呈偏酸性，造成注水井维护周期缩短，注水设备、设施、管材腐蚀，结垢严重，减短了使用寿命。同时给注水井投捞测试工作带来了一定的难度。

（5）投入措施工作量逐年增多，效果变差。表现在措施井次上升，年措施增油量上升，但平均单井措施增油量下降，效果变差。从1996年以来，措施由139井次上升到2006年的685井次。而平均每井次年增油由1996年的754.1t降低到2006年的310.6t。实施增产措施的储层物性越来越差，多数油田增产措施的层位由主力产层逐步向次主力层或非主力层过渡，油藏条件增产措施工艺技术的要求越来越高。

（6）气井出砂严重影响生产。涩北气田岩性疏松，岩石力学强度低，储层极易出砂，开采过程中水参与流动使储层结构可能会遭到不同程度的破坏，致使出砂加剧。随着开采时间延长和生产压差的增大，气田出砂会更加严重，必将影响气井正常生产和气井产量，增加防砂难度和防砂、冲砂的工作量，同时也会增大采气成本、降低经济效益。目前的高压充填防砂和纤维复合防砂技术对防砂层位及选井条件要求高，选井比较困难，需要对防砂技术进行改进，以满足涩北气田生产的需要。

（7）气田出水类型复杂，防水、治水面临新挑战。涩北气田为多层边水气田，气水关系复杂，气田开发过程中存在边水推进、层间水窜、气层内的束缚水变可动水产出等现象，影响气井生产，气田开发面临防水、治水难题。目前在现场对气井出水治理除了优化气井生产管柱和生产管理的手段外，没有进行其他治水试验，缺乏治水经验，需要加大找、堵水试验力度。

（8）气井产量递减明显，实现气田稳产有一定难度。随着气田的开发，地层压力下降、出水加剧、出砂砂埋产层，导致气井产量递减明显。近年来，涩北一号、涩北二号气田老井产能递减率接近 10%，气田稳产面临严峻形势。

柴达木盆地是一个油气资源比较丰富的盆地，全国第三次油气资源评价表明仅中新生界石油资源量为 21.5×10^8 t，天然气资源量为 2.5×10^{12}，同时也是一个极为复杂的含油气盆地，已发现的油气田以中小型为主，规模大、丰度高的油气田较少，仅尕斯库勒油田储量在亿吨级以上，跃进二号油田储量丰度接近每平方千米近 1000×10^4 t。目前发现的油气储量与油气资源量极不相称，已探明的石油资源地域和层位分布很不均匀。为了尽快提升青海油田油气生产的地位和作用，提高柴达木盆地油气资源向储量的转化率，快速高效发现和探明整装规模储量，彻底改变油气开发后备资源不足的状况，增强油田稳产能力，加快天然气上产速度，青海油田急需集中人力、财力、物力，整合中国石油内部一流的科研力量，引入国内外先进的技术，针对柴达木盆地的地质难点和瓶颈技术进行攻关研究，以期真正满足建设千万吨级高原油气田对科技的需求。

目　　录

上篇：柴达木盆地地震勘探技术方法及应用

第一章 柴达木盆地地球物理勘探概况

第一节 地震地质条件与地震勘探现状

一、地震地质与地表条件

柴达木盆地的地形地貌条件与地震地质条件有着较密切的对应关系，根据地震测线地表地貌的地形特征，大体可分为复杂山地、半山地、风蚀残丘、山前戈壁、沙漠沙丘、河网湖泊、沼泽草地等多种类型（图1.1）。

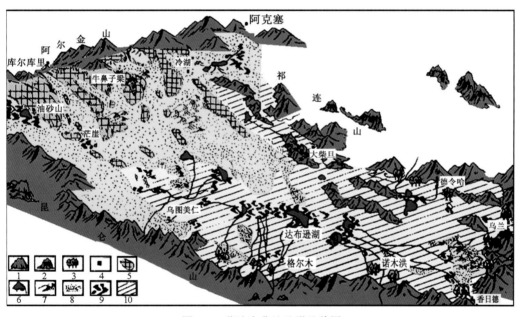

图1.1 柴达木盆地地形地貌图

1. 高山；2. 丘陵；3. 森林；4. 地名；5. 地面构造；6. 盐湖；7. 水系；8. 风蚀地貌；9. 盐沼；10. 第四系

柴达木盆地复杂山地主要集中在英雄岭周缘及盆地边缘地区，如狮子沟、油泉子-油南、红山等地区。复杂山地的地表与地下条件都十分复杂，低降速带巨厚，山体表层干燥，溶洞和裂缝发育。狮子沟工区地表以山地为主，出露地层为新近纪狮子沟组的泥岩、砂岩、砾岩及砂砾岩，表层岩性变化剧烈。其地下构造受断裂控制，在南北向的两条深大断裂的近似垂直方向发育了一系列二级断裂，构造的完整性受到破坏。地震记录上各种干扰严重，有效反射信息微弱，信噪比极低。油泉子-油南地区属于英雄岭北缘山区，地表基本为山地，覆盖着松散胶质砂泥岩层，潜水面深达600多米，地下孔洞和裂缝发育，地层切割严重。地震资料信噪比极低，规则干扰和随机干扰相互交织，侧面次生干扰严重，激发的地震波在下传上返的过程中能量损失巨大，最后到达地表的有效反射信息与表层产生的各种干扰相比显得十分微弱，在单炮记录中无法识别有效反射信息。地震资料处理面临两大难题：首先要解决巨厚低降速带、折射界面多变下的静校正问题，其次是如何去除各种干扰，增强有效信号，解决低信噪比问题。

柴达木盆地的复杂山地有别于塔里木盆地和四川盆地，以柴达木盆地英雄岭山地、塔里木盆地库车山地、四川盆地龙门山山地为例进行对比。

从野外施工环境分析，三大盆地的野外施工条件基本相当，面临的是山大沟深、地形复杂、野外施工条件差、排列布置困难、野外组合困难、山地打井困难等不利因素。

从地震地质条件分析，柴达木盆地的情况最复杂，也是最不利于开展地震勘探的。柴达木盆地英雄岭地区的山地土层松软，低降速带巨厚，表层速度低，山体表层干燥，空洞和裂缝发育，潜水面深达数百米，山体多为风化严重的泥砂岩组成；塔里木盆地库车地区山地表层岩石坚硬，比较干燥，潜水面低-中，一般在数十米左右，表层速度中-高，山体多为砂岩、砾岩及泥岩；四川盆地龙门山地区山地表层大部分覆盖有植被，潜水面高，为几米到十几米，表层速度一般较高，山体多为古生界和中生界的砂泥岩和灰岩（图 1.2）。

柴达木盆地的复杂山地地震资料的主要特点是规则干扰和随机干扰相互交织，侧面次生干扰严重，激发的地震波在下传上返的过程中能量损失巨大，最后到达地表的有效反射信息与表层产生的各种干扰相比显得十分微弱，在单炮记录中无法识别有效反射信息。经过室内处理，构造主体部位难以成像。而塔里木盆地、四川盆地的复杂山地地震资料尽管也存在着静校正、干扰波发育、构造复杂等问题，但由于地震波在下传上返的过程中能量耗散要比柴达木盆地少许多，在原始记录上还是可以清楚地识别有效反射信息的。

图 1.2　柴达木盆地与塔里木盆地、四川盆地复杂山地地貌对比
（a）柴达木盆地英雄岭；（b）塔里木盆地库车；（c）四川盆地龙门山

经过室内处理后，柴达木盆地英雄岭油泉子构造顶部基本上无法成像，而塔里木库车和四川龙门山的高陡构造还是能够得到较好的成像效果。柴达木盆地山地地震地质条件比塔里木盆地库车山地及四川盆地龙门山山地都要复杂，决定了柴达木盆地山地地震勘探难度更大（图1.3、图1.4）。

柴达木盆地地表为半山地类型的区块有以下几个地区：柴西地区的土林沟-茫崖、开特米里克、黄石等地区，柴北缘的鄂博梁-葫芦山、冷湖构造带等地区。从地表看该类地区山多坡陡，相对高差较大，潜水面较深，低降速带纵横向变化都很大，工区内表层岩性一般以风积沙梁和盐碱地为主，山地山体出露部分老地层，结构疏松，风化严重，在地表下部分地区存在膏岩和泥岩的互层，打井难度大，膏岩还形成对能量的屏蔽作用。

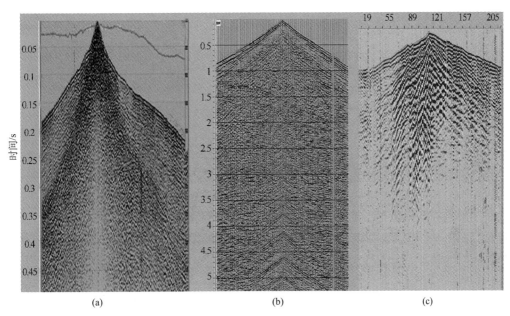

图 1.3　柴达木盆地与塔里木盆地、四川盆地复杂山地典型单炮记录对比
（a）柴达木盆地英雄岭；（b）塔里木盆地库车；（c）四川盆地龙门山

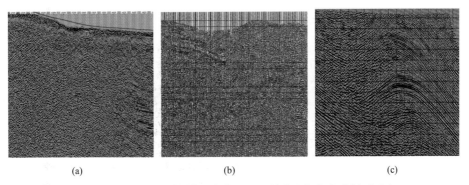

图 1.4　柴达木盆地与塔里木盆地、四川盆地复杂山地剖面对比
（a）柴达木盆地英雄岭；（b）塔里木盆地库车；（c）四川盆地龙门山

戈壁区沙丘、砾石分布，堆积较厚，表层断层发育，地表岩性不均。该类地区深层地质条件也十分复杂，由于受不同时期构造运动的影响，褶皱、断裂发育，地层倾角变化较大，从而造成地震波反射路径复杂，难以形成共反射点的同相叠加。同时表层膏岩屏蔽作用和断层所产生的破碎带的散射作用，进一步削弱了地震波的下传能量。其地震野外原始记录信噪比低，干扰相当严重。鄂博梁Ⅰ号地区中北部为山地，出露新近系和古近系老地层，以砂岩、砾岩为主，表层为风化薄层，潜水面深约100m，两翼为风蚀残丘，表层为碱土，下面有较厚盐层，地层坚硬，对能量传播有屏蔽作用。该区干扰波主要以面波、多次折射为主，表现为中速、中频、强能量，发散严重，干扰范围大；多次折射能量强、速度高。黄石地区属于昆北断阶黄石隆起带，地表以山地、戈壁、风蚀残丘等地貌为主，地表相对平坦，山地出露老地层。该区断裂极为发育，构造主体处于东西、南北向断层组成的"断裂网"中，地表岩性分布不均，并夹有石膏分布。原始记录中各种次生干扰、侧面干扰严重，信噪比极低。冷湖地区以风蚀残丘、残山、盐碱滩和戈壁地貌为主，地表起伏变化剧烈，地面海拔在2700m以上，构造主体部位褶皱强烈，新近系和古近系出露，岩性为泥岩、粉砂岩、砂岩夹薄层砾岩，出露地层最大倾角达70°，地下构造发育，浅层断裂复杂，深层构造相对完整基底埋深大。工区内干扰波发育，主要有面波、折射波和次生干扰，以面波干扰为主。一般面波优势频带为10～20Hz，速度为600～1300m/s不等。半山地地表与地下条件尽管也很复杂，但由于其潜水面相对较浅，低降速带较复杂山地地区厚度较小，地震波传播过程中能量吸收衰减小，资料品质比复杂山地好。地震资料的主要特点是信噪比低，干扰波（面波、多次折射波、侧面波等）发育，静校正问题普遍存在，构造主体部位深层反射效果欠佳。通过野外合理的采集方法及室内精细的处理技术，可以解决好其中大部分问题。地震资料处理以解决三个主要问题入手，即复杂地表的静校正问题、叠前有效的信噪分离方法和高陡构造的偏移成像问题。

地表为风蚀残丘、丘陵的典型地区有南翼山、碱石山、南八仙、北陵丘、东陵丘等地面构造。这些地区的地表大部分地段为西北-东南走向的交错条带状风蚀残丘、丘陵、碱包、山包等，丘陵间大多覆盖很厚的虚土，大部分地区为盐碱地，交通条件较好，地震施工相对简单，激发、接收条件好，地震资料品质普遍较好，成果剖面信噪比高，部分地区受断层影响，反射波连续性差，能量弱，资料品质变差。如南翼山构造，地震剖面为"两断夹一隆"的构造模式，构造顶部反射清晰、可靠，翼部由于断裂发育，地层破碎，信噪比降低。地震资料处理中需要解决叠前有效的信噪分离方法和高陡构造部位的偏移成像问题。

以山前砾石堆积为主要特征的勘探区域主要是阿尔金山前斜坡带、赛什腾山前带和昆仑山北斜坡带，有代表性的是柴北缘鱼卡、潜伏四号、六号及阿尔金斜坡的采东和昆仑山前的切克里克等地区。这些地区的地震地质条件与地形地貌条件基本一致，岩性主要为砂砾岩，潜水面较深，山前堆积戈壁，地表砾石较大，交通不便。钻井过程中易卡钻，成井困难，钻具磨损大，钻井效率低。同时，激发条件差，地震波的传播受砾石层的影响，记录上面波、折射波和随机干扰严重，资料品质较差。山前带一般深层地震地质条件也很复杂，具有断裂发育、岩性较粗、地震反射界面不明显等特征。鱼卡地区位于柴达木盆地北缘断块带中部,地表主要为山前戈壁、山地。戈壁为砾石区,山前出露老地层。地面海拔在 3000m 左右,相对高差 60~90m,出露地层为侏罗系泥岩、粉砂岩、砂岩和砂砾岩。工区地形多变,低降速带复杂,静校正困难大,工区南北两侧山前地带表层砾石较大,施工极其困难。地下地质条件复杂,断裂极为发育,方向多变,切割地层,使得地层破碎严重。该区原始资料品质较好,单张记录上看反射信息丰富,但处理后资料成像差,偏移成像差。切克里克地区处于昆仑山北坡,地表为山前砾石戈壁,潜水面较浅,地震激发条件适中,受昆北大断裂的破碎带影响,地震资料在下盘信噪比较低。山前带地震资料较复杂山地品质好,地震资料处理的难点是静校正、叠前去噪和偏移成像。

以沙梁和沙丘为代表的地区有东柴山、乌南南部和大小沙坪地区。沙梁、沙丘地区多为虚沙覆盖,地形高差大,低降速带分布不均,一般为十几米到上百米。地层岩性干燥,覆盖较厚的干燥虚沙,地震激发岩性较差,使得地震波衰减较严重。反射信息弱,造成对波的高频成分吸收快,下传能量少,大部分能量消耗在地表。钻井难以到位,由于井漏炸药不易下到规定的深度。受地表条件影响,组合难以展开,使得原始资料干扰严重,该区主要干扰波为面波和折射波,其能量强、干扰范围大、严重影响记录的信噪比。由于沙梁和沙丘是风成,其大小和位置受风的影响而变化,也随时间推移而变化。沙梁和沙丘下是坚硬的地表,界面速度差异较大,对地震波的激发和接收均有影响。这种情况还造成这类地区静校正问题严重。这类地区深层地震地质条件也比较复杂,地下断裂发育,断裂破碎带造成波的能量损失很大,传播路径复杂多变,对有效信息的获取不利,获得的地震资料往往品质较差。地震资料处理中需要解决静校正、深层能量补偿、叠前去噪和偏移成像等诸多问题。

以河网湖泊、沼泽草地为代表的地区主要是三湖地区,其中涩东、达南、台南、涩北、涩南等区块最具代表性,三湖地区是第四系生物气勘探的重点区域。整个三湖地区大部分地势比较平坦,平均海拔 2700m 左右。地表地貌情况复杂,区内沼泽、河网密布,湖泊众多,地表多为草滩、沙丘、软碱地和硬碱地。三湖地区潜水面相对较浅,不同区块具有相近的地震地质条件,部分地区盐层、淤泥互层发育,区域上的低降速带变化规律不清。该区地下构造简单,地层平缓,断裂少,浅表气遍布全区,且第四系沉积以砂泥岩互层为主,成岩性差,特殊的地质条件造就了该区地震资料的特殊性。三湖地区不同年度采集、不同地表条件、不同施工方法、气区与非气区地震资料都有较大差异。在非地震异常区地震资料信噪比相对较高,干扰波易于压制。而在气田、气田周缘或地震异常区,多次折射波干扰范围很大,面波能量极强,这类资料折射波和面波的压制是资料处理中的重点。含气异常区地震资料的明显特征是:低频、低速、强能量、同相轴下拉,多次折射波、面波能量强、干扰面积大。重点解决的问题是如何保护低频,同时很好地压制干扰。

总之,柴达木盆地地震地质条件十分复杂,地震勘探面临的往往是复合型地表。一个工区往往会涉及陆地上所有的地形条件,有山地、半山地、沙丘、盐碱地、沼泽及湖区,还有戈壁、草场等。同时盆地内地形起伏,低降速带厚度变化大,局部低降速地带达到 200 多米,严重影响了地震信号的传播与接收。

以柴达木盆地西部南区为例，地貌类型主要有山地、沙丘、盐碱地、沼泽及湖区，部分区域为草场、戈壁和育林区等。除地表条件复杂外，工区内油田较多（青海油田的主产区），设施较为密集（钻机、抽油机、储油罐、联合站、高压线等工业设施），管网纵横交错分布（连井管线、输油和输水管线、地下电缆、光缆等），并且工区内还分布有面积较大的晒盐池，使得该区地面情况十分复杂。

工区中部大部分地区地势较为平坦，在西北部的狮北山体区和东南部乌南-绿草滩以及东柴山的沙漠区，高差相对较大，整体绝对高差达 600m 左右。低降速带的变化较大，厚度为 0～200m，速度为 400～3700m/s，使该区近地表结构十分复杂。

大量研究成果表明，柴西南区断裂，构造格局复杂，晚期构造活动强烈，构造变形严重，发育了阿拉尔、红柳泉、ⅩⅢ号等大的逆掩断裂，对该区的沉积演化、构造发育形成都起到了十分重要的作用。

该区主要发育近东西（NWW）和近南北（NNW）两组断裂。其中近东西（NWW）向断裂：方位角 285°～305°，这类断层规模大，延展距离长（最大达 85km），断距大（最大为 5000m）。活动时间长，E_{1+2}～Q 各时期均活动。具有同生性，控制东西向构造的形成和油气聚集，控制构造带的形成、地层分布。ⅩⅢ 断裂、阿拉尔断裂、红柳泉断裂等具备上述特征。近南北向断裂为三级断裂，这类断层多夹持在 NWW 向断层之间，规模相对较小，延展长度小于 18km。而伴生性小型断层对沉积控制微弱，对局部圈闭有一定控制作用，早期活动强，控制南北向构造的形态和油气聚集，该组断裂古近系极为发育。这两组断裂是油气运移的重要通道，也对油气聚集起重要的控制作用。该区构造沿二、三级断裂成带成排分布，与断裂有明显的依存关系。近东西向构造为自 E_{1+2} 以来长期发育的构造，近南北向构造大都是 N_1 沉积前形成的构造。

该区构造的整体轮廓为西高、东低、北高、南低的大的构造背景，其间受持续构造活动的影响，形成了两组不同走向的构造与断裂，以及柴西南区的主力生油凹陷之一——阿拉尔凹陷。

阿拉尔断层位于工区的中段，平面上为一较平直的逆冲断层，近东西（NWW）走向，断面南倾、倾角大，倾角 60°。断裂活动时间长、西强东弱。延伸长 66km，活动时期 E_{1+2}～Q，断距一般为 2000m，最大为 3000m，西弱东强。由于它的长期逆冲作用，其下盘的低缓构造面貌与上盘"正牵引"面貌区别明显，对跃进地区油藏形成起到了关键性油气输导、遮挡作用，控制尕南、跃西、跃进二号、跃东构造的形成和油气聚集。

红柳泉断层位于工区的西段，是一条主要断层，与七个泉断裂基本平行，走向北西、倾向北东。该断层活动时间长，断开自中生界至第四系地层，断距自东向西增大，再减小，向东南部逐渐消失，T_4（E_3^2 底）层最大断距 1200m。该断层是控制红柳泉鼻状构造的主要断层，为控制地层沉积的同沉积断层。

ⅩⅢ 号断裂，延伸近 50km，东侧向南呈弧形。断距一般为 700m，最大为 1000m，断面北倾，倾角 30°，为与昆北对冲的挤压逆冲断层，该断层在古近纪时期活动弱，强烈活动期在古近纪末期。对沉积的控制作用相对昆北断层要弱，但对切克里克构造格局具控制作用，对乌南油气聚集控制明显。

柴达木盆地的地震勘探经历了从"五一"型光点仪、模拟磁带地震仪到数字地震仪多个勘探阶段，其中数字地震勘探技术的应用，加快了盆地的勘探进度，明显提高了盆地地震资料的品质。截至 2009 年年底，累计完成了三维地震 3650.37km²，主要分布在柴西南区；二维地震 98692.368km，测线分布不均，部分地区仍为空白区。地震勘探在油气资源评价、勘探目标优选、探井部署论证、油田滚动勘探开发等方面发挥了十分重要的作用。随着勘探工作的不断深化，成熟探区的构造勘探日趋饱和，勘探新发现难度越来越大，而"新、难、深"领域则由于前期投入不足，加上勘探技术难题多，造成地质认识不成熟，为油气预探带来了较大风险。

二、柴西南区地震勘探现状

柴达木盆地柴西南区，西起七个泉构造，东至昆仑山前的东柴山构造，行政区划属青海省海西蒙古族藏族自治州茫崖行委花土沟镇管辖。315 国道（青新公路）横穿工区北部，区内铺设有多条油田简易公路，交通条件较为便利。该区气候属内陆高原干旱型气候，地面平均海拔为 2900m 左右，植被稀少，气候干燥寒冷，雨量稀少，年平均降雨量仅 47.1mm，年蒸发量达 2795.3mm。气温很低，最高气温 28.3℃，最低气温 −29.5℃，年平均温度 1～2℃，冻土带深度 1.24～2.05m，风沙严重，年平均风力 5.1 级，8 级以上大风达 108 天，2～5 月为风季。

柴西南区自 20 世纪 50 年代开始石油地质调查，至今历经了五十余年勘探历程。做了大量的野外勘探工作，对该区进行了较为详细的油气勘探开发研究，取得了丰硕的勘探开发成果，已发现的油田主要集中在柴西南区，包括尕斯库勒、跃进二号、跃西、红柳泉、乌南-绿草滩油田等，是青海油田的主力产油区。

该区自 1958 年油砂山发现巨厚的油砂及浅层油藏之后，在尕斯地区开展了地震普查工作，发现了跃进一号构造。20 世纪 70 年代初在跃进一号进行了一系列地震工作，并于 1975 年开展地震统层，证实了跃进一号潜伏构造的存在，部署的跃参 1 井、跃深 1 井分别于下油砂山组（N_2^1）下部、上干柴沟组（N_1）上部、下干柴沟组下段（E_3^1）见到良好油气显示，并获高产油流，证实该区具有良好的勘探前景。

自 20 世纪 70 年代末至 80 年代初开始，随着地震勘探技术的发展，在柴西南区开始大规模二维数字地震勘探，其中跃进一号、乌南-绿草滩、跃进四号、扎哈泉等地区的测网密度均达到 1km×1km～2km×2km，红柳泉为 0.5km×1km。发现和落实了跃进二号东高点、乌南、跃进三号、跃进四号等构造；并在跃进二号、乌南、跃进四号分别钻探了跃 12 井、南参 2 井、跃 73 井，均获工业油流，部分油田投入开发。随着地震采集、处理、解释技术的提高和勘探开发工作的深入，显示出诸多勘探认识方面的不足，特别是小断层、小断块、微幅度构造、层间构造、油层砂体空间展布不清等问题难以解决。

自 20 世纪 90 年代在该区开展三维勘探工作，包括了一次采集和二次采集。

一次采集三维共计 11 块，各单块累加满覆盖面积为 1445.0km²。其中：砂西 45.96km²、跃进二号 97.84km²、尕斯油区 99.15km²、跃进四号 91.37km²、扎哈泉

128.8km²、尕南 86.4km²、乌南 - 绿草滩 198.25km²、七个泉 94.24km²、狮北 58.4km²、红柳泉 285.26km²、东柴山 257.429 km²。

随着勘探开发工作的不断深入，以往地震资料难以满足对小断块、小幅度构造、岩性圈闭勘探的需求。从 2005 年开始以柴西南区为主开展了二次三维采集工作。

二次采集三维共计 6 块，各单块累加满覆盖面积为 1445.41km²。其中：砂西 53.58km²、阿拉尔断带 201.13km²、跃进四号 240.27km²、乌南-绿草滩 360.38km²、扎哈泉 331.50km²、红柳泉 258.55km²。

二次采集三维地震资料相对于一次采集三维具有以下特点：面元小、接收道数多、覆盖次数高、数据量大。从最终效果来看：二次采集三维地震资料信噪比和分辨率较一次采集有较大幅度提高；二次采集资料较老资料断点、断面位置更加准确，构造形态及构造细节更加清楚；二次采集资料基本可满足岩性油气藏勘探需求。二次三维采集地震资料在柴达木盆地岩性油气藏勘探，在柴西富油气凹陷岩性油气藏开展地震储层预测及含油气检测研究工作中取得明显效果，为青海油田储量增长作出了贡献。

三维地震勘探很好地解决了各目的层构造形态以及对小断层、小断块的认识，对于资料较好的地区有效地解决了开发区油、气、水的分布规律和油气藏的控制因素，为优选富集区块提早投入开发打下了基础，同时也加快了老油田滚动勘探开发工作，取得了丰硕的成果。

柴西南区勘探程度相对较高，截至 2007 年 10 月，该区共完成二维地震 3569km，三维地震 2374km²，探井 559 口，累计探明石油地质储量 24914×10⁴t，控制石油地质储量 5849.51×10⁴t，预测石油地质储量 12084.87×10⁴t，年产石油约 200×10⁴t，占盆地年石油总产量的 90% 以上。

三、三湖地区地震勘探现状

三湖有利目标区位于三湖凹陷北斜坡，勘探面积4718km²。第四系沉积厚度达3000多米，沉积中心位于台南、涩北一、二号构造的南缘一带，有厚达 1600m 以上的良好生气层。受烃源、水文地质、运聚成藏等因素控制，北斜坡是生物气富集有利部位。

三湖北斜坡自 1958 年开展第四系天然气勘探以来，已完成航磁详查、重力详查及地震详查，地震测网较密，一般为 2km×2km，局部达 1km×1km，已钻各类井一百余口，取得了丰富的地层、储层、烃源岩等资料。近 50 年来对该地区的勘探及研究工作可分为五个阶段：

1) 1958~1980 年（23 年），先后钻探发现了盐湖、涩北一号、涩北二号、驼峰山气田及台吉乃尔含气构造；

2) 1981~1990 年（10 年），地震技术攻关发现并钻探证实了台南气田；

3) 1991~1995 年（5 年），相继完成了涩北一、二号气田的初步评价；

4) 1996~2004 年（9 年），在建立、完善第四系气藏识别评价技术的基础上，完成了台南、涩北一、二号、台吉乃尔气田的评价勘探，钻探发现了伊克雅乌汝气田。研究区内各类井 233 口，其中工业气流井 77 口，显示井 4 口。气井主要分布在涩北一号、涩北二号、台南、台吉乃尔、盐湖等构造部位，具有多套层系产气的特征。

5）2005 年以来的认识突破阶段，不仅在 1800m 以下发现了深层气藏，而且在构造圈闭外发现了岩性气藏，进一步拓宽了三湖天然气勘探领域。

截至目前，三湖地区已施工地震测线 19900km。该区生物气资源量约 1.5×10^{12} m^3，累计探明天然气地质储量 $2.771 \times 10^{11} m^3$，控制天然气地质储量 $4.31 \times 10^{10} m^3$，探明率为 18.8%，资源发现率 21.7%，三湖天然气勘探具有巨大潜力。

四、二维地震勘探现状

柴达木盆地经历了多期构造运动，特别是燕山末期及晚喜山期的逆冲构造运动使盆地内构造变得十分复杂，高陡构造普遍存在，尤其是古近系及侏罗系构造。柴达木盆地的地表条件也十分复杂，柴北缘与柴西地区广泛分布着山地、半山地、丘陵、戈壁、沙漠，三湖地区主要为盐碱地、河网沼泽所覆盖。

盆地自 1954 年开始勘探，20 世纪五六十年代勘探方法简单，采用单次覆盖，在地形相对平坦的地区，落实和查清地层的起伏变化，作为地面地质调查的辅助手段，在盆地周缘进行勘探，配合地面地质调查寻找和落实地下潜伏构造为主。

20 世纪 70 年代以野外大组合，低覆盖方法为主，在盆地油气有利聚集区进行构造勘探。以两次大型会战——落实涩北气田和发现跃进一号油田为标志，形成了盆地东部找气、西部找油的勘探新思路。

20 世纪 80 年代至 90 年代中期以"三多一大"（多井组合激发、多检波器组合接收、多次覆盖、大炸药量）的勘探采集方法为主，在盆地内开展大面积区域普查，新发现了跃进二号东高点油田和台南气田。

20 世纪 90 年代后期至今，则以小道距、高覆盖、针对不同表层条件以采用选层选岩性的方式激发，针对有利目标区进行精细勘探和岩性勘探等多技术多工艺的勘探技术为特征，开展了含油气有利目标区的深化勘探和复杂构造带及以往地震空白区的勘探。

自 2005 年后，在英雄岭周缘地区开展了复杂山地地震资料采集和处理的攻关工作，野外采集采用宽线采集技术和深井激发工艺，数据处理采用层析静校正、组合去噪等技术，资料品质得到明显提高，攻关效果明显好于 2005 年之前在该区采集的地震资料。

从目前已采集的地震资料来看，地震地质条件好的地区资料品质一般较好，而地震地质条件差（山地、山前带、沙漠）的地区资料品质一般较差。特别是走滑逆冲构造带地震资料品质普遍较差，尤其是深层及断层下盘成像困难，这直接导致了对构造带的描述和评价的困难，影响勘探的成功率。经过多年攻关，大部分地震测线能满足油气勘探的基本要求。在 2006 年度青海油田组织的对全区二维测线进行的品质评价中：上构造层中，一级剖面占 69%，二级剖面占 27%，三级剖面占 4%。下构造层中，一级剖面占 56%，二级剖面占 38%，三级剖面占 6%。一级品剖面品相好，背景干净，信噪比高；主要目的层波组特征清晰，反射层次齐全，标准层特征清晰稳定，对比追踪容易；断层特征明显，断点位置准确，地层间的接触关系清楚，构造高点位置准确。二级品剖面上常常出现一些能量不是太大的干扰波，形成一些斑纹状的干扰背景；反射层次齐全，基岩波特征不够明显；反射波组、波系有一定的特征，半数以上的标准层基本上可以对比追踪；主要的地质现象可以识别对比，但某些特征具体描述比较困难，如断点、构造高点的准确位置不易确定。三级品剖面信噪比极低，很少见到可靠的有效反射；在部分三级品剖面上，虽然可以见到浅层乃至中层的连续反射，但中深层和深层的反射却未得到，因而很难利用这种剖面对测区的基本地质情况作出全面判断。

一级品剖面主要分布在红狮、尕斯库勒、乌南、尕南、昆特依、赛什腾、三湖地区南部、霍布逊湖以东等地区。这类剖面所在地区的地形一般比较平坦开阔，所处的构造位置大多为凹陷区、斜坡区、潜伏构造及地表相对比较平坦的地面构造等。

二级品剖面在盆地各区均有分布，比较集中的区块有：阿拉尔、柴西北区、三湖等。这类剖面所在区的地形有一定的起伏，地貌多为低山、丘陵、河网沼泽，所处的构造位置常为构造高部位、深层断裂相对发育区、较陡的斜坡等。

三级品剖面多分布于复杂山地、山地和河网沼泽、沙梁沙丘发育区，如英雄岭周缘、鄂博梁、冷湖构造带的西北段和东南段、涩东、东柴山等。这类剖面所处的构造部位常为复杂断裂带、构造的顶部以及陡坡等。

二级和三级剖面大多对应于构造主体部位或复杂断裂带上，分布于盆地周缘及盆地内部的山地、山前带等复杂地区，复杂的表层结构、地表地质条件和深层地震地质条件，是产生二、三级品剖面的最重要的原因。此外，采集与处理的技术条件和装备的限制也是影响地震资料品质的因素。在一些地区，1998 年以前采集的地震资料大多数为二、三级品剖面，而 1998 年后采集处理（包括老资料重新处理）的地震资料品质有了较大幅度提高。针对不同地区，地震资料的品质差异仍然很大。

截至 2006 年年底，完成二维地震 98692.368km，共发现构造 140 个，构造总面积 26984km^2，圈闭总面积 4809km^2。其中大型构造 16 个，涵盖圈闭面积大于 1000km^2 的 5 个和圈闭面积 500～1000km^2 的 11 个；共发现潜伏圈闭 92 个，面积 5665km^2。

第二节　地震资料主要特征分析

一、柴西南三维地震原始资料

（一）野外采集参数分析

柴西南三维研究区资料由 13 块三维资料构成。由于施工队伍、采集仪器、采集年代等不同，该区资料在野外采集参数上也各有不同，主要表现在 3 个方面：仪器类型多，方位角、面元大小差别大；年度跨度大、数据量和工作量巨大；观测系统类型（16 种）多、覆盖次数差异大。柴西南三维探区特点可总结为以下 5 个方面：地震资料采集年度跨越 13 年（1993～2007 年）；地震采集仪器型号共有 6 种；观测系统类型共有 6 类、16 种；道距有 3 种、面元有 3 种、方位角 6 种；覆盖次数共有 13 种（表 1.1）。

表 1.1　柴西南地区三维连片处理解释专题所用三维资料施工因素表

序号	地区	施工年份	方位角	记录仪器	采样间隔	记录长度	观测系统类型	观测方式	覆盖次数	面元	接收道数	线束	总炮数	数据量(G)
1	砂西	1994 1995	0°	SN-388	2ms	5s	4线6炮	3350-200-50-200-3350	32		512	11	3463	20
2	尕南	1999	32.3°	SYSTEM 2000	2ms	5s	6线12炮	3050-100-0-100-3050	45	25×50	720	9	6356	45
3	尕斯油区	2001	122.36°	SN-388	2ms		6线12炮	3340-24.50-24.3820	60/120		960	8	8244	80
4	东柴山	2001	33.599°	SN-388				4040-80-40-80-4040	60		1220	20	22585	247
5	红柳泉	2002		SN-388				3340-20-40-20-3820			1440	9(22)	7025	122(350)
6	七个泉	2002		SN-388							1440	10	7260	130
7	狮北	2002	39.5°	SN-388			8线12炮	3420-20-40-20-3820 3820-20-40-20-3820 3820-20-40-20-4300 4300-20-40-20-3820	60/64/68/72	20×40	1440	8	3792	70
8	砂西(二次)	2002				6s		3820-20-40-20-3820	32		1536	6	4098	75
9	阿拉尔(二次)	2005		I/O Image	1ms	6s		5384.14.30-14.5385 7184.14.30-14.7185	72/96		2880 3840	39	16856	1400
10	跃进四号(二次)	2006		SYSTEM-IV	2ms	6s	8线8炮	5384.14.30-14.5385 5744.14.30-14.5745			2880 3072	39	21840	700
11	乌南-绿草滩(二次)	2006	13.58°	SYSTEM-IV			8线8炮 12线8炮	5384.14.30-14.5385 5684.14.30-14.5685 5864.14.30-14.5865	72/88/96	15×30	2560 3840	37	42516	1400
12	扎哈泉(二次)	2007		SYSTEM				4784.14.30-14.4785	80/120/160/240		2880 3072 3168	27	25846	1000
13	红柳泉(二次)	2007	39.5°	Image			12线9炮	4304.14.30-14.4305	96		3456	33	21087	880
合计		13年	6种	6种			6种	16种	13种	3种	12种	256	190968	6169

柴西南三维资料有如下特点：早期采集的三维资料接收道数少，排列长度短，面元较大，覆盖次数低，以直线束状观测系统为主，随着采集设备技术性能的提高，仪器道数不断增加，覆盖次数不断提高，面元有所减小（25 面元×50 面元—20 面元×40 面元—15 面元×30 面元）；随着采集技术的进步，改进了采集方法，借助三维设计技术软件，综合利用卫片、地质、地震多信息进行参数的设计和论证，观测系统参数设计不断优化，根据表层条件，选择不同的震源方式和选岩性选层的激发方式，进一步改善了激发效果，采集质量逐年提高。

（二）静校正分析

柴西南三维连片资料跨越的地表类型较多，包括山地、沙丘、戈壁、盐碱地、草场、沼泽及湖区，地表高程在 2840～3500m 变化，全区高差达 600m 左右，整体表现为东南部、西北部戈壁砾石区地层出露区高，中部沼泽、湖区、盐碱滩、草场区较低，近地表条件比较复杂。由于地表岩性的变化，加之低降速带厚度、速度变化的影响，本区静校正问题在不同区域存在较大差异。工区低降速带厚度空间变化大，低降速带变化范围为 0～200m。东南部低降速带厚度可达 200m，西北部低降速带厚度可达 120m，大部分地区为 3.80m。根据对全区地形，低降速带速度、厚度，高速层速度、原始单炮以及以往处理成果的调查分析，该区静校正问题大致分为三类：存在严重静校正问题区域、存在较严重静校正问题区域、静校正问题相对简单区域。

静校正问题严重区域包括西部、南部及北部山地老地层出露区（狮北、砂西、跃进四号、扎哈泉、乌南、东柴山）；静校正问题较严重区域包括西部、中部、东部区域（七个泉、阿拉尔、尕南）；静校正问题相对简单区域主要在工区的中部、中西部区域（跃进四号北部、扎哈泉）。图 1.5 是不同静校正问题的典型记录对比，静校正问题严重时，记录的初至有局部抖动，静校正问题相对简单时，记录的初至光滑连续。

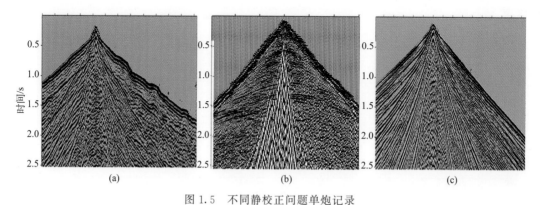

图 1.5　不同静校正问题单炮记录

（a）静校正问题严重的记录（乌南）；（b）静校正问题较严重的
记录（尕南）；（c）静校正问题简单的记录（扎哈泉）

（三）子波特征分析

对于不同区块三维地震资料来说，地震采集环境因素的不同，将会导致获得的地震记录的地震子波存在一定的差异。不同仪器、检波器之间存在的固有物理特性的不同，其接收到的地震资料存在着一定的频率、相位差异，这些差异与激发、接收因素的组合有一定的关系；另外，即使是在同一区块也会由于地表条件的变化，带来地震记录子波的不一致，图 1.6 是过跃 78 井的炮线自相关分析，可以看出横向上地震子波一致性较差。对于不同的激发、接收条件导致原始数据在子波振幅、频率、相位等方面的差异，在地震资料室内处理中必须仔细试验解决方案，有效地、合理地消除这些差异。

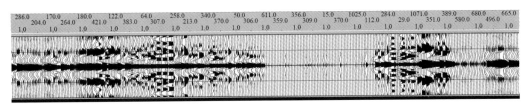

图 1.6　过跃 78 井的炮线自相关分析

（四）能量特征分析

一般情况下，不同年度、不同因素、不同方法采集的原始资料存在由于地层的吸收衰减、激发接收条件的差异、偏移距变化、仪器差异、地震地质条件的差异等原因引起的地震波能量在时间和空间上分布的不均一性，柴西南的连片三维资料也不例外。通过分析 13 个区块的原始单炮资料，发现不同区块单炮记录之间存在能量差异，同一区块单炮间、道与道之间能量也存在很大差异，致使炮间、道间能量的不均衡。如柴西南三维连片全区原始资料均方根振幅属性显示，其中最大振幅与最小振幅能量级别相差数万倍。

（五）原始地震资料频率特征分析

在柴西南连片三维资料中，通过对不同区带不同地表条件的原始资料进行频率分析后可以得到这样的认识：工区内地表条件较简单的区，如工区中部地区，激发接收条件比较有利，有效波频带较宽，干扰波主要发育在低频端，有效频带为 3～50Hz，其中跃进四号有效波低频出现在 4Hz；地表条件较复杂区，如工区东南部巨厚沙丘覆盖区、南部戈壁巨厚沉积区，有效信号频带较窄，优势频带为 11～30Hz，在这些区域干扰波能量在各频段都较强；地表条件复杂区，如工区北部的山体和戈壁区，在所有频段内都难以识别有效反射，干扰波能量占优势。通过全区主要目的层主频分析，并结合频率扫描分析，全区有效频带为 3～50Hz，优势频带为 10～24Hz。由于地表条件的不同，原始记录在横向上的频率差异较大。

（六）地震资料信噪比分析

由于工区地表及地下结构复杂并且变化很大，同时由于施工年代及施工因素的不同，对各单块资料而言，其信噪比差异极大（图1.7）。即使在同一区块，由于地表情况与地下结构的变化，资料的信噪比差异也非常大。对不同地区不同地表条件的原始记录分析的结果可以看出，在七个泉、狮北地区，从北向南，原始单炮上基本看不到有效波，整个记录大部分被干扰波淹没，资料的信噪比很低；在红柳泉中部和砂西南部地区，资料信噪比稍高，但在红柳泉北部及南部、砂西中北部地区，资料被噪声掩盖，资料信噪比很低。相比较而言，在尕斯油区-尕南地区资料信噪比较高。

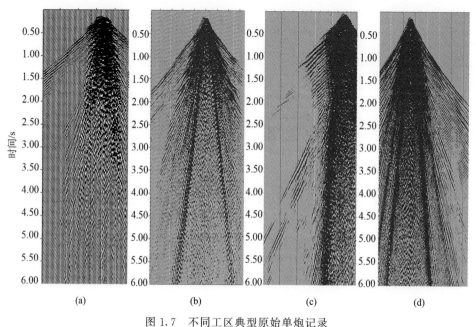

图 1.7　不同工区典型原始单炮记录
（a）红柳泉地区；（b）砂西地区；（c）阿拉尔地区；（d）跃进四号地区

通过对工区多个控制点原始资料的干扰波调查，工区资料的发育的干扰波主要有：强能量异常振幅、50Hz工业干扰、低频面波干扰、线性斜干扰、多次折射波以及环境干扰（随机干扰）。

（七）以往处理成果分析

柴西南区是青海油田的老探区，多年来在此进行了大量的二维和三维地震勘探施工，地震数据处理工作也对各块或几块连片反复进行了处理。由于当时勘探目标各异，各区块的地质任务和处理要求不同，各区块处理成果之间在频率、相位、能量、偏移归位等地震属性方面存在较大差异。主要表现为：断裂带附近成像差，逆掩断裂上、下盘资料品质差异大；小断层断点不清楚；部分区域目的层分辨率低，满足不了岩性解释的精确需要；断裂发育，速度横向变化大。

归纳柴西南地区原始地震资料有如下特征：

1）全区近地表条件非常复杂，低、降速带的厚度、速度以及高速层速度变化大，静校正问题将是本次连片处理最大的难点；

2）全区干扰波类型多、能量强、频带分布宽，资料信噪比变化大，大幅度改善资料信噪比有难度；

3）不同区块资料在频率、相位、能量、覆盖次数及面元属性等方面差异大，子波一致性处理和连片处理是一大问题；

4）地震波吸收衰减严重，深层能量弱，块与块之间、区块内部单炮之间信噪比和能量差异大，资料的高保真处理也有难度；

5）研究区断裂发育，地震波场复杂，信噪比差异大，速度纵、横向变化大、准确偏移成像特别是断层下盘成像难度大。

二、三湖地区原始资料

（一）野外采集参数分析

三湖地区主要以二维测线为主，地震测线的野外采集参数差异较大，1988～2008年11个不同年度施工的测线，施工年度跨越大，施工队伍多，记录仪器、震源类型和接收方式各不相同（表1.2），不同年度采集的测线信噪比、频率等差异较大。

表 1.2　三湖地区野外采集方法对比表

施工年份	接收道数/道	覆盖次数/次	炮点距/m	道间距/m	最小炮检距/m	最大炮检距/m
1988	96	24	100	50	200（100）	2550（2450）
1989	96	24	100	50	100	2450
1991	96	24	100	50	100	2450（3050）
1992	96	24	100	50	100	3650
1993	96	24	100	50	100（200）	3050（3750）
1995	120	30	100	50	100（200）	2450（3150）
1997	120	30	100	50	100	3050
1998	120	30	100	50	200	6150
2000	360	90	40	20	40	3620
2001	360	90	40	20（40）	40（135）	3620（4905）
2008	896	112	40	10	5	4480

（二）静校正分析

三湖地区尽管地表起伏不大，但是表层低降速带横向速度、厚度的剧烈变化以及表层含气与地下含气区的影响，使得静校正问题很复杂，不仅存在着长、短波长静校正问题，还存在着由表层低降速带横向速度异常造成的非含气区"轴下拉"，含气区"同相轴下拉"静校正问题难以判别。

　　结合已知井资料选择具有一定代表性的测线进行静校正分析，通过对过井线的分析来了解"同相轴下拉"区的静校正情况。图 1.8 是过涩北二号构造气区带 GF00-316 测线的水平叠加剖面，在剖面上出现的"同相轴下拉"受地下含气的影响。

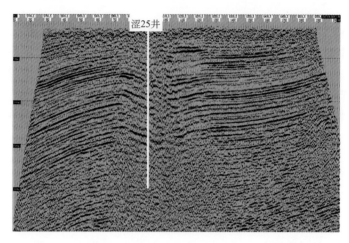

涩25井

图 1.8　过涩北二号构造气区的测线 GF00-316 叠加剖面

　　通过对 GF00-316 测线和 88-328 测线进行共炮检距初至对比（图 1.9），结合井资料进行分析，关于"同相轴下拉"有以下两点认识：由于地层含气造成"同相轴下拉"，在共炮检距初至表现为近炮检距没有下拉，炮检距越大下拉越严重，剖面上表现为同相

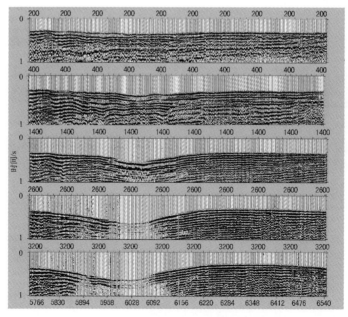

图 1.9　过气井测线 GF00-316 共炮检距初至

轴下拉且下拉范围随时间增大而扩大；如果是近地表横向变化引起，在共炮检距初至表现为无论是近或远炮检距都存在下拉且炮检距越大下拉幅度越大，但下拉范围基本相同，剖面上不同时间同相轴下拉横向范围基本相同。

（三）信噪比及干扰波分析

整个三湖地区大部分地势比较平坦，平均海拔 2700m 左右。地表地貌情况复杂，区内沼泽、河网密布，湖泊众多，地表多为草滩、沙丘、软碱地和硬碱地。三湖地区潜水面相对较浅，不同区块具有相近的地震地质条件，部分地区盐层、淤泥互层发育，区域上的低降速带变化规律不清。三湖地区地下构造简单，地层平缓，断裂少，浅表气遍布全区，且第四系沉积以砂泥岩互层为主，成岩性差，特殊的地质条件造就了该区地震资料的特殊性。在非地震异常区地震资料信噪比相对较高，干扰波易于压制。而在气田、气田周缘或地震异常区，多次折射波干扰范围很大，面波能量极强，这类资料折射波和面波的压制是资料处理中的重点。图 1.10 是非气区单炮与气区单炮的对比。含气异常区地震资料的明显特征是：低频、低速、强能量、同相轴下拉，多次折射波、面波能量强，干扰面积大，资料处理中重点解决的问题是如何保护低频，同时很好地压制干扰。从原始单炮和剖面上看，不同构造带上信噪比存在明显差异，涩北二号构造上资料相对信噪比较高。干扰波以浅层多次折射、面波及线性干扰为主，部分资料存在高频干扰。

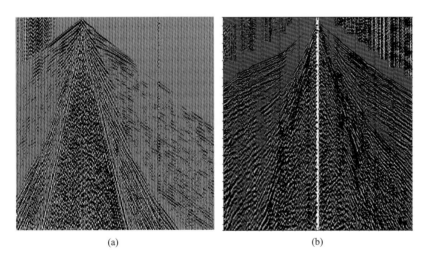

(a)   (b)

图 1.10 结晶盐地表地区典型记录（a）与含气区典型记录对比（b）

（四）能量特征分析

从不同位置的原始单炮分析，由于受到地层吸收以及地表和近地表因素的影响，地震波能量在纵向和横向上有较大差别（图 1.11）。

图 1.12 是含气区原始单炮与非含气区原始单炮频谱分析，通过对全区不同年度施工的典型测线进行频率扫描和分析结果可以看出：受地层含气影响工区内资料的有效频

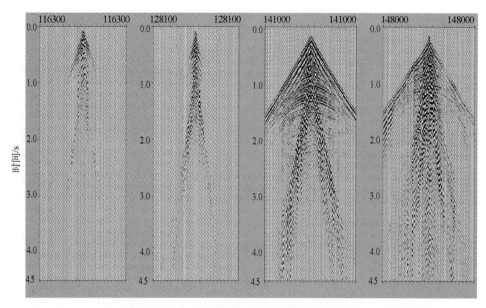

图 1.11　94.368 测线不同位置原始单炮记录

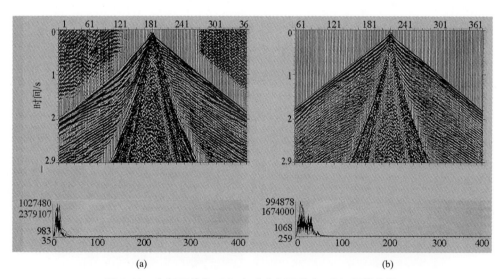

图 1.12　含气区单炮（a）与非含气区单炮（b）频谱分析

宽存在差异，2000 年采集资料含气区有效频宽为 6～40Hz，非含气区有效频宽为 10～60Hz。2000 年之前采集资料频率相对较低，频率范围为 8～40Hz。

三湖地区原始地震资料有如下特征：

1）地表起伏不大，由于低降速带变化以及表层含气与地下含气区的影响，静校正问题难以判别；

2）受气区影响部分资料表层吸收衰减严重，深层高频损失严重；

3）低频面波、浅层折射等线性干扰波发育，不同年度采集的资料信噪比差异较大；

4) 受地层含气影响，工区内资料的有效频宽存在差异，2000 年采集资料含气区有效频宽为 6～40Hz，非含气区有效频宽为 10～60Hz；其他老资料有效频宽为 8～40Hz。

三、柴北缘及柴西北山地二维地震资料

柴西北及柴北缘勘探始于 1954 年，50～90 年代早期，地震勘探工作大都在地表条件较好的地区开展，80 年代初期中美合作时开始涉及山地，但没有获得令人满意的地震资料。山地地震勘探大批量工作基本上于 1995 年后开始，随着勘探技术的进步，仪器道数增多及加大排列长度，首先在柴北缘山地的冷湖五号 II 高点获得了可用于构造解释的地震资料；1996 年在地形相对简单的北乌斯构造地震攻关获得了一定资料，随后在狮子沟构造、油南构造、油砂山构造进行了大量攻关工作，并在部分地区获得了质量较高的剖面。

（一）野外采集参数分析

不同时期野外采集方法各不相同。20 世纪 80 年代至 90 年代初的采集技术主要以地面炮为主，覆盖次数低（一般只有 23～30 次），组合大（激发和接收组合数多，组合基距和面积大），排列短，造成中深层资料品质较差。90 年代中期至今的采集技术方法是针对不同的地质目标体设计观测系统，激发因素根据地表条件而变，接收道数不断增多，排列长度增大；道距不断缩小，覆盖次数不断增加（表 1.3），2005 年开始在复杂山地采用宽线施工，取得了一定效果。

表 1.3 柴北缘二维工区野外采集参数表

序号	年份	工区	观测系统	覆盖次数	接受道数	道距/m	激发因素（口数·井深/m·单井药量/kg）	仪器型号
1	1981	红三旱四号至鱼卡、冷湖	900-300-60-300-5280	24	96	60	7 * 3 * 20	MDS10
2	1984	区域、冷湖五号	50-150-2500	24	48	50	4 * 8	SN338
3	1984	中灶火、一里坪、冷湖	50-100-2450	24	48	50	27 * 0 * 3/32 * 0 * 3	SN338
4	1994	冷湖五号	1950-200-50-200-4350	30/60	120	50	12 * 5 * 1/9 * 5 * 2	SDZ120
5	1995	盐湖哑巴尔、冷湖	3150-200-50-200-3150	30	120	50	10 * 5 * 2	SDZ120
6	1996	马海、南八仙、冷湖四号	3650-100-50-100-1250 1250-100-50-100-3650	24/30/48	96/120	50	9 * 5 * 2	SN388
7	1997	冷湖六、七号、冷湖六号至鄂博梁	6050-100-50-100-6050	60	240	50	13 * 5 * 2/2 * 15 * 12，4 * 6 * 8/3 * 12 * 12	SYSTEM2

续表

序号	年份	工区	观测系统	覆盖次数	接受道数	道距/m	激发因素（口数·井深/m·单井药量/kg）	仪器型号
8	1998	冷湖六、七号	6050-100-50-100-6050	60	240	50	3 * 15 * 12/7 * 5 * 4	SYSTEM2
9	1998	冷湖六、七号	9104.134.30-134.5505	120	480	30	2 * 18 * 15/2 * 50 * 15	
10	1998	鄂博梁、葫芦山、冷湖四号	6050-100-50-100-6050	60/120	240	50		
11	1999	南岭丘、冷湖	6050-100-50-100-6050	30/60	240	50	9 * 5 * 2	SN388
12	1999	冷湖七号	9104.134.30-134.5505	120	480	30	2 * 30 * 15	SN388
13	1999	冷湖五号四高点	7334.164.30-164.7335	120	480	30	2 * 18 * 20/4 * 18 * 15	SN388
14	2000	冷湖七号	9710-130-20-130-9710	120/240	960	20	5 * 26 * 60/7 * 35 * 56/7 * 26 * 56	SN388
15	2000	冷湖一二三号、昆特依	9050-100-50-100-9050	90	360	50	12 * 5 * 2/2 * 20 * 12	
16	2001	冷湖零号至三号	7274.104.30-104.4875 5474.104.30-104.5475	112/225	400/450/360	30	12 * 6 * 2, 12 * 3 * 2/2 * 20 * 12	SN388
17	2004	冷湖七号	宽线：1炮2线、2炮2线、3炮3线	240/480/1080	960 1440	30	1 * (34.68) * 32	SN408XL
18	2004	冷湖七号	宽线：1炮2线、2炮2线	240/480	960	30	1 * (34.68) * 32	SN408XL
19	2004	冷湖五号四高点	宽线：1炮2线、2炮2线	240/480	960	30	1 * (30-68) * 32 13 * 5 * 2	SYSTEM image

（二）静校正分析

柴达木盆地受多期构造运动的影响，造成表层岩性变化剧烈，结构复杂，使得该区的静校正一直是制约资料品质的主要原因。柴达木盆地地表分布有沼泽、草地、盐碱地、戈壁、沙漠和复杂的风蚀残丘、丘陵、山地，地表条件复杂，一般地震测线上都存在着复合性地表。柴西和北缘总的特征是在一个厚度25m以上背景上存在四个北西向展布的厚度中心，鄂博梁构造带低降速带厚度变化在50～200m；冷湖构造低降速带厚度变化在100m以内；碱石山、大风山、落雁山一带低降速带厚度变化较稳定，一般在25m左右，局部达50m；英雄岭地区是柴达木盆地低降速带分布最厚的地区，一般都在100m以上，最大厚度达1000m。

（三）干扰波分析

柴西北及柴北缘地区不同区块表层深层地震地质条件各不相同，不同地表条件的资料品质差异较大，低信噪比问题普遍存在。干扰波以面波、多次折射为主，表现为中速、中频、强能量，发散严重，干扰范围大（图 1.13）。一般来说，山地、山前带、沙漠地区面波、折射波及次生干扰都十分发育，面波干扰具有能量强、速度高、频带宽、组数多的特点；折射波和次生干扰能量也很强，占据了面波干扰以外的记录范围。丘陵、河网沼泽、软硬碱地等地区干扰以面波干扰为主，折射波和次生干扰较弱，面波干扰具有能量强、频带较窄、组数少、线性规律较好的特点。

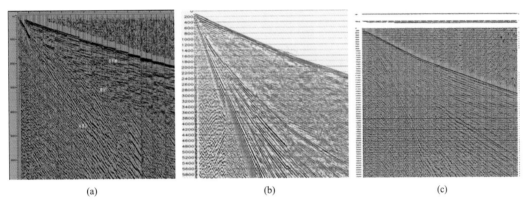

(a)　　　　　　　　　　(b)　　　　　　　　　　(c)

图 1.13　柴达木盆地典型地区干扰波调查资料

（a）月东山前戈壁；（b）碱山丘陵带；（c）油泉子山地

（四）资料品质分析

柴达木盆地西部和北缘的大部分地区由于地表起伏大，近地表往往比较复杂，低降速带的变化大。大部分工区属复合性地表（山地、丘陵、山前砾石、沙滩、沙丘、盐碱沼泽、盐碱滩并存），构造顶部地层倾角陡、断裂发育，复杂的地表和地下地质条件，造成构造顶部和地表复杂地段地震资料信噪比较低，由此带来地震资料处理的静校正、信噪比、复杂构造成像等问题互相交织在一起。这些地区资料品质普遍偏低（表 1.4）。

表 1.4　柴达木盆地复杂地区地震剖面地质效果评价表

地震地质 条件类型	典型代表地区	资料品质
复杂山地	环英雄岭周缘地区：咸水泉、干柴沟和狮子沟、油砂山、北乌斯、黄花峁、油泉子构造	基本为三级，少数为二级
半山地	柴西地区的土林沟-茫崖、开特米里克、黄石等地区，柴北缘的鄂博梁-葫芦山、冷湖构造带	以一级、二级为主

续表

地震地质 条件类型	典型代表地区	资料品质
残丘、丘陵	南翼山、碱石山、南八仙、北陵丘、东陵丘等地面构造	以一级、二级为主
山前戈壁	柴北缘鱼卡、潜伏四号、六号及阿尔金斜坡的采东和昆仑山前的切克里克	二级为主，少数为三级
沙梁沙丘	东柴山、乌南南部和大小沙坪地区	以二级为主，少数为三级

第三节　地震勘探技术难点与技术需求

影响地震资料品质的因素很多，主要包括施工难点和技术难点。柴达木盆地含油气有利区带和构造带多位于地表复杂地区，一些构造顶部地形复杂，地表相对高差大，激发、接收组合难以展开，不利于干扰波的压制，造成构造顶部资料信噪比低；砾石滩分布较为广泛，该类区域打井工作非常困难，存在着井壁坍塌严重、炸药难以下到设计深度、打井效率低下等问题；柴西地区和柴北缘地区出露的古近纪和新近纪地层，石质坚硬，部分地区地表被硬盐碱壳所覆盖，检波器埋置工作非常困难，而且与地表的耦合性差，严重影响检波器的接收效果；分布于柴西地区和三湖地区的湖区、沼泽，由于地表的影响，激发深度难以保证，井位的到位十分困难；三湖的硬盐碱壳地区，检波器埋置条件差，环境噪声严重。

不同地区有着各不相同的技术难点。

（一）柴西南区

1）柴西南区地表起伏，地表有山地、沙丘、盐碱地、沼泽及湖区，部分区域为草场、戈壁和育林区等，低、降速带的厚度、速度以及高速层速度变化大，造成严重的静校正问题，静校正是最大的难点。

2）多变的地表条件导致相邻激发点、接收点之间岩性变化大，造成炮与炮之间及同炮记录各道之间、不同区块之间在频率、相位、能量及面元属性等方面差异大，增加了资料处理中振幅补偿和反褶积等一致性处理的难度。

3）不同年度施工、野外采集参数、观测系统差异引起区块间子波相位、振幅和频率不一致的问题，因此如何做好连片工区的振幅、子波的一致性处理也是一个难题。

4）对于连片三维工区，由于三维区块资料施工方位角、面元大小不一致，处理中需要统一方位角和面元。面元统一后，后续会出现空面元和极低覆盖次数的面元，因此连片处理难度很大。

5）地震波吸收衰减严重，深层能量弱，块与块之间、区块内部单炮之间分辨率差异大，提高分辨率难度大，柴西南区多数已采集的三维地震资料分辨率普遍偏低，直接影响储层预测和油藏描述的效果，难以满足识别岩性油气藏的要求。

6）断裂发育，地震波场复杂，速度纵、横向变化大，中深层地震资料受规模较大的逆掩断裂和断层遮挡的影响，造成断裂两侧速度差异很大，使得速度建模难度大，地震成像质量较差，构造顶部和断层的下盘信噪比较低，下盘构造成像困难。

（二）三湖地区

1）三湖地区地表起伏不大，但低降速带变化对识别低幅度构造影响极大，浅层低速带的变化以及表层含气与地下含气区的影响，特别是表层低降速带横向速度异常造成的非含气区"同相轴下拉"陷阱，存在静校正问题，难以判别。

2）三湖地区地面大部分是干枯退缩的盐湖沉积，为盐碱壳和部分季节性河网及盐沼，部分地区存在结晶盐，厚达几米至几十米，甚至上百米，其地震波速度达3000m/s以上，其下为泥岩，速度仅达几百米，由于速度反转，激发效果差，折射干扰较强。

3）部分地区由于受浅层气的影响，对地震波的高频成分具有较强的吸收作用，且存在"低速下拉"现象，导致反射能量减弱，信噪比降低，对中深层含气异常的识别和低幅度构造的识别产生误导。

4）受气区影响，部分资料表层吸收衰减严重，深层高频损失严重；加之低频面波、浅层折射等线性干扰波发育，含气区反射信号能量弱、频率低，信噪比问题突出。

5）不同年度测线野外采集参数、观测系统差异大，信噪比、频率差异大，存在的各年度剖面波组特征差异大。

6）受地层含气影响，工区内资料的有效频宽存在差异，2000年采集资料含气区有效频宽为6～40Hz，非含气区有效频宽为10～60Hz，其他老资料有效频宽为8～40Hz。

此外，还存在着含气下拉所造成的构造畸变问题和含气层段薄、地震分辨率低等问题，三湖地区低幅构造圈闭和岩性圈闭的识别和含气检测也是亟待解决的问题。

（三）柴西北和柴北缘

1）柴西北和柴北缘地区地震地质条件十分复杂，地表起伏大，岩性变化剧烈，静校正问题严重。

2）复杂地表地区由于近地表岩性波阻抗差异和界面起伏还会产生多类复杂的干扰波，面波、多次折射和散射等干扰波的发育严重影响地震资料的信噪比。

3）近地表岩性的非完全弹性介质特性引起的吸收衰减差异，即激发振幅和频率差异问题。

4）地下结构复杂，反射波时距曲线在炮集记录上表现为不规则的双曲线，在压制强线性干扰时很容易伤及有效反射波，尤其是浅层陡倾角反射波。

5）地下地层倾角变化剧烈，地层高陡，断裂发育，岩层破碎严重，地层产状多变，引起地震剖面上侧面波发育，造成剖面波场复杂，增加了资料处理中速度分析和偏移成像的难度。

柴西北和柴北缘复杂高陡构造地区地震资料品质普遍较差，很难用于构造带的描述和评价。另外，由于深层地震成像不清，导致深层有利勘探区域难以确定，发现和落实深层构造圈闭的难度很大。

上述地质问题和技术难题严重影响了盆地油气勘探，导致勘探长期处于困难被动局面，亟待解决。针对这些难题，国内外的地球物理工作者做了大量艰苦的工作，野外采集技术不断更新，数据处理技术快速发展，为解决柴达木盆地地球物理勘探问题提供了基础条件。

围绕柴达木盆地油气勘探需求，亟需开展地球物理勘探方法攻关，主要包括：柴西南区高分辨率三维地震资料连片处理解释与构造、岩性油气藏圈闭精细评价，柴北缘复杂山前高陡构造地震成像与圈闭识别解释，三湖地区低幅度构造地震成像与天然气气藏目标检测，复杂储层（薄砂层、裂缝、藻灰岩等）预测，复杂构造建模等。攻关的主要任务是解决信噪比低、成像精度差及目标识别难等一系列问题。

柴西南区剩余资源量丰富，位于有利的岩相变化带，岩性油气藏勘探潜力大，该区重点研究目标是解决精细勘探与岩性勘探中存在的问题，而在技术上主要是解决复杂断裂带下盘地震成像差的问题以及复杂地表区连片处理中存在的各种难题。因此开展高分辨率地震资料处理方法研究、三维连片精细处理与圈闭精细解释技术研究，重点解决因施工因素差异、静校正不统一、三维偏移量差异等因素造成的不同区块衔接处相互矛盾问题，为统一解剖该区的地质结构，寻找岩性油气藏提供准确的基础资料，是柴西南区最主要的技术需求。

三湖地区表层及深层地震地质条件相对简单，地震资料信噪比较高。受天然气充填的影响，在气区和非气区地震资料有较大差异，在信噪比、频率、速度及振幅等方面变化明显。由于第四系的地震异常是多种异常信息的叠加效应，有效区分表层异常与含气异常成为解决问题的关键。有效的含气检测技术是解决天然气勘探的重要途径，也是三湖天然气勘探目前最需要的关键技术。因而开展第四系天然气检测和小幅度构造识别技术研究，利用新方法、新技术对该区地震资料进行深入的分析处理，优选天然气检测和小幅度构造识别方法，解决表层结构、表层含气等因素对深层成像的影响问题，正确恢复小幅度构造圈闭，解决天然气检测的"瓶颈"问题，形成处理解释配套技术，成为三湖地区天然气勘探最为迫切的需求。

针对柴北缘及柴西北复杂山前高陡构造带勘探中存在的技术难点，开展复杂山地和复杂构造的成像技术攻关，加强静校正方法以及叠前成像处理方法的研究，从而解决复杂地表静校正难题和高陡构造及中生界地层准确成像的难题，提高地震资料成像精度、准确落实构造形态、寻找新的有利圈闭，提高基础资料和配套处理解释技术。

第二章 柴达木盆地地震资料处理技术

第一节 复杂地表综合静校正技术

一、柴西南复杂地表三维连片静校正技术

柴西南三维连片区地表地貌包括了不同特征的地表类型，有山地、戈壁沙地、砾石滩、沙漠、盐碱地、沼泽地等，地表高程从 2840m 至 3500m，变化范围比较大，低降速带的厚度分布极不均匀，变化范围从 0 至 200m，这说明近地表结构极其复杂，静校正问题很突出。

(一) 静校正思路

目前静校正的方法和软件比较多，在分析了各种静校正方法的特点后，发现每种静校正方法都有其适用的范围，都能解决一部分问题，但是像柴西南地区这么大面积又很复杂的近地表情况，静校正方法的选择是比较困难的。在分析以往资料单块处理采用静校正方法时发现，不同区块所采用的静校正方法不同，说明很难用一种方法可以彻底解决该区的静校正问题，这也表明解决该区静校正首先要从选用适当有效的静校正方法开始。

针对研究区的静校正特点，首先选取四个典型具有不同近地表结构特征的区块（狮北、红柳泉、跃进四号、乌南-绿草滩），进行不同方法的静校正试验和效果分析对比。

通过四个区块实际资料的各种静校正方法的成像效果分析（图 2.1），试验表明折射静校正在狮北效果较好，而层析静校正在红柳泉、跃进四号、乌南-绿草滩效果较好，在其他工区也发现在同一区块上不同静校正方法成像各有优势，说明任何一种单一的方法都无法彻底解决该区的连片静校正和成像问题。通过分析和试验对比，三维连片静校正的难点主要表现在：

1）近地表条件复杂，没有一种单一的静校正方法可以解决如此复杂的区块静校正问题。

2）观测系统多样，既有传统的 4 线 6 炮，也有束状或砖墙观测方式，射线路经和分布角度多样，给近地表建模增加了难度。

3）东柴山、尕南和砂西三块数据的最小炮检距分别是 80m、100m 和 200m，由于缺少足够的小炮检距，将不能得到浅层准确的近地表速度信息。

4）连片后的一次覆盖面积是 3033km^2，连片工区涉及的最小地表区域是 4984km^2（反演建模面积），总炮数为 190968，处理中使用的静校正方法软件都是专业的单机版工作平台，这么大面积和数据量的近地表建模，以往可借鉴的经验很少，对软件方法的

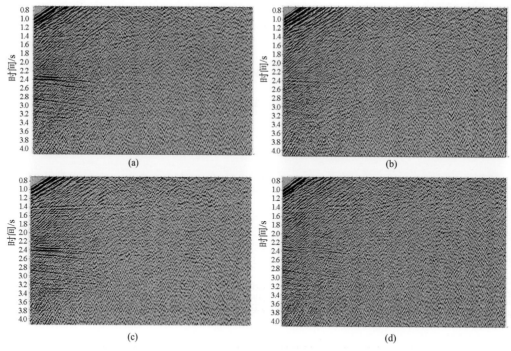

图 2.1　狮北区块不同静校正方法的叠加剖面效果对比

（a）原始叠加；（b）野外静校正；（c）折射静校正；（d）层析静校正

实现及运行效率都提出了挑战。

　　从三维连片角度出发，静校正问题的解决既要确保成像更要统一近地表模型，理论上非线性层析反演静校正具有比较大的优势，实际试验又见到了明显的效果，因此，基础静校正方法决定使用层析反演静校正方法。全区静校正的实现思路如图 2.2 所示。

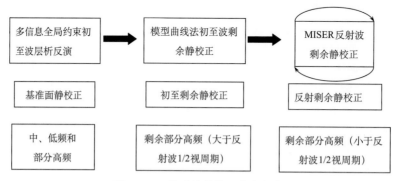

图 2.2　三维连片静校正技术方案

　　本次静校正问题的解决遵循先解决连片模型后解决成像、先解决大的静校正量后解决小静校正量的整体思路，考虑到实际资料中三个区块缺少近偏移距资料的特点和连片需要模型的整体统一，提出了以小折射、微测井等多种信息约束的层析静校正方法。

5）约束层析反演理论模型效果验证：由于研究区有些区块实际观测资料缺少近偏移距的初至信息，在时距曲线关系图上可以清楚地看到缺少近偏移距信息的初至波对浅层低降速带的研究将无能为力（图 2.3），利用小折射和微测井对极浅层速度信息加以约束，进行大炮初至的层析反演，弥补其在反演浅层方面的不足，以提高浅层反演的精度。

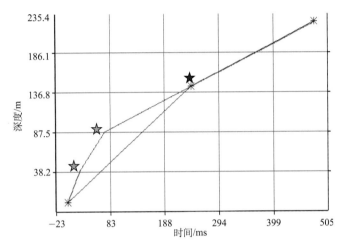

图 2.3　微测井资料（红色）与大炮初至时间（蓝色）的对比（模型约束结果的比较）

6）实际模型的验证表明，进行约束反演对提高纵向反演的分辨精度有明显优势（图 2.4），这样既可以充分利用小折射、微测井资料在单点的准确性及极浅层的速度信息，弥补初至反演在浅层受偏移距影响缺失近道信息造成的影响，又可充分利用层析算法的模型优势，来解决整体连片的模型闭合和主要的静校正量问题。

在解决基础静校正问题的基础上，采用配套的静校正计算流程，在落实构造形态的前提下，努力提高叠加成像质量。

（二）多信息约束层析反演静校正

1）约束反演实现过程第一步：相带划分。根据工区的卫片、地质露头调查、岩性组成和高速层信息等，将连片探区划分为山地、戈壁沙地、沙漠、沼泽、砾石区和盐碱地等六大相带，在每个相带内，其地质地貌特点和岩性基本相同，认为在同一个相带内，其近地表速度的分布规律具有一定的相似性。这样，按照相带划分的资料对小折射、微测井资料进行分类整理。

2）约束反演实现过程第二步：根据相带划分，对柴西南的 3275 个小折射和微测井常规解释结果和旅行时间进行人工录入后，分六种地表类型对已有的小折射和微测井资料进行分类整理（图 2.5）。从分地表类型对小折射和微测井资料进行整理时，发现原来解释整理的小折射和微测井资料存在部分明显的不合理点，为保证最终结果的正确和提高反演约束的精度，必须先对这些小折射、微测井点资料进行处理。处理中对存在问题的地方进行分类并提出了解决方法。

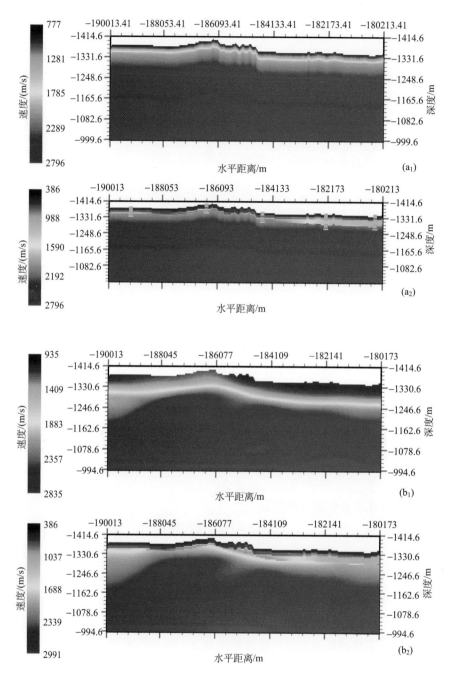

图 2.4　不同方法层析反演近地表速度结构对比图

（a_1），（a_2）模型约束前；（b_1），（b_2）模型约束后

高山峡谷	戈壁沙地	砾石	沙漠	盐碱地	沼泽
主要分布在七个泉、狮北和东柴山	主要分布在红柳泉和跃进四	主要分布在扎哈泉和乌南的南部	主要分布在跃进的中部和红柳泉的北部	主要分布在阿拉尔、尕斯油区和砂西	主要分布在阿拉尔和尕南

图 2.5　六种地表不同类型地表岩性

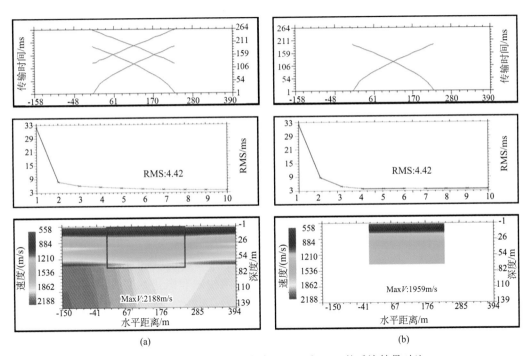

图 2.6　追逐炮时间异常消除前（a）、后（b）的反演结果对比

存在现象 1：追逐炮初至时间异常。产生的问题：在层析反演时导致反演过程不稳定，反演结果存在异常［图 2.6（a）］，速度明显偏高。解决方法：将存在初至时间异常的追逐炮去掉。效果：均方根误差从 4.42 下降到 1.12，得到合理的反演结果［图 2.6（b）］。

存在现象 2：初至时间存在异常值。产生的问题：导致反演过程不稳定，反演结果存在异常。解决方法：对初至时间进行编辑，相邻点内插。效果：反演迭代迅速收敛，得到合理的反演结果（图 2.7）。

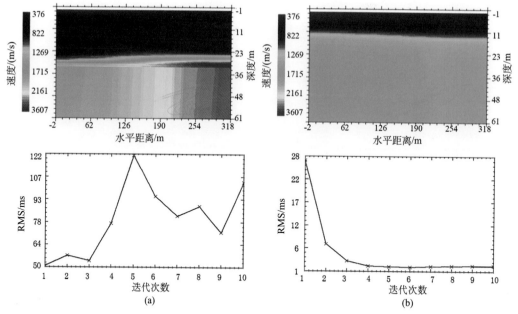

图 2.7　初至时间异常消除前（a）、后（b）的反演结果对比

存在现象 3：源文件数据缺失。解决方法：删除数据缺失点。效果：得到合理的反演结果。

存在现象 4：用某小折射点一定邻域范围内常规解释结果进行检查，发现原小折射解释存在误差（图 2.8a）。解决方法：在处理过程中用层析反演的初步结果重新进行小折射资料的解释，用叠合的方式去除解释明显不合理的点（图 2.8b）。这样就可得到合理的反演结果。

经过重新录入、解释、按相带划分重新整理后，三维连片区的小折射、微测井资料的分布情况如图 2.9 所示，发现在扎哈泉中部、阿拉尔和跃进四号的过渡区域，小折射、微测井资料的控制点不够，根据近地表相带分区和已知小折射、微测井点信息，建立了微测井加密点，以便对反演速度趋势进行控制。

3）约束反演第三步：实际小折射、微测井点速度信息连同加密的小折射、微测井点，进行内插得到极浅层速度，作为非线性初至波层析反演的初始速度，在初至波拾取、检查、修改等基础工作保证可靠和正确的基础上，在初始速度信息过程约束下，进行小折射、微测井信息约束的初至波非线性层析反演，建立近地表模型，建模的实现如图 2.10 所示。

非线性约束层析反演建立的近地表模型，先检查模型在面上的合理性，根据各单块小折射、微测井资料显示的速度分布范围，结合初至信息，确保模型的正确。在保证各单块模型合理的基础上，全区进行连片的约束层析反演，建立统一的近地表模型。

从图 2.11 对比可以看出，三种方法得到的近地表模型，其中无约束反演模型在极浅层速度信息的刻画不够精细，小折射、微测井资料的模型对点的细节刻画比较准确，

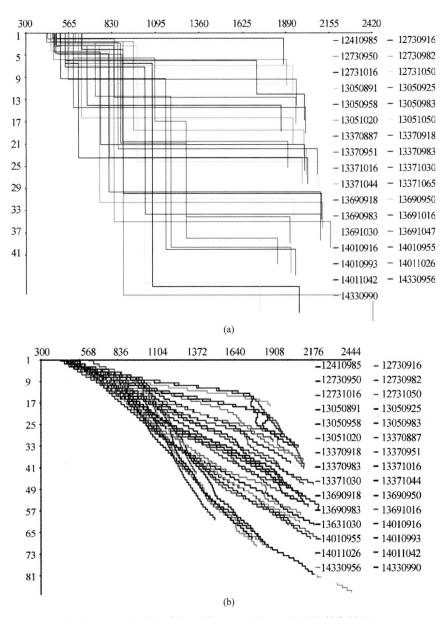

图 2.8　重新进行叠合解释前（a）、后（b）的小折射资料对比

但对反映空间速度信息整体上还是比较粗略，而约束反演很好地结合了两者建模的优势，通过约束很好地弥补了层析反演对浅层速度信息的不足，明显提高了反演结果的纵向分辨精度。在通过反演得到统一模型的基础上，从而求取了约束反演层析静校正量。

从静校正量应用前后的单炮对比，可以看出单炮初至的光滑程度在应用静校正量后得到很明显的改善。图 2.12 是连片区东面东柴山的单炮，地表覆盖着厚约 200m 的沙漠，在应用静校正前单炮初至扭曲现象严重，干扰波也无法追踪，应用静校正量后各种线性干扰、面波形态恢复良好，反射波同相轴双曲线形态彻底恢复。图 2.13 是连片区

图 2.9　加密后小折射和微测井分布情况分布图

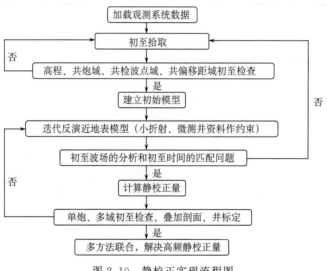

图 2.10　静校正实现流程图

西北面山地区的单炮，地表出露老地层，应用静校正量后，初至波和干扰波都清晰可辨。以上显示的是全区静校正问题最为突出区块的单炮，在作全区静校正量效果对比分析时，对砾石、沙漠、盐碱地、戈壁沙地和沼泽区的单炮都作了检查、对比，初至光滑程度、双曲线形态恢复、干扰波的可分辨能力也都作了分析，检查效果说明约束反演层析静校正基本上较好地解决了柴西南的主要静校正问题。

　　柴西南连片区静校正问题的攻关，不同于普通的应用性项目，考虑到实际情况的复

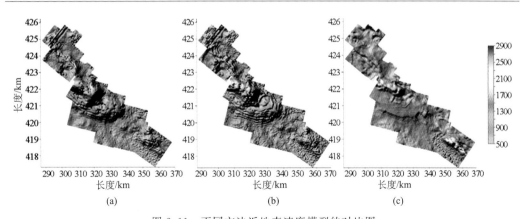

图 2.11　不同方法近地表速度模型的对比图

（a）小折射、微测井数据内插的模型；（b）约束反演的模型；（c）无约束反演的模型

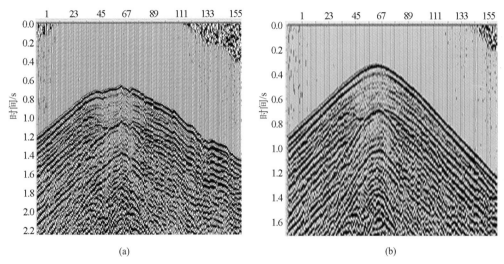

图 2.12　东柴山沙漠区层析静校正量应用前（a）、后（b）单炮效果对比

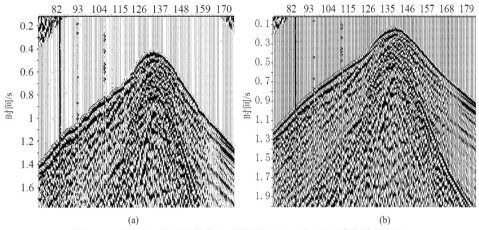

图 2.13　狮北山地区层析静校正量前（a）、后（b）单炮效果对比

杂性和单一资料的局限性，在实现过程中作了创新。主要表现在根据近地表区域岩性和速度结构进行相带划分，分类整理小折射、微测井资料，再用层析反演的初步模型重新解释小折射资料，合理地剔除了一些解释明显不合理的点，对初至波拾取也采取了追逐炮、共炮域、共检波点域、共偏移距域检查拾取时间是否合理，试反演看能否稳定收敛等一系列质量控制措施，来确保全区基础静校正的求取过程，用过程细节决定质量的科学方法确保约束层析反演静校正的质量。

　　图 2.14 是不同静校正量对应叠加剖面进行的对比，可以从图中看出在波组关系、能量的横向一致性、有效反射波的成像质量等方面，约束反演静校正的效果整体优于其他静校正方法，表明较好地解决了柴西南工区三维连片主要静校正问题。

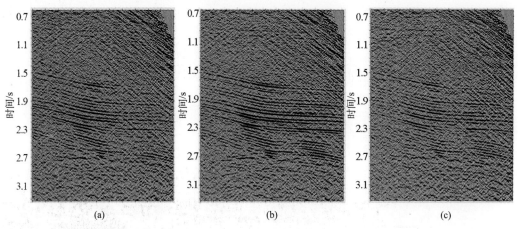

图 2.14　红柳泉二次三维区（IL345）几种静校正方法叠加剖面对比

(a) 应用野外；(b) 应用约束层析；(c) 应用无约束层析

（三）各种静校正成像优势的结合

　　在解决连片的基础静校正问题后，按照全区制定的质量控制线，对各种静校正方法求得的静校正量对应的叠加剖面进行了对比分析，发现工区部分位置约束层析静校正量叠加剖面成像质量赶不上折射静校正或折射层析静校正的叠加剖面（图 2.15）。针对这种情况，为了能把多种静校正方法的成像优势在一个连片区体现出来，提出了全区应用统一的低频量，在保证全区成功连片的前提下，为保证单块成像效果最好，进行多种静校正方法高频静校正量优势互补的结合计算。

　　以红柳泉二次三维为例来说明该思路的实现过程。红柳泉二次三维叠加剖面上在红柳泉河及其附近，折射静校正的成像效果明显优于约束层析反演静校正，具体原因就是在该区域有很稳定的高速折射层，成熟的折射静校正方法在此体现出了较明显的成像优势。为此，根据成像质量，在平面上划出折射静校正量有明显成像优势的范围，把划定区域内折射静校正和区域外约束层析静校正的高频量进行对接，通过对接的静校正量在平面上变化合理，说明对接思路正确并且过程合理。

　　图 2.16 是红柳泉二次三维不同静校正量对应叠加剖面，从中可以看出经过拼接形

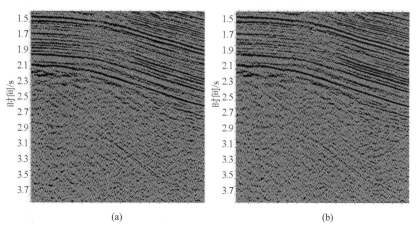

图 2.15　红柳泉二次三维区（IL535）测线不同静校正方法量叠加剖面对比
（a）层析静校正；（b）折射静校正

成的最终静校正量，将两种静校正量具有成像优势的部分完全融合在了一起，而且在线、道方向的闭合很好，使叠加剖面的成像质量明显提高。根据各个工区的实际情况，只要其他静校正方法有优势的地方，都进行了静校正量的结合，也在柴西南连片处理中见到了很好的应用效果，最终形成了一套全区统一的综合连片静校正量。

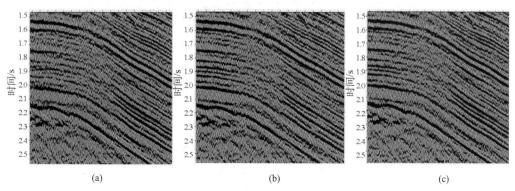

图 2.16　红柳泉二次三维不同静校正量对应叠加剖面对比
（a）约束层析静校正量；（b）折射静校正量；（c）最终静校正量

尽管在求取基础静校正时，为确保低频静校正的准确和高频静校正的成像效果，采取了极浅层的约束层析反演静校正技术，同时在高频静校正的成像方面结合了多方法静校正量的优势，但也不可能将地震数据中的静校正异常完全消除。不管确定性技术可以多好地获取近地表速度和厚度，但还有一些地方需要改进，原因有两点：

1）模型是以厚度和速度的折中为结果的简化地质模型，这种折中会导致不准确的静校正。

2）静校正本身是对复杂问题的近似求解，剩余静校正可以实现反射波准确对齐来提高叠加质量。大多数剩余静校正技术具有地表一致性，并且都以每一道中所含的炮点校正量、检波点静校量、NMO 和剩余 NMO 的时间概念为依据。所有"共接收点平面"的道距有相同的检波点静校量，所有"共炮点平面"的道距有相同的炮点静校正量。

（四）模型迭代地表一致性剩余静校正

剩余静校正技术的主要优点是自动完成且不要求由测量提供附加资料。剩余静校正主要有分频剩余静校正、模拟退火剩余静校正、相关法求取剩余静校正量、模型迭代剩余静校正、非地表一致性剩余静校正、折射波剩余静校正。本次处理根据各区块资料的特点和叠加剖面的效果，主要采用了模型迭代剩余静校正、模拟退火剩余静校正和非地表一致性剩余静校正三种方法。

模型迭代剩余静校正 MISER 方法是由 Wiggins、Larner 和 Wisecup 等于 1976 年提出来的。它假设炮点和检波点的剩余时差只与地表结构有关，而与波的传播路径无关。在这一假设之下经过一般静校正和动校正以后的地震道的剩余时差，可以表示成五个分量的和

$$t_{ijh} = S_i + r_j + G_{kh} + M_{kh}X_{ij}^2 + D_{kh}Y_{ij} \tag{2.1}$$

式中，i 为炮点号；j 为检波点号；h 为反射层号；k 为 CMP 号。S_i 和 r_j 分别表示第 i 号炮点和第 j 号检波点的剩余静校正量，它只与其地面的位置有关。G_{kh} 称为构造项，它表示反射 h 层上，第 k 个 CMP 点相对于第一个 CMP 点由地层的起伏而产生的双程垂直旅行时差。M_{kh} 称为剩余动校正量算子，$M_{kh}X_{ij}^2$ 表示相应的剩余动校正量项。D_{kh} 为横向倾角算子，Y_{ij} 表示 CMP 点横向偏离测线的距离，$D_{kh}Y_{ij}$ 表示由于第 k 个 CMP 点位置横向偏离测线所产生的时差。

显而易见，这五个分量中，第一个和第二个分量对于一个地震道来说，不随反射时间的变化而变化，是要求的炮点和检波点剩余静校正量；其他三个分量，一般情况下是随时间的变化而变化的。该方法的实现步骤是：第一步是拾取地震道的剩余时差 t_{ijh}；第二步是对剩余时差 t_{ijh} 进行分解，求出 S_i 和 r_j 两个分量；然后把这两个分量应用到相应的道上。

在用模型法求取剩余静校正量时，各单块在作完去噪的较高信噪比道集上，再进行比较精细的速度分析和切除。先在反射波优势低频段作第一次剩余静校正，以解决比较大的剩余静校正量，在进一步分析速度和调整切除的基础上，作第二次甚至第三次剩余静校正。如图 2.17 所示，进行整个工区剩余静校正量的平面显示，直至大部分剩余静校正量收敛在 1～2 个采样点之内，认为剩余静校正量已经作到位，再作将对成像没有任何帮助。

图 2.18 展示的是剩余静校正前后叠加剖面成像效果，从砂西二次叠加剖面效果可以看出，在模型法剩余静校正后，叠加剖面的成像质量明显提高，能量的横向一致性变好，反射波的波组特征、内幕弱层成像都得到很好的改善，说明技术方法的实现合理有效。在红柳泉二次、砂西、尕斯油区、尕南、阿拉尔、跃进四号、扎哈泉、乌南等区块，都用了模型法剩余静校正，取得了理想的成像效果。

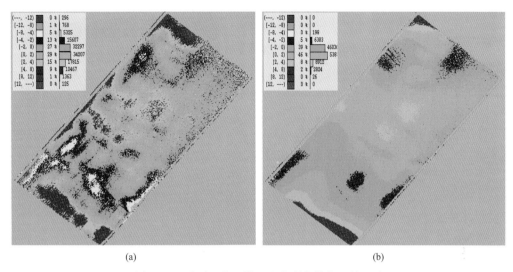

(a)　　　　　　　　　　　　　　　　　　　　(b)

图 2.17　砂西二次三维区几次剩余静校正量显示

（a）第一次；（b）第二次

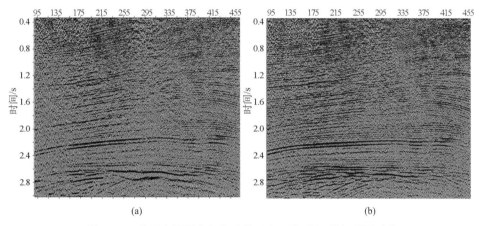

(a)　　　　　　　　　　　　　　　　　　　　(b)

图 2.18　砂西应用剩余静校正前（a）、后（b）叠加剖面对比

（五）模拟退火剩余静校正

模拟退火算法计算静校正量是以地表一致性条件为前提。退火模拟的研究是建立在统计力学基础之上的，统计力学是研究由微观成分组成的宏观系统的特性。统计力学的结论只适用于平衡系统，也就是说经过足够长的时间以后，系统的特性已经不受初始状态的影响。系统的状态被定义为系统微观成分的组态，每一个组态可看作为一个随机变量 $X = \{X_1, X_2, \cdots, X_M\}$，$X$ 取值为 $X = \{x_1, x_2, \cdots, x_M\}$。统计力学研究结果给出一个处于平衡系统在某一已知状态时的概率。系统处于状态 X 的概率由下面的联合概率分布函数确定

$$P(X = x) = \frac{1}{Z} \exp\left[\frac{-E(x)}{k_B T}\right] \tag{2.2}$$

式中，$E(x)$ 代表系统的能量；k_B 是玻尔兹曼常量；T 是热力学温度；Z 是下面的规格化常量

$$Z = \sum_x \exp\left[\frac{-E(x)}{k_B T}\right] \tag{2.3}$$

式（2.3）称为吉布斯分布，也称正则分布。对于热平衡系统，吉布斯分布函数描述了系统组成的期望扰动，这种扰动既可能增加能量也可能减小能量。

热平衡物理系统的平均特性可以用 Metropolis 算法来模拟，即随机地产生一组状态，它们的概率满足吉布斯分布。一个系统由 M 个模型参数表示，在静校正估算时，模型参数是炮点静校正量和检波点静校正量。

叠加能量变化 ΔE 的计算，可采用局部计算的方法，不需要重新叠加所有的 CMP 道集，只需要重新计算那些与修改的炮点静校正量或检波点静校正量有关的 CMP 道集。

在剩余静校正量较大时，采用分频剩余静校正方法较常规剩余静校正方法的处理效果要好，但并不能保证求出的静校正量是全局最优解，如果在分频剩余静校正的基础上用模拟退火算法计算剩余静校正量，计算的静校正量既有较高的精度，计算效率又不至于太低，满足实际生产的需要。图 2.19 展示了模拟退火剩余静校正在七个泉区块取得的成像效果，可以看出构造两翼及断层下伏的地层，模拟退火剩余静校正取得了良好的成像效果。同样，在狮北、红柳泉 1、东柴山地区，各种基于初至的静校正方法成像都不理想，在这些工区，模拟退火剩余静校正都见到了理想的效果，因此，这些区块作剩余静校正时都用了基于模拟退火的剩余静校正。

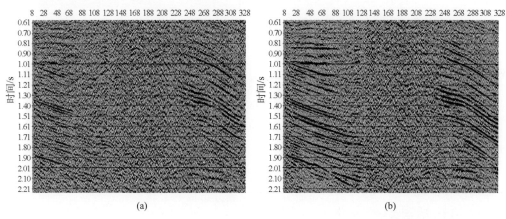

图 2.19　七个泉区块模拟退火剩余静校正前（a）、后（b）叠加剖面对比

在 13 个单块分别作好剩余静校正后进行了整体道集的连片，面元和方位角统一后，由于边界重叠部位覆盖次数的变化和受方位角变化的影响，需要连片后再重新作速度分析和剩余静校正。连片后先作了地表一致性模型迭代剩余静校正。经过速度分析和自动

剩余静校正的迭代，逐步迭代解决静校正问题，使资料成像效果逐步提高。

图 2.20 展示了连片后剩余静校正量叠加剖面的成像效果，可以看出，叠加剖面从浅到深成像质量改善明显，波组关系和能量关系都得到很好的改善，表明连片后需要进一步作剩余静校正，对统一面元大小和方位角的资料很有成效。

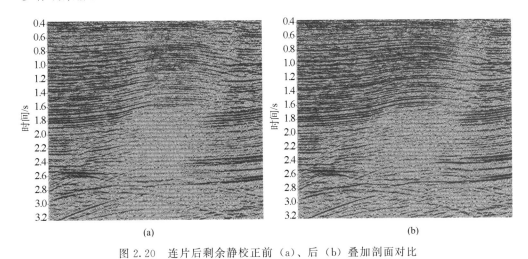

(a)　　　　　　　　　　　　　　　　　　　　(b)

图 2.20　连片后剩余静校正前（a）、后（b）叠加剖面对比

（六）非地表一致性剩余静校正

经过地表一致性静校正处理后，资料中还存在着部分由非地表一致性因素引起的静校正问题，这种问题在地震资料处理中是客观存在且无法避免的，具体在剖面上表现为同相轴存在时差，信噪比较低，因此必须在实际资料处理中重视非地表一致性静校正。

在实际情况中，静校正量不完全是地表一致性的。地表一致性假设和地震勘探的水平层状模型假设都与实际地质情况不符，主要表现在两个方面：

1）地表一致性假设生产中使用的静校正方法种类繁多、原理各异，但都基于地表一致性假设。而实际地质情况与地表一致性假设相差很大，有的地方表层速度可能接近甚至大于下伏地层速度，有的地方基岩直接出露地表，这时来自地下不同深度的反射波在近地表层内的传播路径与垂直出射的假设差异较大，出射的角度与反射层的深度（旅行时间）有关，从而不满足地表一致性假设。

2）基准面校正从目前所用的基准面校正方法来看，校正量只与低速带厚度、速度等因素有关，这样做的一个前提就是假设地层大致呈水平层状结构，山区由于构造较复杂，近地表地层可能是倾斜的，地层倾角可能会很大，在这种情况下再按照通常办法进行基准面校正，就会产生很大的误差。上述两个方面的影响，将会导致常规的静校正方法在消除低速带对地震波旅行时的影响时效果不好。

复杂地表条件下不满足地表一致性假设的因素，地表一致性假设认为低速带的速度远小于基岩速度，地震波在低速带内是垂直传播的，与各层反射波入射到低速带的方向无关，因此在同一道记录中所有采样点的静校正值都是相同的。地表一致性假设使静校正问题得到了大大的简化，使静校正量的计算变得非常容易。在大多数地区，这样的简化是合理的，它与实际情况的偏差不会太大，足以满足生产的需要。因此基于地表一致性假设的静校正方法得到了广泛的应用，成为目前所有静校正处理系统的基础。但随着地震勘探转向一些地表情况复杂的地区，地表一致性假设就变得不尽合理，它与实际情况的偏差较大。

本次连片处理在作完精细速度分析和地表一致性剩余静校正的基础上，最后在道集上作了大时窗的非地表一致性剩余静校正。在求取非地表一致性静校正量的过程中，以应用所有前面所求静校正和面元一致性处理的道集和叠加剖面为基础，作相关求取量时最大量不超过 6ms，同时，相关时窗包含所有目的层，这样就不会造成串相位和把成像好的部位做差的情况。图 2.21 是非地表一致性剩余静校正量应用前后叠加剖面的成像效果对比，可以看到在构造主体部位和断层的下盘，叠加剖面的成像质量都得到较好的提高，而剖面的构造形态保持良好。

三维连片区静校正问题的解决，是一个复杂的系统工程，该项目的攻关处理利用目前先进的技术方法，并且在实现过程中注重各种技术的合理组合，对软件无法实现的技术环节，通过编制小的应用程序去确保成像效果，整体上达到成功实现三维连片处理，且成像质量都比原单块处理略有改善，部分区块有比较大的改善，也为全区成功连片奠定了基础。

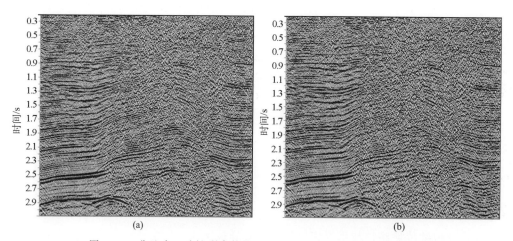

图 2.21　非地表一致性剩余静校正前（a）、后（b）叠加剖面对比

二、三湖地区二维连片静校正技术

三湖地区第四系局部构造为同沉积构造，构造幅度上小下大，浅层构造形成受深部古近系和新近系古构造和古地形控制。涩北一、二号、台南背斜在地震剖面上均位于含气下拉区，构造顶部从上到下均存在明显的下拉现象。三湖地区地表起伏不大，但低降速带变化对识别低幅度构造影响极大，浅层低速带的变化以及表层含气与地下含气区的

影响，特别是表层低降速带横向速度异常造成的非含气区"同相轴下拉"陷阱，存在静校正问题难以判别。因此，对以天然气勘探为主的地震资料处理，首先要消除近地表速度结构对深层成像的影响，同时考虑到不同年度采集资料在地震波形、相位方面的差异，要做好多线二维资料的闭合处理。针对三湖地区具体情况，在处理中提出了二维连片静校正与表层三维建模技术。

（一）静校正方法的确定

通过已知井（气井、水井）约束下的静校正分析、方法试验来优选此次攻关的静校正方法，进行了以下三种静校正方法的对比。

1）高程静校正：它是利用野外提供的地表高程值和给定的填充速度简单地校到固定基准面（2772m），其计算公式为

$$T_R = \frac{(H_{DM} - H_R) \times 1000}{V} \tag{2.4}$$

$$T_S = \frac{(H_{DM} - H_S) \times 1000}{V} \tag{2.5}$$

式中，T_R 为检波点静校正量；T_S 为炮点静校正量；V 为填充速度；H_R 为检波点高程值；H_S 为炮点高程值；H_{DM} 为基准面高程。

从式（2.4）和式（2.5）可以看出，计算出的 T_R 和 T_S 只是简单分别把检波点、炮点从地表校到固定基准面上，而不能解决低速带问题。

2）折射波静校正：利用单炮初至拾取，通过一系列计算，求出低速带模型，计算出炮点和检波点的静校正量，能够很好地解决复杂地表、复杂山地资料的中、短波长静校正问题。

3）层析反演静校正：依赖于单炮初至拾取的初至时间，把 $T\text{-}X$ 域网格化，追踪波的传播路径，计算波的传播速度，反演出低速带模型。如图 2.22 所示，通过三种方法的对比效果分析，折射波静校正不仅保证了成像效果，而且较好地解决了非含气区"同相轴下拉"陷阱。

（二）静校正连片计算

以折射波静校正为基础进行连片基准面静校正计算，实现了二维测线静校正计算由"线"到"面"的转变，进一步提高了其精度。在实现时，要先对不同年度采集的二维资料进行调查，看是否存在由采集系统或地震接收仪器造成的系统时间差，这样可以确保在反演建模时模型本身是闭合的，依此建立工区三维表层模型，并求取炮点和检波点的静校正量。图 2.23 是用三维建模二维连片技术求得静校正量，在叠加剖面上抽取的过任意交点的剖面，表明用连片静校正量，可以为解决多条二维测线的闭合提供合理、可行、有效的技术方案。该方法不仅有效消除了近地表因素产生的构造畸变问题，而且保证了测线间的闭合。

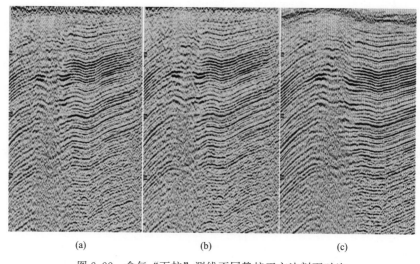

(a)　　　　　　　　　　(b)　　　　　　　　　　(c)

图 2.22　含气"下拉"测线不同静校正方法剖面对比

（a）高程校正；（b）折射波静校正；（c）层析反演静校正

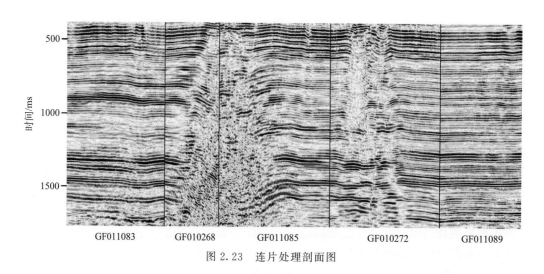

图 2.23　连片处理剖面图

三、复杂山地二维高精度静校正技术

　　复杂山地往往都表现出地表条件与地下构造十分复杂的特征，在地震资料处理中，它不但影响地震资料的信噪比，同时影响构造成像精度，消除这些不利因素对地震资料处理成像的影响，静校正技术显得非常重要。静校正方法选择是否得当直接决定地震资料处理效果和勘探实效。

　　对于柴达木盆地复杂高陡构造地区，在以往对这类地区的地震资料处理中大多都应用了野外（模型）静校正或折射静校正方法，少数测线采用了层析静校正，取得的效果有好有坏，差异较大。

在柴达木盆地复杂高陡构造地震资料攻关处理中，分析了大量基础资料，总结了原处理中见到实效的技术方法，通过几年对静校正问题的攻关，认为综合处理技术整体上可分为两大类。第一类是对于地表相对简单地区，通过野外静校正、高程静校正、折射静校正、层析静校正等多方法静校正的对比优选，以成像效果为依据，组合优化得到基础静校正量，然后利用折射剩余静校正进一步解决高频静校正问题。第二类是对于地表与地下都十分复杂的山地地区，必须采用综合建模技术。处理中开发了针对柴达木盆地复杂地表地区二维拟三维的层析静校正方法，首先利用表层调查资料建立初始模型，以初始模型为约束，利用折射静校正技术获取折射速度模型和低降速带底界，再用其作约束条件，利用层析静校正技术获取表层速度模型，对折射与层析得到的低降速带底界进行优化，最终得到综合模型，也即得到了折射层析静校正量。

静校正是复杂区资料解决的首要问题，静校正问题的解决，为去噪等后续处理奠定了好的基础，特别是规则噪声的压制都需要有好的静校正量恢复干扰波形态，如线性噪声在复杂区往往被扭曲，应用静校正量后其线性形态马上得到合理的恢复，这样就可以运用合理的去噪声技术进行干扰波的压制。

第二节　分级多域高精度叠前去噪技术

一、噪声压制的针对性技术优选

噪声的种类以及产生的原因都具有非常复杂和多样化的特点，因此在压制噪声时必须客观地分析地震数据中的各种噪声、认识噪声出现的规律和特征，根据有效反射波与噪声的差异，采取合理有效的手段压制噪声。同时，尽量保证有效反射信号在压制噪声过程中不受或少受损害，要做到相对振幅保真的前提下有针对性地去除噪声，提高叠前记录的信噪比。

此次攻关处理中通过对常见地震噪声的分析和多处理平台下主要去噪模块的解剖，结合实际地震资料，对叠前去噪技术进行了优选，现分述如下。

1）仪器感应：在三湖二维资料攻关处理中，20 世纪 80 年代采集的资料经常会出现仪器感应，在时间域为水平同相轴，消除此类噪声较好的方法是采用二维空间滤波或中值滤波。为避免对有效信号的影响，一般进行时窗内处理。在处理中根据此类噪声干扰出现的位置，都先设置好时窗，这样既能压制掉噪声，又能很好地保护有效波不受伤害。图 2.31 展示了仪器感应产生的干扰压制前后的单炮效果及压制掉的噪声，可以看出用时窗处理的中值滤波，噪声压制效果很好，输出的噪声单炮没有任何有效波信息。这种噪声对叠加成像影响不大，但可以为偏移减少划弧很有好处。

2）异常干扰：地震记录中常常会出现各种异常振幅的干扰，主要包括强能量的声波、猝发脉冲、簇状噪声和高能干扰等，主要特征是强振幅，给叠前多道处理（如地表一致性振幅补偿、统计子波反褶积等）带来了极其不良的影响；消除此类噪声较好的方法是能量统计分析去噪，以地震波的传播规律和吸收特性为基础，采用"利用多道信息识别地震信号与噪声，在单道地震数据上压制噪声"的技术思路。由于此类干扰在不同的频段范围内表现特征不同，去除时（如区域异常振幅处理及叠前高能干扰压制）要采用分频处理的方法才能获得较好的效果。主要有时频域异常噪声衰减、时窗内自适应异常振幅衰减、区域异常振幅衰减、叠前高频压制等。

异常干扰这种噪声对叠加成像的影响很弱，在叠加剖面上一般肉眼很难判别压制的效果，它对振幅的改善没法在剖面上量化，所有可行的方法就是在单炮上进行对比分析，输出噪声单炮，看是否损伤到有效波；处理中如果损伤到有效波，可以调整参数，成熟的做法是调整在噪声单炮上看不到任何有效信息，此时若去噪后单炮还残存部分干扰，可以再进行去除，逐步达到压制干扰波的目的。

3）工业干扰：攻关处理的好多资料中存在这种类型的干扰波，主要特征是频率单一（如50Hz），在时间域具有周期性。虽然陷波处理可以消除这种干扰，但陷波处理的结果是把该频段的有效信号也压制了；消除此类噪声较好的方法是时间域单频噪声压制技术。

4）声波干扰：主要特征是视速度单一（为340m/s左右），主要集中在中、高频段，能量较强。利用振幅的差异可以部分消除干扰，在时间域的二维空间滤波也可以部分消除此类干扰，但会存在一些问题，较好的方法是将上述两项技术结合，如叠前双向去噪技术。

5）面波干扰：柴达木盆地复杂地区面波干扰范围大，干扰能量强，并常有多组面波（不同的视速度）同时出现，在所有区块资料上普遍存在。主要特征是低频、低速、能量强、有频散，可以在时间域、频率-空间域和变换域（F-K域、τ-p域）消除，以往常常采用高通滤波和F-K滤波来压制面波，但这种做法会不同程度地损伤低频有效成分，导致信噪比、分辨率降低或出现假频，造成"蚯蚓化"干扰。本次研究中采用先用异常振幅处理技术将部分强能量干扰消除后，再按一般消除线性干扰的方法去噪。内切滤波、自适应面波衰减、F-X域相关系数滤波是较好的去噪方法。

以往处理中常采用带限滤波的方式来压制面波干扰，虽然在剖面上见到了很好的效果，但它致命的缺陷在于同时压制掉了有效波的低频信息，这一点长期不被重视。在本书中，将保护低频处理提到很高的程度来重视，主要原因是有效波的含油气性与低频联系最紧密，也就是低频信息对含油气性更加敏感。图2.24是面波压制前后单炮及压制掉的噪声单炮，可以看出通过自适应面波衰减技术的应用，压制掉的噪声单炮看不出任何有效的低频信息，表明此技术对保护低频有效信息很实用且成效明显。

6）相干噪声：在攻关处理的资料上普遍存在，具有一定的视速度，一般为线性同相轴，如折射波、次生干扰波、散射波等，与有效波存在着视速度差异。这类噪声频率范围变化较大，低频和高频都有可能出现，并呈多组分布。去除这类噪声较好的方法有分频自适应线性噪声衰减技术、叠前三维线性干扰消除技术、F-X域源生线性噪声压制技术、组合与自适应减法结合的线性噪声消除技术等。这类噪声的压制，往往在多域中进行，需要按速度范围、频率范围，分别在炮域、检波点域与共中心点域逐步进行。

7）随机噪声：一般没有明显规律，有些情况下，随机干扰并不随机，它也具有相

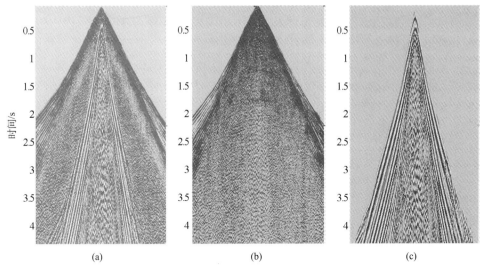

图 2.24　噪声压制技术优选（面波干扰）
(a) 去噪前；(b) 去噪后；(c) 噪声记录

同的斜率，因此也具有相干性。地震记录上的随机干扰并不是"白噪"（脉冲），而是具有一定频宽的"有色噪声"，只在空间域内是随机分布的。消除这类噪声一般采用 F-X 域预测滤波、多项式拟合等方法，较好的方法是叠前三维随机噪声衰减技术，它是采用复数域的向前、向后预测，利用信号的相干性和可预测性来压制随机干扰。在单炮或共检波点道集内使用这种去噪方法时，应首先将道集进行动校，这样可以增加信号的可预测性，从而减少因去噪而造成的对有效信息的伤害。将二维叠前数据按三维数据的特点来排列（炮、道），利用 F-XY 域预测滤波从数据中提取可预测的线形同相轴，分离出随机噪声，从而达到提高信噪比，增强有效反射信号的目的。

以上介绍了不同噪声的特点以及对应的压制技术，当然仅凭一两种简单的去噪方式是不可能解决低信噪比问题的，有针对性地利用去噪模块、合理搭配使用各种去噪方法，做到"一把钥匙开一把锁"，才是提高地震资料信噪比的最佳途径。对于不同噪声采用相应的去噪方式，同时又不能产生较多的副作用，去噪时应掌握好去噪的分寸，在剔除和衰减噪声的同时，尽量多保留有效反射信号，遵循循序渐进、逐级去噪、逐步提高信噪比的规律。作为必要的质量控制手段，去噪时输出噪声剖面，检查有效波的损失情况。

二、复杂山地正演模拟的噪声压制技术

以上在分步、区域、分频、多域去噪思路的基础上，集中对不同类型噪声的压制优选了具体技术方法，也分步对去噪的效果进行了叙述和展示。但对复杂山地的高陡构造而言，去噪是一个永远探索的过程。因此，本次攻关进一步通过数值正演模拟技术验证叠前去噪思路的合理性，以提高实际资料处理结果的可靠性。

　　基于声波理论，以声波方程为主进行地震波的数值正演模拟，在了解和认识各种波的形成机理后，模拟地震反射信号以及记录中常见的环境噪声和有源噪声，包括面波、折射波、声波、随机脉冲干扰（野值干扰）、仪器感应、工业干扰和随机干扰。利用数值模拟技术将常见噪声（声波、面波、多次折射、随机噪声）与有效波合成后的地震记录，根据随机噪声与有效波能量的百分比分别生成不同记录（图 2.25），代表记录的信噪比差异。当环境噪声能量超过有效波能量的 2.5 倍（信噪比低于 0.4）时，记录中难以识别有效反射信息。

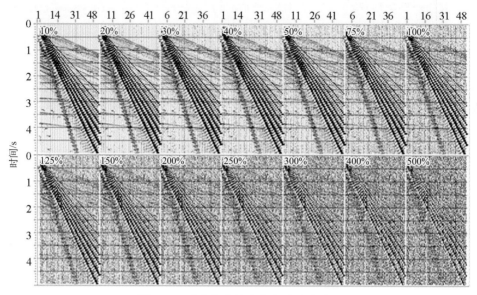

图 2.25　噪声与有效波合成后地震记录

　　采用两套不同去噪流程对生成的不同信噪比地震记录进行叠前去噪，第一套流程为复杂区资料处理使用的常规去噪流程：自适应脉冲衰减→时频域异常振幅压制→F-X域线性干扰压制→炮域 F-K 滤波，该流程是低信噪比地区地震资料处理的常规流程；第二套流程为本次攻关处理应用的流程：自适应脉冲衰减→时频域异常振幅压制→自适应高能噪声衰减→F-X 域源生线性噪声压制→F-X 域扇形滤波，这一套流程是根据噪声生成机理优选的一套新的攻关去噪流程。

　　图 2.26 是上述两套不同流程的去噪效果对比，对模型数据分析表明，新的组合去噪方法突出了自适应去噪和 F-X 域滤波，去噪能力成倍增强，可使信噪比为 0.33 的地震反射信息得到有效提取。因此，采用两套不同去噪流程对实际地震资料进行处理，结果表明：新的组合去噪方法能有效提高低信噪比地震资料的品质。这说明复杂高陡构造成像使用的去噪流程，在攻关处理中见到了明显的效果，也为攻关资料的信噪比提高指出了前进的方向。

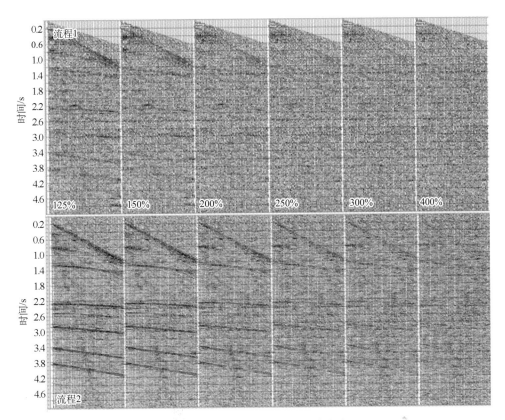

图 2.26　两套不同流程的去噪效果对比

三、三维连片区分级组合叠前去噪技术

结合上述噪声的机理分析，以噪声模拟结果作为指导，本次在三维连片区的攻关去噪过程中贯彻保频、保幅的思路，同时贯穿逐级、组合的去噪思路于整个处理过程，逐步提高信噪比。通过对地震资料干扰波的分析和去噪试验，优化去噪采用次序为异常振幅、高频干扰、面波、折射波、其他线性干扰、多次波、随机噪声的多级组合去噪流程，实现过程如图 2.27 所示。

通过在处理过程中采用分步、区域、分频、多域去噪技术，取得了较好的去噪效果，同时在去噪的过程中加大质量监控力度，以免去掉有效波，注意保护了低频有效信息，使单炮记录和监控剖面的信噪比逐步提高，为后续工作打下了坚实的基础。常规处理中往往只重视信噪比的提高，而对资料的保真度和有效频带的重视不够。在三维连片区的攻关处理中，在压制噪声的过程中，通过输出噪声单炮、剖面，平均噪声相对提高41.4%，说明去噪对提高信噪比的效果非常明显。

三湖地区的勘探目标主要是生物气，对处理的道集提出了更高要求。本区资料除了发育有废炮、废道、面波、浅层多次折射波、异常振幅、线性干扰、随机噪声等类型干扰波外，还有明显的多次波出现。

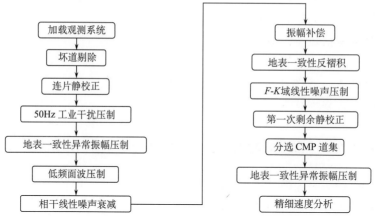

图 2.27　多级去噪流程图

四、三湖地区多次波压制方法

多次波的衰减方法主要是基于多次波与反射波的速度差异以及多次波的周期性，从三湖地区的资料分析结果看：CMP 道集上多次波与反射波的速度差异较小，因此很难有效地去除多次波干扰而不影响有效波，在叠前时间偏移道集的速度差异较大。鉴于资料特点，多次波的压制分了两步进行：首先是 CMP 道集上的部分压制，在静校正、去噪和地表一致性反褶积的基础上，对于多次波与反射波速度差异较大的部分通过将时间域的道集转换到 τ-p 域进行压制；然后利用叠前时间偏移道集速度差异大的特点，用一次波速度校平的道集，采用 F-K 技术进行剩余多次波的压制与衰减。

图 2.28 是多次波压制的效果对比，可以看出通过多次波的有效压制，道集上有效

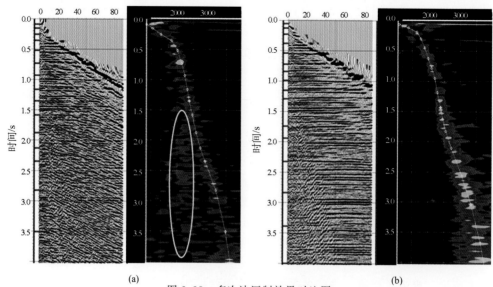

图 2.28　多次波压制效果对比图
（a）CMP 道集；（b）叠前时间偏移道集

波的能量在深层更明显和清楚，而多次波的能量得到很大衰减，从而可以突出有效波的能量和成像效果，大大提高了原始资料的信噪比，为后续解释和油气预测提供了可靠的地震剖面，也为叠前烃类检测提供了高品质的 CRP 道集。

地震资料经过提高信噪比的噪声压制处理，资料都会有一定的信噪比，这就为基于信号统计的子波等一致性处理提供了好的基础。因此，攻关时在静校正和去噪的基础上，开展了一致性处理技术。

第三节　复杂地表区三维连片一致性处理技术

复杂地表区的一致性处理除了振幅的一致性、子波的一致性处理外，对于柴达木盆地所涉地区的三维连片资料处理，还在面元的一致性、统一面元后的振幅补偿及速度场的建立方面做了大量的研究性工作。

一、振幅一致性处理技术

要利用反射波振幅信息就要充分分析影响反射波振幅的各种因素，以便从地震资料中消除各种干扰因素，使反射波振幅仅（或主要）反映地下地质构造或岩性情况。影响反射波振幅的因素是很多的，激发条件决定了地震波的起始振幅，波前扩散、介质吸收、界面的反射和透射、多次反射、反射界面的形态、各种干扰以及记录仪器的特性等，还可以影响地震波向外传播的振幅。各种影响因素归纳为：激发条件、接收条件、处理对反射波振幅的影响、多次反射、各种噪声的干扰、波前扩散、吸收衰减、中间界面的透过损失、反射界面形态产生的聚焦和发散作用、界面的反射系数、入射角的变化、岩相的变化、波的干涉等。

全区振幅的补偿采取迭代处理方法进行振幅补偿，以二次三维振幅能量作为标准，分别求取其他区块的振幅归一化因子，分区调整振幅，将全区振幅能量调整到一个数量级，全区振幅处理的流程如图 2.29 所示，在地表一致性振幅补偿的基础上进行三维道集的连片处理。

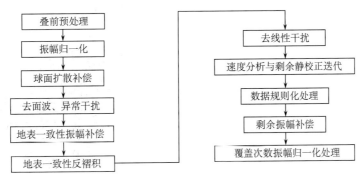

图 2.29　振幅补偿流程图

振幅归一化处理：全区统计的正常能量级别为 $10^{-2} \sim 10^{-1}$，乌南-绿草滩是 10^{-3}，红柳泉二次三维是 10^{6}，阿拉尔是 10^{-4}，振幅能量差异达到 10^{10}，分析认为这么大的能量差异远远超出仪器记录的动态范围，这是由不同系统转录造成的能量差异。为了减少对后续处理（如地表一致性振幅补偿）的影响，在振幅补偿前进行了不影响地震道相对振幅变化的能量归一化处理。以二次三维振幅能量作为标准，存在异常能量的区块先求取振幅归一化因子，分别应用到单块三维区进行振幅归一化处理，然后将全区振幅调整到一个能量动态范围内（$10^{-2} \sim 10^{-1}$）。

球面扩散振幅补偿：球面扩散是当波离开震源传播时由于波前扩展造成的衰减，其振幅能量、频率、相位都会发生严重的衰减，随着传播距离的增加其衰减越严重。在这里，先考虑振幅能量的衰减，假设地下地层为层状均匀介质，这样的振幅衰减 A 与传播距离 r 成反比

$$A = \frac{1}{r} = \frac{1}{vt} \qquad\qquad (2.6)$$

式中，v 是界面上覆介质的平均速度，t 是反射的记录时间。所以，对球面扩散作校正需要用 vt 的时变函数乘以地震记录得到。

在连片处理中采用几何扩散补偿（Omega 处理模块）来补偿球面扩散能量衰减，即球面扩散补偿，球面扩散补偿技术考虑了地震波在时间方向的传播损失和不同射线路径引起的不同偏移距时差。该方法需要处理员提供速度场（通过速度分析，可以得到比较准确的速度场），来确定地震波传播的射线路径。根据用户提供的速度函数，沿偏移距和时间方向对炮集内各道能量进行振幅补偿。与指数增益相比，几何扩散补偿振幅考虑炮集内偏移距和时间的变化，相同的反射层振幅按照相同的参数补偿，使得道间能量较为均匀，得到较好的球面扩散补偿效果。这种补偿比单纯的指数补偿更符合地下实际情况，精度也就更高。

试验参数：速度 1000m/s、1300m/s、1600m/s、1900m/s、2200m/s，时窗：500～3000ms、500～4500ms。

试验结果：速度 1600m/s，时窗 500～3000ms。

图 2.30 是球面扩散补偿前后的叠加剖面对比图，可以看出经过球面扩散振幅补偿后，合理恢复了地震波在传播过程中球面扩散造成的能量损失，使有效反射波、面波干扰的振幅能量在纵向上都得到了很好的恢复，这样，在此基础上就可以很好地压制面波干扰，同时能有效地监控有效波能量，特别是低频能量在后续处理的变化，不会产生盲目的压制面波噪声而损失有效波的低频信息。

地表一致性振幅补偿：在给定的时窗内计算所有数据道的能量，采用高斯-塞德尔迭代法求出炮域、检波点域、炮检距域上的补偿系数，同时应用于各数据道进行振幅补偿。该方法能较好地解决空间方向由于地表激发和接收条件的差异引起的能量变化，以及由于炮检距的变化引起的能量变化。经过地表一致性振幅补偿之后的数据，在任意给定的炮点、检波点、偏移距域应该和全区其他的炮点、检波点、偏移距的振幅水平相一致。但是该方法不能补偿时间方向上的能量衰减和依赖于频率的能量衰减。因此，这种方法应该在做好球面发散和吸收补偿之后进行。

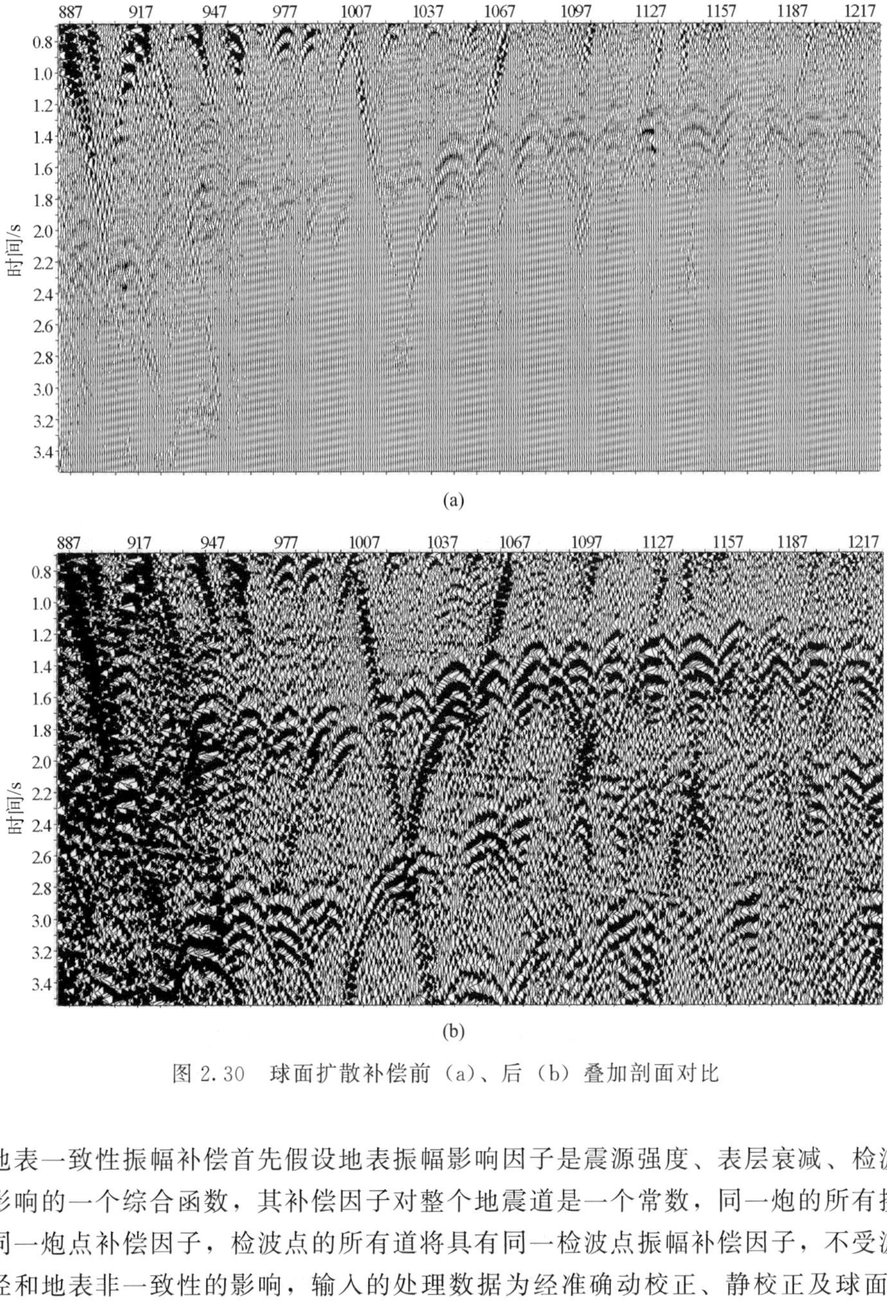

图 2.30　球面扩散补偿前（a）、后（b）叠加剖面对比

地表一致性振幅补偿首先假设地表振幅影响因子是震源强度、表层衰减、检波器耦合等影响的一个综合函数，其补偿因子对整个地震道是一个常数，同一炮的所有接收道具有同一炮点补偿因子，检波点的所有道将具有同一检波点振幅补偿因子，不受波的传播路径和地表非一致性的影响，输入的处理数据为经准确动校正、静校正及球面扩散、地层衰减补偿后的记录。

设某一定时窗内的地震记录为函数 $x(t)$

$$x(t) = s(t) + n(t) \tag{2.7}$$

式中，$s(t)$ 是有效信号，$n(t)$ 是随机噪声。

通常，由于地震记录中随机干扰可视为均值为零的随机过程，自相关函数可写为

$$R(t) = \sum_{\tau=D}^{T} n(t+\tau) \cdot n(\tau) \tag{2.8}$$

当 $t \neq 0$ 时，其自相关函数 $R(t)$ 近似为零，得出地震记录非零时移相关平均振幅为

$$A = (t_1 - t_0)^{-1} \sum_{t=t_0}^{t_1} \left[\left| \sum_{l=1}^{T} s(l+t) s(l) \right| \right] \tag{2.9}$$

$$= (t_1 - t_0)^{-1} \sum_{t=t_0}^{t_1} \left[\left| \sum_{l=1}^{T} s(t+l) s(l) + \sum_{l=1}^{T} s(l+t) N(l) + \sum_{l=1}^{T} s(l) N(l+t) \right| \right] \tag{2.10}$$

根据随机函数的自相关特性及互相关特性，式（2.10）可表示为

$$A \approx (t_1 - t_0)^{-1} \sum_{t=t_0}^{t_1} \left[\left| \sum_{l=1}^{T} s(l+t) s(l) \right| \right] \tag{2.11}$$

可见，非零时移相关平均振幅的统计方法不受随机噪声的影响，能很好地反映有效信号的振幅能量，用来衡量地震道的能量，可减少随机噪声在振幅统计过程中造成的误差。应用时利用统计的方法求取各炮点、各接收点及不同偏移距的地震记录统计能量，然后求出各道的振幅补偿因子加以补偿。具体如下：

1）在给定的时窗内算出各道的自相关函数

$$A(t, i, j, k) = \left| \sum_{l=1}^{T} x_{i,j,k}(l+t) x_{i,j,k}(l) \right| \tag{2.12}$$

式中，$i=1, 2, \cdots, L, N$ 为炮序号；$j=1, 2, \cdots, L, M$ 为检波点序号；$k=1, 2, \cdots, L, Q$ 为偏移距序号；$l=1, 2, \cdots, L, T$ 为给定时窗内的样点序号。$t=t_0, t_0+1, t_0+2, \cdots, t_1$ 为自相关延迟时。$x_{i,j,k}(t)$ 为地震记录。

2）求取非零时移相关平均振幅

$$A_0(i, j, k) = (t_1 - t_0)^{-1} \sum_{t=t_0}^{t_1} A(t, i, j, k) \tag{2.13}$$

3）求炮点 i_0 处的振幅统计能量 A_{t_0}，将属于同一炮点 j_0 处的各道非零时移相关平均振幅求和

$$A_{t_0} = \frac{1}{\phi} \sum_{j=1}^{M} \sum_{k=1}^{Q} A_0(i_0, j, k) \tag{2.14}$$

式中，ϕ 为 $A_0(i_0, j, k)(j=1, 2, \cdots, M; k=1, 2, 3, \cdots, Q)$ 中非零项的个数。

4）求检波点 j_0 处的振幅统计能量 A_{j_0}

将属于同一检波点 j_0 处的各道非零时移相关平均振幅求和

$$A_{j_0} = \frac{1}{\Omega} \sum_{i=1}^{N} \sum_{k=1}^{Q} A_0(i, j_0, k) \tag{2.15}$$

式中，Ω 为 $A_0(i_0, j, k)(j=1, 2, \cdots, N; k=1, 2, \cdots, Q)$ 中非零项的个数。

5）求同一偏移距的振幅统计能量 A_{k_0}。将属于同一偏移距的各道非零时移相关平均振幅求和

$$A_{k_0} = \psi \sum_{i=1}^{N} \sum_{j=1}^{M} A(i, j, k_0) \tag{2.16}$$

式中，ψ 为 $A_0(i_0, j, k)(j = 1, 2, \cdots; k = 1, 2, \cdots, M)$ 中非零项的个数。

6) 由式（2.9），式（2.10），式（2.11）计算出地表因素对道 $x_{i_0, j_0, k_0}(t)$ 的振幅影响

$$A(i_0, j_0, k_0) = A_{i_0} \cdot A_{j_0} \cdot A_{k_0}$$

7) 求期望的补偿平均能量水平

$$B = \frac{1}{G} \sum_{i=1}^{N} \sum_{j=1}^{M} \sum_{k=1}^{Q} A_0(i, j, k) \tag{2.17}$$

式中，G 为 $A_0(i, j, k)$ 中非零项的个数。

8) 补偿地震道 $x_{t_0, j_0, k_0}(t)$

$$y_{i_0, j_0, k_0}(t) = B \cdot x_{i_0, j_0, k_0}(t) \big/ A(i_0, j_0, k_0)(t) \tag{2.18}$$

式中，x，y 分别为输入和输出地震道。

在实际处理中主要试验了时窗参数：浅层、中层、深层，最终确定使用中层时窗效果最佳。图 2.31 是地表一致性振幅补偿的叠加剖面对比图，可以看出地表一致性振幅补偿后，空间各方向的反射波振幅能量得到了合理恢复，说明通过共炮点、共检波点、共偏移距道集的振幅补偿以后，叠加剖面的反射波振幅能量分布趋于平衡，振幅曲线在地表一致性补偿后偏移距方向的能量明显更加一致，说明基本上合理地消除了地表因素引起的振幅差异，提高了振幅能量的保真性。

剩余振幅补偿技术：由于炮点、检波点、偏移距等道集的无关性，来自地震震源地

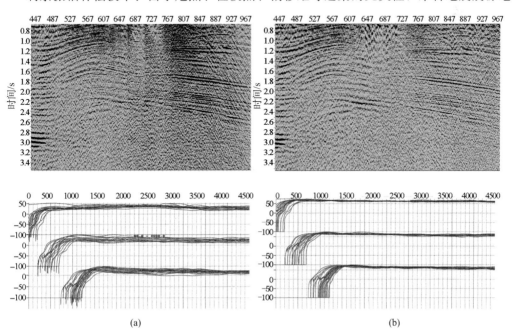

图 2.31　地表一致性振幅补偿前（a）、后（b）叠加剖面、振幅曲线对比

震数据的振幅，一般是随着振幅和传播距离的增加而减少。振幅随时间和传播距离的增加而衰减是波前发散传播损失、大地滤波、组合效应和其他多种复杂因素影响的结果。在应用几何扩散补偿、地表一致性振幅补偿等技术后，数据还可能会存在剩余振幅的能力差异，但这些因素的消除，对研究反射系数的变化是很重要的。剩余振幅补偿就是进一步消除 CMP 道集之间和炮检距方向能量不均衡的问题。

　　参数试验：时窗长度为 400ms、800ms、1200ms、1600ms，道数为 10 道、20 道、30 道。

　　试验结果：最终选择 800ms 窗长，20 道空间增量。

　　图 2.32 是剩余振幅补偿前、后的叠加剖面对比，从对比效果可以看出，通过剩余振幅补偿技术，特别是层间振幅能量与整体振幅能量在剖面上都更加合理，能量趋于一致，这样对目的层内幕的研究也更为有利。

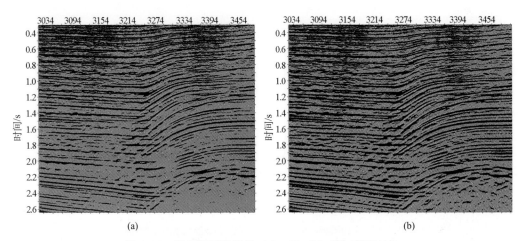

图 2.32　剩余振幅补偿前（a）、后（b）叠加剖面对比

二、井控反褶积与子波一致性技术

　　反褶积的主要作用是压缩地震反射脉冲的长度，提高反射地震记录的分辨能力，并进一步估计地下反射界面的反射系数。这不仅是常规地震资料处理所需要的，而且对直接找油找气的亮点技术及岩性油气藏地震资料处理尤为重要。

　　反褶积的处理方法主要基于三点假设：一是子波时不变假设，二是反射系数序列白色假设，三是子波最小相位假设。这三点假设使得本来不可能解决的问题迎刃而解，从而地震数据处理进入了一个新的阶段。

　　由于地震子波随着传播距离的增大而逐渐变化，它受多种因素的影响，如激发接收条件、岩性、低降速带厚度等，在地震记录上表现为波形、振幅、相位、频率等特征的差异。本次连片处理中，区块较多，资料复杂，地表特征、地下结构、岩性、激发接收条件差异都较大，在品质上纵横向变化很大，子波一致性差，因此处理时应做好如下的工作：

1）提高分辨率必须兼顾信噪比。若在叠前将分辨率提得过高，会导致地震记录的信噪比降低，对后续的速度分析和剩余静校正处理不利。

2）消除非地表一致性因素。理论上，不同的接收点接收到的由同一震源激发的地震波具有相同的地震子波特征。但在实际中，由于受地表条件变化的影响，不同的激发条件使不同的单炮产生不同的地震子波，采用地表一致性反褶积能够消除影响地震子波和相位不一致的因素。

叠前反褶积的方法很多，根据以往该区研究报告和处理效果分析，结合处理的具体地质任务和处理要求，本次处理在浅层需要高分辨率，而在深层要注意保护低频信息，整体反褶积的思路如图 2.33 所示，采用串联反褶积处理技术来实现分辨率的提高。而具体反褶积参数，在井资料标定下来确定。在处理时，结合全区实际资料特点和地下结构特征，对参数进一步验证分析，统筹考虑，结合测井资料，以便使参数适合全工区绝大部分数据。

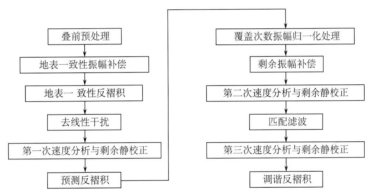

图 2.33　全区反褶积与子波整形流程图

地表一致性反褶积：Taner 将因地表条件变化而引起的反射子波改造归结为炮点响应、接收点响应、炮检距响应及地层脉冲响应的综合反映，并提出地表一致性反褶积模型。地表一致性反褶积与其他单道反褶积相比具有某些优点，地表一致性分解时采用地表一致性各分量振幅谱的几何均值进行求解，并将地表一致性各分量归结为各种道集的体现，因此地表一致性反褶积起到了衰减随机噪声的作用；同时地表一致性反褶积能够均衡反射记录的频谱，提高各地震道间子波的相似性，但不破坏地表一致性剩余静校正的计算模型。地表一致性反褶积最引人之处在于其对地震记录振幅谱的均衡作用。

地震记录的反褶积模型可分解为炮点响应、接收点响应、炮检距响应及共中心点响应在时间域的反褶积。这四个分量基本反映了地震反射波的波形特征。因此，采用上述四个分量进行地表一致性谱分解具有一定的合理性。地表一致性反褶积的实现方法已有许多种。通过试验和经验表明，进行地表一致性谱分解时应采用四分量进行求解，而进行地表一致性校正处理时，采用炮点分量、接收点分量及共炮检距分量计算反褶积因子来消除地表条件对地震记录的影响较为合理。

其数学模型为

$$x_{ij}(t) = s_j(t) \cdot h_l(t) \cdot e_k(t) \cdot g_i(t) + n(t) \qquad (2.19)$$

式中，$x_{ij}(t)$ 为地震记录；$s_j(t)$ 为震源位置为 j 的波形分量；$g_i(t)$ 为检波器位置为 i 的波形分量；$h_l(t)$ 为与炮间距有关的波形分量；$e_k(t)$ 代表震源-检波器中心位置的地层脉冲响应；$n(t)$ 为噪声分量。

在本研究中，先采用地表一致性反褶积消除地表因素对子波的影响，使全区子波趋于一致，并且适当拓宽地震记录的频谱。具体做法是，先在剖面上确定两个反褶积时窗，分时窗展开反褶积步长的扫描，然后用已知井进行标定，用相关系数最高对应的预测步长作为确定的反褶积预测参数。

试验参数：预测步长 4～48ms，间隔 4ms 扫描；白噪因子 0.001、001、0.1；算子长度 200ms、240ms。

试验结果：计算时窗 400～1800ms、1200～4000ms；应用时窗 0～1800ms、1200～6000ms；步长 20ms、32ms；白噪因子 0.01；算子长度 200ms。

单道预测反褶积：通过地表一致性反褶积消除地表非一致性因素后，再用单道预测反褶积进一步提高分辨率，拓宽频谱。预测反褶积有两个目标：①将地震子波 $w(t)$ 脉冲化；②预测和压制多次波 $m(t)$，从而使地震记录内只留下地层反射系数序列。预测反褶积的简单叙述即给定一个长度为（$n+a$）的输入子波，预测误差滤波将它压缩至长度为 a 的子波，a 是预测步长。对预测反褶积来说，预测步长越小，对输入子波改造越大，分辨率越高，频谱拓展的越宽，但是会包含很多的高频部分；如果高频能量大部分是噪声而不是信号，分辨率和信噪比就会降低；随着预测步长的增加，预测反褶积对输入子波的改造越小，当预测距离为 94ms 时，预测反褶积对输入子波不起作用，因为它的自相关的所有延迟几乎都没有变动。所以在作预测反褶积试验时，要在分辨率和信噪比之间找到平衡点，并不是分辨率越高越好，即使从频谱看分辨率很高，也不意味着实际的地层分辨率能达到，同时还会损害整体信噪比。

试验参数：一个时窗 300～2200ms、300～2500ms、300～3000ms、300～3500ms；预测步长 4～48ms，间隔 4ms 扫描；白噪因子 0.001、001、0.1；算子长度 180ms、200ms、220ms。

试验结果：最终计算时窗 300～3000ms；应用时窗 0～6000ms；步长 20ms；白噪因子 0.01；算子长度 200ms。

图 2.34 是预测反褶积前、后的效果对比，从叠加剖面、频谱、自相关、已知井的吻合程度等可以看出，预测反褶积大大提高了剖面的分辨率和有效波主频，使得地震剖面的纵向分辨能力得到了很好的提高，也为后续的叠前反演等提供了分辨率较高的道集。

叠后调谐反褶积：考虑到实际资料不能完全满足反褶积的基本假设，叠加剖面上总是存在剩余子波；同时，因为 CMP 叠加是对零炮检距剖面的一种近似，所以，作叠后调谐反褶积来进一步提高剖面的垂向分辨率。调谐反褶积的参数，亦能保持叠加剖面的波组关系为主，尽可能地提高可分辨地层的能力，以扫描的褶积步长参数对应的叠加剖面效果，确定调谐反褶积的步长参数。

试验参数：步长 2ms、4ms、8ms、12ms。

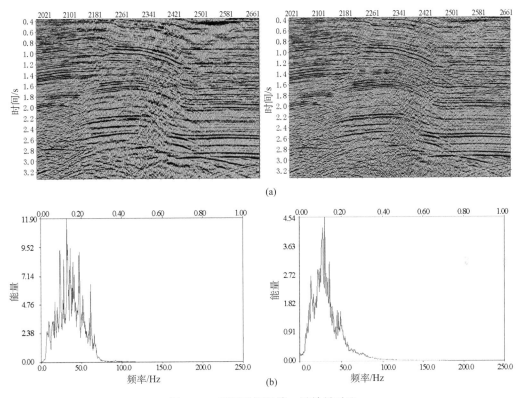

图 2.34　预测反褶积前、后效果对比

（a）叠加剖面对比；（b）叠加剖面对应频谱对比

试验结果：步长 4ms。

经过串联反褶积后，频谱被拓宽，子波被进一步压缩，更好地刻画出了目的层的特征，并且波组关系保持良好。

在上述井控反褶积统一子波过程中，还无法比较彻底地统一好子波。本次连片处理的 13 块三维资料，采集年度从 1994～2007 年，共跨越了 14 年，因此由于施工条件的和采集仪器的更新带来的地震子波波形和相位的差异是不可避免的。首先对采集的资料进行分类，发现部分三维资料在波形和相位上差异较小或基本没有差异，块间时差也较小（都在 2ms 以内）。对于这些区块的连片直接采用地表一致性反褶积来统一子波和频谱，然后通过剩余静校正来消除其块间时差。但在个别区块的边界处，有波形和相位的不一致性，需要进一步采用子波整形技术来实现子波的一致性处理。

在处理中如果直接从叠前资料入手作子波统计进行子波整形拼接处理，对于信噪比低的资料，求取的算子不稳定或不准，拼接处理效果不理想；若只从叠后作拼接处理，只能使两种资料叠加剖面趋于一致，并不能使叠前数据的频率、相位和振幅相一致，不能满足诸如叠前偏移等需要叠前数据的处理或解释工作的多方面要求。采用的做法是从重叠部位叠加剖面通过互相关提取设计整形因子，这样可以大大提高整形因子的稳定性，然后应用到叠前地震记录上。相对于叠前地震记录来说，叠后的地震记录信噪比高，受干扰波的影响小，可以提取稳定、准确的整形滤波算子。

设地震信号 $a(t)$，$b(t)$，则有

$$a(t) = m(t) \cdot b(t)$$

式中，$m(t)$ 为相位校正反褶积算子。

利用最小二乘法求相位校正算子 $m(t)$

$$Q = \sum_{t=0}^{K+M} \left[a(t) - \sum_{\tau=0}^{m} m(t)b(t-\tau) \right]^2 \tag{2.20}$$

根据函数求极值的原理，令 $\dfrac{\partial Q}{\partial m(s)} = 0$，$s = 0, 1, 2, \cdots, M$ \qquad (2.21)

可列出 $M+1$ 个方程组，组成线性方程组

$$\sum_{\tau=0}^{M} r_{aa}(\tau-s)a(\tau) = r_{ab}(s) \tag{2.22}$$

式中，$r_{aa}(\tau-s)$ 为时间延迟为 $\tau-s$ 的地震信号；$a(t)$ 为自相关数列；$r_{ab}(s)$ 为时间延迟为 s 的地震信号 $a(t)$ 与 $b(t)$ 的互相关数列。用递推法解托布利兹矩阵方程 (2.22)，可以得到相位校正反褶积算子。

叠后数据是由若干叠前地震道合并得到的，设 $x(t)$ 为叠后记录，它是由叠前 CMP 道集中的记录 $x_1(t)$，$x_2(t)$，$x_3(t)$，$\cdots$，$x_N(t)$ 平均得到，即有

$$x(t) \cdot m(t) = \frac{1}{N} \{ x_1(t) + x_2(t) + x_3(t) + \cdots + x_N(t) \} \cdot m(t)$$

$$= \frac{1}{N} \{ x_1(t) \cdot m(t) + x_2(t) \cdot m(t) + x_3(t) \cdot m(t) + \cdots + x_N(t) \cdot m(t) \}$$

$$\tag{2.23}$$

式中，$m(t)$ 为整形算子；N 为覆盖次数。从式（2.23）中可以看出，将整形滤波算子应用到叠后记录上，与将同样的滤波算子应用到叠前的每个记录道上，再进行叠加是等效的。因此，从叠后提取整形滤波算子应用到叠前道集记录，理论上是成立的。当然，将叠后记录上求得的算子应用到叠前的话，要求叠前 NMO 速度准确，且拉伸量不大，以保证叠后和叠前的子波相一致。

这种用于地震资料连片的子波处理方法，它能很好地将不同区块的子波统一起来，方法简单而有效；并且该方法获取的相位校正反褶积算子稳定性高，并且对地震资料的保幅性较好。在子波整形过程中，坚持老资料向新采集资料靠拢、低信噪比资料向高信噪比资料靠拢的原则。

试验参数：整形因子时窗 300~1500ms、500~2500ms、700~2600ms；求取因子统计道数 5、7、11、15。

试验结果结果表明，整形时窗 700~2500ms，因子统计道数 11 的试验参数效果最好。

图 2.35 是求取整形算子的过程，很明显，整形前两个不同工区的地震记录、频率、相位都存在较大的差异，整形后振幅、频率、相位都变得非常一致。

实际上，前面所进行的串联反褶积过程，在提高分辨率的同时也在进行着子波的整形，但不同之处在于反褶积是基于地震道本身统计的子波应用于本区，通过压缩子波来达到提高地震记录的纵向分辨能力；而子波整形是以一个区块统计的子波作为标准，去求另一个工区子波与该区块子波的差异，从而得到一个整形子波，消除区块与区块的子波差异来达到统一相位的目的。

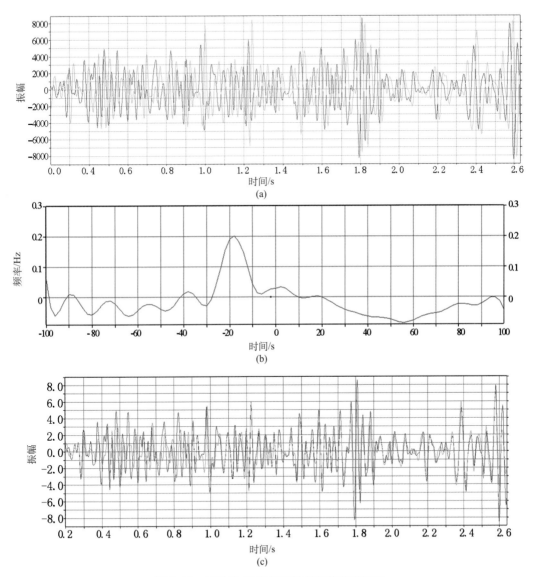

图 2.35　跃进四-尕南拼接处理子波整形过程
（a）整形处理前跃进四（绿色）与尕南（红色）的记录；（b）整形算子；
（c）整形处理后跃进四（绿色）与尕南（红色）的记录

图 2.36 是不同工区子波整形处理前后的叠加剖面对比，可以看出整形处理后剖面拼接部位同轴错断的情况得到了修正，连续性得到了改善，剖面的整体结构更加

合理可靠，再经后续的连片剩余静校正后，就能实现完美的连片拼接。经过子波整形处理，可以消除解释过程的误区，避免由于子波引起的差异误解释成断层，为构造成图提供了好的剖面。

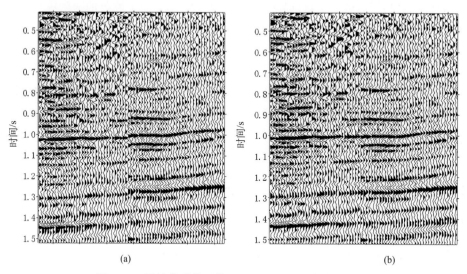

图 2.36　子波整形处理前（a）、后（b）叠加剖面对比

三、面元一致性处理技术

面元一致性处理是整个三维连片处理中很关键的一个技术环节，它的目的是在平面上用统一网格方位角和面元尺寸大小的方法，来实现全区地震数据分布的一致性。有两种思路可以实现面元的一致性处理：①叠前数据体统一面元大小与方位角；②叠后数据体上进行面元的统一。对地震资料处理而言，叠后进行数据体面元的统一相对很容易实现，统一后的空道用地震道内插就能实现面元的一致性处理，但在叠前地震数据体上实现就很困难。同时，在叠前实现面元一致性处理后，连片速度场的建立也是一个处理的困难。本次连片处理采用的是叠前面元一致性处理技术。

本区三维连片资料处理统一采用 15m×30m 面元和 13.966°方位角，原始资料覆盖次数为 32～240，野外采集方位角有六种：0、13.58°、32.3°、39.5°、33.599°、122.36°，面元大小有三种：25m×50m、20m×40m、15m×30m，采集因素变化都很大。因此采用统一的网格连片后，最终 CMP 网格方向与许多三维区块原 CMP 网格方向不同，面元大小不同，造成最终 CMP 网格覆盖次数分布非常不均一，从 0 至 350 次覆盖都有，这样使叠加剖面中有许多空 CDP，剖面浅层数据缺口较大，而且成像效果不佳。另外，剖面深层有效波能量分布也不均匀，覆盖次数的过大变化和能量的不均匀都会引起严重的偏移划弧。为了解决这些问题，采用了面元均化技术。

试验参数：面元大小为 15m×45m、15m×60m、30m×45m、30m×60m，每组炮间距内最多道数为 2 道、3 道、4 道、5 道。

　　试验结果：面元大小为 30m×45m，每炮检距道数为 2 道。

　　在参数试验过程中，主要考虑面元大小、方位角、覆盖次数等因素，同时考虑了均化是为了消除空道、不满覆盖和覆盖次数不均匀，而对于满覆盖次数的区域，没必要再提高覆盖次数而是力争做到保真。通过优化均化处理参数，做好覆盖次数的均化并保真。

　　通过对红柳泉、红柳泉二次、狮北三个区块资料均化前，不考虑对满覆盖区域的保真，考虑满覆盖区域保真均化的覆盖次数变化过程的研究发现，面元均化处理后，在有地震数据体覆盖的范围内，统一面元和方位角造成的地震空道能够被很好解决，覆盖次数也更加均匀。在优化均化处理参数后，对均化处理前已经满覆盖的面元，均化处理再没有进一步改变该面元的覆盖次数，而是既保证空面元与不满覆盖面元地震道分布合理，又确保了原满覆盖次数面元资料的相对保真，排除了单一增加覆盖次数实现面元均化带来的不利影响。全区经过大量的参数试验后，综合覆盖次数均匀、有效反射波能量的一致、对振幅保真的影响、对偏移划弧的减少等因素，确定了全区统一的面元均化参数。

　　图 2.37 是在不同区块重叠部位面元均化前、后的叠加剖面对比，可以看到经过面元均化处理后，剖面的空道完全消失，地质层位在剖面上显示的更加完整，剖面能量一致性明显变好，同时浅层缺失的有效信息得到恢复。这样，在全工区进行面元均化处理后，剖面的能量、波组关系一致性明显变好，覆盖次数更加均匀，也为叠前偏移提供了满足偏移需求的叠前共中心点道集。

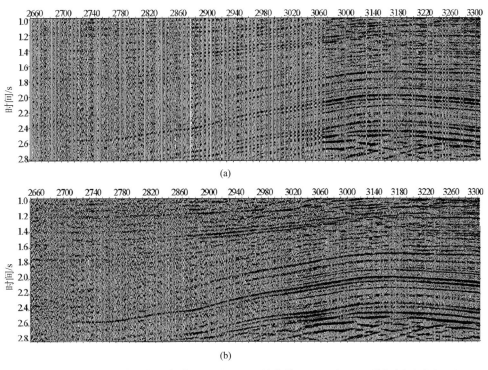

图 2.37　红柳泉 1 与红柳泉 2 重叠区面元均化前（a）、后（b）叠加剖面对比

四、速度一致性处理技术

由于本次地震资料连片攻关处理资料情况过于复杂，在全区单炮初至拾取、小折射、微测井资料计算全区统一基础静校正量后，为连片提供了基础，而静校正问题的解决并没有结束，而是在后续处理中做了大量的剩余静校正与速度分析的迭代工作。因此，全区速度场建立也直接影响连片的成像质量，速度在一致性处理中发挥着重要的作用。速度建立分两步来完成，先是单块进行，这样在单块满覆盖次数区域，不受面元变化的影响，再分块建立原采集面元的速度场，然后统一速度场并进行优化。

单块精细速度分析中，为了保证地下构造成像准确可靠，首先分析全区速度变化规律，研究速度变化趋势；在应用基础静校正的高频量、压制各种干扰波、能量补偿基础上，在有效频带滤波等措施后形成较高质量速度谱；第一次速度分析采用网格 600m×1200m，第二次加密到 600m×600m 速度分析网格；针对资料信噪比很低，能量无法聚焦的低信噪比部位难以拾取速度，处理中采取了常速扫描的方法，结合速度整体趋势的认识，确定比较合理的叠加速度。

在建立速度场的过程中，同时做好自动剩余静校正、切除与速度分析的迭代工作，在解释速度的过程中，所获得速度场在 INLINE 方向得到较好的成像效果的同时，还要考虑 CROSSLINE 方向的构造形态，确保速度场反映趋势与整体区域构造形态一致。

柴西南三维连片叠前成像处理涉及的区块较多，构造、速度变化较大，在区块间叠合部位，在单块求取的速度场应用于连片资料，会存在速度误差，为了保证连片速度场的质量，在单块速度的基础上进行了连片速度分析。连片后速度场的建立，是在连片后共中心点道集上进行，这是因为对于中心点道集而言，双曲线型时距曲线的假设是合理的，但是在覆盖次数变化大或偏移距信息不全时，速度分析的误差很大。

在连片处理中，为了节省时间，用连片后确定的速度分析点坐标，对每个单块分析速度进行抽取，这样在连片前信噪比高和满覆盖的部位可以直接进行应用，但在单块边界（连片重叠区）就会存在很大的速度误差，其原因主要是由于在连片前两个区块的排列长度差异比较大、不满覆盖次数等因素造成的。

连片速度场的建立比较复杂，资料处理人员往往只考虑叠加效果，而叠加可以允许适当的速度误差。分析速度过程中没有考虑地质情况等，都会造成速度误差存在。为避免错误解释速度，连片处理中采用地质解释人员进行指导，首先对单块的速度转换到与连片处理面元方位角相一致的情形，再抽取连片后的速度分析控制线和控制点，进行速度分析，网格为 600m×600m，保证全区速度的一致，也可保证连片后叠加速度一致和成像的闭合。

分析速度时能量谱、叠加段、道集进行交互监控，将已经分析点速度剖面也交互显示出来，在不影响叠加成像效果的情况下，尽量以符合速度趋势为主，对速度剖面上的异常速度进行编辑。只有在保证成像的基础上，速度场才更具有地质意义。

第四节　高保真连片叠前偏移成像技术

一、叠前偏移成像技术

地震波成像技术在油气勘探中占据重要位置，其作用是：①确定反射点（或绕射点）的空间位置，使反射波归位，绕射波收敛；②恢复反射波在地下空间位置上的反射波形和振幅特性。因此，偏移成像剖面的质量不仅直接影响着地下构造边界及几何形态的确定，而且也影响着其他地质岩性参数反演的准确度。

叠前偏移分为叠前时间偏移和叠前深度偏移。叠前时间偏移适用于地下构造相对比较简单地区的构造成像，对速度模型的依赖性较小，但成像归位不够准确，对于构造复杂、速度横向剧烈变化的地质体成像存在明显缺陷。叠前深度偏移是解决复杂构造成像最有效的手段，但其计算量大、运算效率低，对速度模型的依赖性强。从成像方法上大体可以分为两类：一类是采用波动方程光学高频近似的积分解，基于绕射波叠加原理的Kirchhoff积分法，另一类是基于波动方程数值解的波场延拓成像方法。Kirchhoff积分偏移算法基于Green函数的射线理论，通过射线追踪，沿走时曲线进行振幅求和，以达到最终成像的目的。该方法经过多年的发展和应用，比较成熟，具有对观测系统适应性强、成像效率高、便于目标处理和速度建模等优点，一直在地震资料成像处理中占主导地位。

（一）Kirchhoff 叠前时间偏移成像原理

常规的叠后时间偏移是基于零炮检距剖面假设的偏移。其输入为零炮检距的叠加剖面，在确定各反射层的介质速度的基础上输出最终成像剖面。当构造不太复杂、界面不是很陡、速度横向变化较小时，叠后时间偏移能得到相对可靠的成像结果；当剖面中陡倾角反射与水平反射有速度冲突时，叠加质量就会下降，此时，常规的叠后时间偏移是不正确的。必须考虑基于非零炮检距成像理论的叠前时间偏移来解决这一速度冲突。Kirchhoff求和法叠前时间偏移是先按各共炮检距沿着曲线绕射旅行时轨迹对振幅求和，然后将所有共炮检距结果叠加在一起来生成最终偏移剖面。考虑描述反射波场的声波方程

$$\frac{\partial^2 u}{\partial x^2} + \frac{\partial^2 u}{\partial y^2} + \frac{\partial^2 u}{\partial z^2} + \frac{\omega^2}{c^2(x,\ y,\ z)}u = 0 \tag{2.24}$$

根据波动方程的 Kirchhoff 积分表示理论，易得上述波动方程的解

$$u(x_0,\ y_0,\ z_0,\ \omega) = 2\iint_s \frac{\partial G(x,\ y,\ z,\ \omega)}{\partial n} u(x,\ y,\ z,\ \omega) \mathrm{d}s \tag{2.25}$$

式（2.25）的物理意义在于任意地下一点（$x_0,\ y_0,\ z_0$）的波场振动（波场函数）基于沿着包含该点的任意一曲面的波场函数的加权积分，其加权因子为把（$x_0,\ y_0,\ z_0$）视为源点时到该曲面上每点的格林函数。

对于地震勘探而言，式（2.25）可用于表述地面观测点处的波场函数 u（$x,\ y,$

$z=0$，ω），此外，取地下的任意水平面作为积分曲面 S，则有

$$u(x,\ y,\ z=0,\ \omega)=2\iint\limits_{z=z_1}\frac{\partial G(x,\ y,\ z,\ \omega)}{\partial z}u(x,\ y,\ z,\ \omega)\mathrm{d}x\mathrm{d}y \quad (2.26)$$

（二）Kirchhoff 叠前时间偏移技术

Kirchhoff 积分法叠前时间偏移技术，沿非零炮检距的曲线绕射旅行时轨迹对振幅求和，而不是沿零炮检距的双曲线绕射求和。与零炮检距偏移一样，偏移速度场决定了求和绕射路径的曲率。先对每个共炮检距剖面单独成像，然后将所有结果叠加起来便生成最终偏移剖面。具体地说，是一种沿双曲线轨迹进行振幅求和的方法，双曲线的形状是受速度函数控制的。就水平层而言，利用双曲线顶点时间 t_0 处的均方根速度计算双曲线。

$$t^2=t_0^2+\frac{4x^2}{v_{\mathrm{rms}}^2} \quad (2.27)$$

在进行绕射求和之前，该方法必须考虑以下三个因素：

1）表明振幅随角度变化的倾斜因子或方向因子，它表示传播方向与垂直轴之间的夹角的余弦；

2）球面发散因子，在二维波动空间中用 $\frac{1}{r^2}$ 表示，三维波动空间中用 $\frac{1}{r}$ 表示；

3）为调整求和振幅的相干性，对二维地震资料叠前偏移，定义一个相位谱保持在 45°、振幅谱正比于频率平方根的子波整形因子；对三维偏移，这个因子的相位谱为 90°、振幅谱与频率成正比。

具体的做法是对输入资料乘以倾斜因子和球面发散因子，然后利用以上整形因子规定的条件进行滤波，再沿着上述双曲线轨迹求和，求和结果放在偏移剖面上对应双曲线顶点 t_0 处。

可以从积分求解标量波动方程来进一步讨论 Kirchhoff 偏移的物理意义。设自激自收波场 P_{in}（x_{in}，$z=0$，t），通过对标量方程求积分解给出了地下界面位置为（x，z）上的输出波场 P_{out}（x，z，t）。

$$P_{\mathrm{out}}(x,\ z,\ t)=\frac{1}{2\pi}\int\mathrm{d}x\left[\frac{\cos\theta}{r^2}P_{\mathrm{in}}(x_{\mathrm{in}},\ z=0,\ t-\frac{r}{v})+\frac{\cos\theta}{vr}\frac{\partial}{\partial t}P_{\mathrm{in}}(x_{\mathrm{in}},\ z=0,\ t-\frac{r}{v})\right]$$

$$(2.28)$$

式中，v 为输出点（x，z）和输入点（x_{in}，$z=0$）之间介质的均方根速度；r 为输入点与输出点之间的距离；θ 为波场的传播方向与垂直方向的夹角。利用该式可以求出任一深度上的波场。式中第一项正比于 $\frac{1}{r^2}$，为近场项；第二项正比于 $\frac{1}{r}$，为远场项。通常，近场项可以忽略不计。在远场项中包含了三个校正因子，其中波场对时间微分形成子波整形因子，$\cos\theta$ 代表方向因子，$\frac{1}{vr}$ 代表球面发散项。

（三）Kirchhoff 叠前深度偏移技术

三维叠前深度偏移在复杂构造成像方面无疑有着很大优势，与时间偏移不同，叠前深度偏移要考虑地震波在地下的传播走时和速度界面上的折射现象，处理时，必须提供反映地下速度变化及速度界面深度的模型。实际处理中首先根据工区的先期地质认识和已有的地震地质资料，建立一个初始模型。继而采用逐步逼近的方法，不断修改模型，直到获得比较合理的速度-深度模型为止。Kirchhoff 积分法叠前深度偏移公式

$$u(r,\ t)=\frac{1}{2\pi}\iint\limits_{\Omega}\cos\varphi\left[\frac{1}{R(r,\ r_g)}+\frac{1}{vR(r,\ r_g)}\right]\frac{\partial}{\partial t}u(r_g,\ t+t(r,\ r_g)+t(r,\ r_s))\mathrm{d}x\,\mathrm{d}y$$

$$(2.29)$$

式中，r 表示地下任意一点的三维坐标；$\cos\varphi=\dfrac{z}{R}$；r_g 为检波点的坐标；r_s 为炮点的坐标；$R(r,\ r_g)$ 为从 r 到 r_g 的射线距离；v 为速度；$t(r,\ r_g)$ 为从反射点至地表接收点的走时；$t(r,\ r_s)$ 为从震源点至反射点的走时。

当 $R(r,\ r_g)$ 很大时，其中 $k=\omega/v$ 为波数，式（2.29）可简化为（Berkhout，1983）

$$u(r,\ t)=\frac{1}{v}\frac{\partial}{\partial t}\iint\limits_{\Omega}\frac{\cos\varphi}{2\pi R(r,\ r_g)}u[r_g,\ t+t(r,\ r_g)+t(r,\ r_s)]\mathrm{d}x\,\mathrm{d}y \quad (2.30)$$

式（2.30）是波场延拓的计算公式。计算偏移成像点波场的公式为

$$u(r)=\frac{1}{v}\frac{\partial}{\partial t}\iint\limits_{\Omega}\frac{\cos\varphi}{2\pi R(r,\ r_g)}u[r_g,\ t(r,\ r_g)+t(r,\ r_s)]\mathrm{d}x\,\mathrm{d}y \quad (2.31)$$

将反射系数引进积分式，式（2.31）可表示为

$$u(r)=\frac{1}{2\pi}\iint\limits_{\Omega}\frac{1}{v}\frac{A(r,\ r_g)}{A(r,\ r_s)}\frac{\mathrm{d}z}{\mathrm{d}R(r,\ r_g)}\frac{\partial}{\partial t}u[r_g,\ t(r,\ r_g)+t(r,\ r_s)]\mathrm{d}x\,\mathrm{d}y$$

$$(2.32)$$

式中，$R(r)$ 表示反射系数加权后的偏移成像点的波场；$A(r,\ r_s)$ 表示从震源到成像点的振幅；$A(r,\ r_g)$ 表示从成像点到接收点的振幅。

为实现叠前深度偏移，需完成两项工作：

1）选取参与叠前深度偏移的地震数据，为保证地下成像点的地震波场准确成像，要使用地面观测到的那些地震道来进行叠加成像。

2）如何计算出地震波场。

研究过程中，主要是应用了高精度的 Kirchhoff 弯曲射线叠前时间偏移算法和 Kirchhoff 叠前深度偏移，并开发了炮域波动方程叠前深度偏移。叠前时间偏移是在叠前时间域处理的基础上，利用精细叠前时间域处理的 CDP 道集为输入，通过时间处理得到的 DMO 速度或叠加速度建立初始的 RMS 速度模型，进行目标线的叠前时间偏移，然后利用时间域 CRP 道集通过剩余 RMS 速度分析对速度模型进行修正，再通过沿层速度分析进一步提高速度模型的精度，求取最终的 RMS 速度，利用 Kirchhoff 积分法

偏移实现叠前时间偏移成像。叠前深度偏移要考虑地震波在地下的传播走时和速度界面上的折射现象，必须提供反映地下速度变化及速度界面深度的模型。速度模型的建立是做好叠前深度偏移的关键，因此如果速度场不准确，其导致的成像误差很容易抵消甚至超过偏移方法上的改进。由于叠前深度成像对速度的误差比时间偏移敏感，叠前深度偏移对速度的敏感性为准确的速度分析提供了比叠前时间偏移更好的工具。总之，无论是时间偏移还是深度偏移，获取一个准确的速度模型是非常重要的。

二、地震波正演模拟和二维地震资料复杂构造成像技术

（一）地震波正演模拟

地震勘探以求解反问题为主，但在一些理论研究和实际问题分析时，需要从正问题入手。同时，某些反问题的求解是通过正问题的研究实现的。地震正演模拟和地震偏移是彼此相反的过程，它们之间具有密切的联系。通过正演模拟研究，一是能增强对地下实际情况的认识，直观感知复杂构造的变化形态；二是它可指导模型建立，通过不断对比所建模型与实际构造的相似性来完成模型建立；三是利用数值模拟验证偏移方法。在实际的复杂构造成像中，为了分析速度模型的精度，通过正演模拟，来验证过程和结果的准确性。

首先通过正演模拟技术对炮域有限差分波动方程叠前深度偏移算法进行验证。图 2.38 分别采用数值模型和物理模型得到的复杂高陡构造的叠前数据，对得到的模型数据分别进行了炮域有限差分波动方程叠前深度偏移。图 2.39 分别为两种模型的水平叠加和叠前深度偏移剖面。需要指出，我们建立的数值模型与物理模型并不完全匹配。与 Kirchhoff 积分叠前深度偏移的成像速度场不同，有限差分波动方程叠前深度偏移成像效果最佳的成像速度就是介质速度。它包含地下介质速度的全部波数成分，波动方程

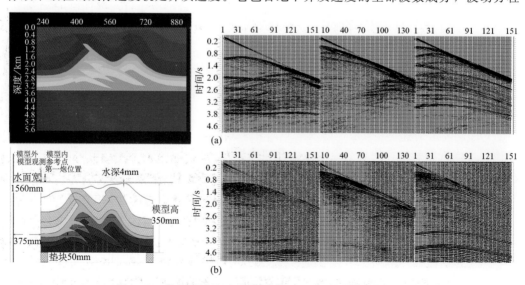

图 2.38　数值模型（a）与物理模型（b）得到的单炮记录

　　叠前深度偏移对成像速度误差比较敏感，所以建立速度模型是至关重要的。

　　图2.39的模拟结果表明，当速度模型准确的时候，炮域有限差分波动方程叠前深度偏移能够得到高质量的成像结果，而且噪声对于成像的影响并不明显，而在水平叠加记录中，噪声的影响非常严重。由于没有对物理模型的速度进行叠前反演，所采用的速度场与数学模型一致，误差比较大，另外由于多次波的影响，物理模型数据的偏移成像效果并不理想。

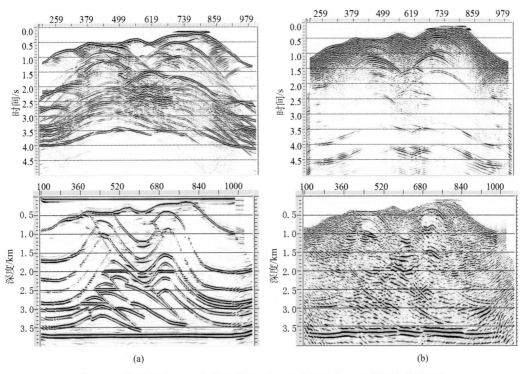

图 2.39　数值模型（a）与物理模型（b）的水平叠加、叠前深度偏移对比

　　在实际的地震资料处理中，地质模型、速度模型与偏移成像的相互关系是不确定的，存在"为了求答案必须事先给出答案"的"死结"问题，需要用迭代或逐步逼近的思路与方法。利用正演模拟可以解决这一问题，通过单炮和剖面的对比检验模型精度，根据剖面的差异对速度进行微调。图2.40是图2.41的840031测线经正反演结合的方法获得的精确速度场后炮域有限差分叠前深度偏移与Kirchhoff叠前深度偏移的对比，调整速度后，炮域有限差分叠前深度偏移对断层和深层成像更清晰准确。

　　正演模拟技术是研究不同地震地质条件下物性和岩性等地质因素与地震波响应特征（运动学和动力学特征）之间关系的一门技术，开展正演模拟技术研究对于提高我们对地震波传播规律的认识，解决油气勘探中面临的各种棘手问题等具有极为重要的意义。现今的地震资料处理已发展到基于模型的处理阶段，以数值模拟为基础的处理越来越受到人们的重视，基于模型的偏移速度分析及波动方程偏移在复杂构造成像中将发挥重要作用。

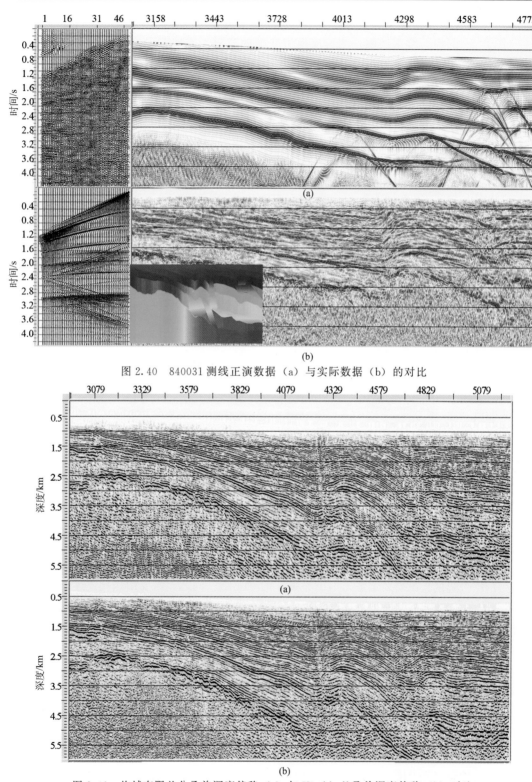

图 2.40　840031 测线正演数据（a）与实际数据（b）的对比

图 2.41　炮域有限差分叠前深度偏移（a）与 Kirchhoff 叠前深度偏移（b）对比

（二）二维测线复杂构造叠前偏移

1. 二维测线复杂构造叠前时间偏移

叠前时间偏移处理是以叠加速度为基础，求取用于叠前时间偏移所用的均方根速度，得到初始偏移速度模型，用其对共中心点 CMP 道集进行叠前时间偏移运算，得到时间域的共反射点 CRP 道集；再以 CRP 道集为输入，利用纵向速度分析等方法多次修改偏移速度，通过这样的多次迭代处理直到 CRP 道集拉平，而得到最终的均方根速度剖面；最后进行叠前时间偏移运算，对偏移后的 CRP 道集，进行精细切除和叠加，就得到最终的叠前时间偏移剖面。

叠前时间偏移其核心是求取精确的均方根速度。叠前时间偏移对速度的敏感度要比叠后偏移大得多，以 DMO 速度为基础求取初始的均方根速度，进行叠前时间偏移运算，得到 CRP 道集和叠前时间偏移剖面，根据 CRP 道集上翘或下弯现象，对偏移速度进行调整与优化。通过试验分析，在二维叠前时间偏移速度建模中采用纵向偏移速度迭代分析方法修改偏移速度，具体做法是：用偏移的均方根速度对 CRP 道集进行反动校，再在反动校道集上分析拾取能将此道集校平的速度（类似于常规处理在 NMO 道集上分析叠加速度），经过多次迭代分析，直到 CRP 道集基本平直，偏移剖面准确成像，最终采用弯曲射线 Kirchhoff 积分法进行叠前时间偏移。其最主要的特性之一就是它能够基于地震记录，选择激发点源和相应地震波射线束的密度对某一预定目标进行偏移成像，其精度可达到不受远场近似及地层倾角限制的程度。叠前时间偏移将共中心点道集转换成共反射点道集，考虑了复杂陡倾界面的 CMP 道集反射点离散问题，射线可以弯曲，能部分适应速度在纵向和横向的变化。

2. 叠后深度偏移与叠前深度偏移

时间域的偏移对于横向速度剧烈变化时，所偏移的成像结果与真实深度域的构造相比有时会发生畸变，有时甚至会产生假圈闭、假构造。这不仅是时深转换问题，还有因速度界面引起的射线偏移成像本身的问题，只有深度域的偏移才能使能量回归到绕射源上聚焦。深度偏移能将地面接收到的时间剖面转换成以空间坐标表示的地质构造剖面（深度剖面），在效果上，它相当于时间偏移与折射校正及时深转换的总和。如果使用不正确的速度作时深转换就会出现同相轴的严重拉伸和扭曲现象。这种现象对深度偏移同样存在。一方面，深度偏移能够区分不同介质速度所反映或表示的信息，更具有直观性；另一方面，偏移速度的错误会同时导致深度剖面的错误。所以对偏移速度的精度有很高的要求。时间偏移一般不能区分横向速度变化所造成的深度上的差异，所以即使应用了错误的偏移速度，也不会明显改变由不同的速度所引起的这种差异，而这部分信息包含在速度场中。

深度偏移要求方法具有横向变速能力，否则只能相当于时间偏移在深度上沿空间不变的等比拉伸，不能校正横向介质速度变化所造成的影响，深度偏移的实现效率往往低于相应的时间偏移。这种效率上的差异并不表明深度偏移算法本身要求更多的运算，而是因为深度偏移要求较小的延拓步长。由于速度在纵向和横向上是变化的，如果延拓步长过大，在高速区域会出现算子假频。算子假频有别于空间假频，因为前者可以通过改进算法而避免。这个问题对于积分法或差分法的表现形式是一样的。

叠后深度偏移也是基于叠加剖面接近自激自收记录，这和叠后时间偏移一样，或者假定叠加剖面接近自激自收剖面，或者作倾角时差校正使这个假定成立。在叠加剖面上，只有绕射点或断点处的绕射波特征中包含有速度信息，因此，通过分析绕射点或断点处的收敛程度可以判断出偏移速度的正确与否。但是，对于规则干扰波严重的信噪比低的剖面来说，这一规则并不可靠。根据偏移剖面中构造的归位情况及地层组合关系也可以判断出所用速度的正确与否。要成功地做到这一点其前提条件是对地下地质模式比较清楚。常规方法通过修改叠加速度来求取偏移速度，一般要求作数值和位置两方面的校正。考虑到 DIX 公式对均方根速度误差的放大作用，求准偏移速度一般是难以做到的。另外，无法根据叠后深度偏移剖面来判断使用一个错误的速度向下延拓或延到一个错误的深度上所造成的假象。这是因为叠后深度偏移的成像质量对速度误差不敏感，而速度误差所造成的深度误差不可避免，叠后深度偏移不能形成 CRP 道集，因此也不能进行直观的速度建模，叠后深度偏移相对于叠前深度偏移来说，精度也要差。但是对于信噪比较低的资料，叠后深度偏移由于其对速度不太敏感，在确定构造型态上优于时间偏移，因此在信噪比较低时选择叠后深度偏移是一种很好的办法。尽管叠后深度偏移在不同程度上存在着如叠后时间偏移类似的问题，但是它对于横向速度变化大和构造复杂情况下的畸变问题，比叠后时间偏移有所进步，对于信噪比高、剖面上反射层位突出和层位连续性好的地震资料，可以直接在深度域成像。做好叠后深度偏移的关键是建立正确的速度模型，首先要尽可能得到最好的叠加剖面。

在速度横向变化剧烈的地区，由于速度很难拾取准确，在叠加时应该反复调整速度，同时采用 DMO 叠加，使叠加结果成像达到最佳。同时结合沿层速度分析和常速扫描，这样可改善叠加效果。在层速度分析过程中，采用先由时间域层速度转深度域层速度，先进行初步的叠后深度偏移，再作沿层速分析，对照叠后深度偏移剖面，按照主要层系的空间位置，调整层速度。由浅层到深层依次逐层推进。在偏移方法上采用了叠后有限差分深度偏移，对复杂构造强烈横向速度变化和大倾角地区能生成高质量的叠后深度成像。图 2.42 为 850036 测线叠后时间偏移与叠后深度偏移剖面对比。

叠前深度偏移主要思路是以地震资料为基础，通过地震资料处理与解释相结合建立时间模型。使用 CMP 道集相干反演法求取层速度，建立层速度-深度模型；再利用层析成像等技术修改和优化模型，通过多次迭代手段得到最终的层速度-深度模型；在此基础上采用 Kirchhoff 叠前深度偏移、波动方程叠前深度偏移等不同的偏移方法进行最终深度域偏移成像。

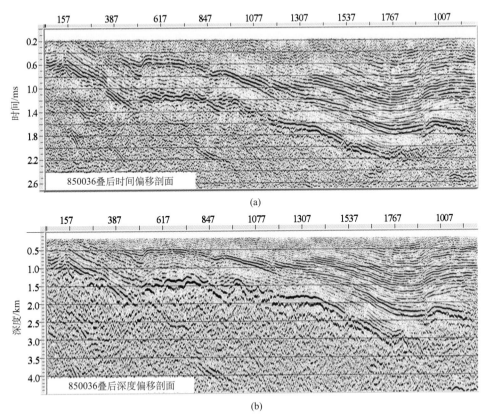

图 2.42 850036 测线叠后时间偏移与叠后深度偏移剖面对比

三、复杂地表多观测方式大面积叠前时间偏移成像技术

柴西南三维连片处理工区面积超大，地表十分复杂，资料品质变化大，信噪比低，工区内断裂发育，构造复杂。针对本研究区块资料的特点，为获取准确的速度模型以及准确成像，速度建模的思路是通过处理解释相结合，借助于叠前时间偏移后反动校的 CRP 道集进行偏移速度分析确定偏移速度场，并利用剩余速度分析进一步细化模型。在此基础上借助叠前深度偏移速度建模思路，沿层拾取时间层位，建立时间速度模型，通过沿层均方根分析，并以井速度进行控制来求取准确的沿层均方根速度模型。这样既控制了速度的横向变化，又保证了速度在垂向上的稳定性。最后用 Kirchhoff 弯曲射线叠前时间偏移算法进行全区数据体叠前时间偏移，得到一套成像效果好、偏移归位准确、保真度高的数据体，用于后续的地震解释及反演等研究工作。

（一）基准面的选择

地震资料数据处理中，复杂的地表基准面直接影响到叠前偏移的质量，同时也影响到速度模型的准确性。剧烈起伏的地表和复杂上覆地层的影响使得射线路径畸变，叠前道集上反射波同相轴的非双曲线性使叠加剖面的质量变差。浮动面偏移，以最接近实际波场传播的方式反演地下真实速度及求取旅行时，不会破坏实际炮-检射线路径，而偏移后的充填速度也不会造成构造成像畸变；固定基准面偏移，由于充填速度的时差会破坏实际炮-检射线路径，会引起构造成像畸变。对于浮动基准面上的叠前偏移，在水平固定基准面和CMP之间，地震射线垂直于水平固定基准面以替换速度铅直传播，不发生偏移，在CMP面以下发生偏移。也就是说，三维空间射线追踪始于CMP面且终于CMP面，在水平固定基准面和CMP面之间，地震射线以替换速度零偏移铅直传播，如图2.43所示。浮动基准面叠前偏移消除了固定面偏移垂直校正造成的波场失真的不利影响，这样更符合地震射线的实际传播路径，因此更有利于地震成像以及落实真实的地下构造。

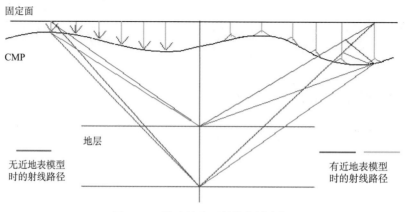

图 2.43　浮动基准面射线传播路径

以红柳泉地区的资料为例，进行了浮动基准面和固定基准面上速度建模和偏移成像试验，图2.44是浮动基准面和固定基准面下叠前时间偏移剖面的对比，图中可以看出，陡倾角复杂地层下，浮动基准面上的叠前偏移成像效果更好。

（二）大面积三维连片叠前时间偏移速度场建立

构造倾斜和速度的横向变化会引起CMP道集的共中心点发散，导致求取速度困难，成像效果不好。叠前时间偏移可以消除构造倾角和其他横向速度变化的影响，得到的CRP道集反映同一反射点的信息，消除了CMP道集的弥散现象，从而有效提高了复杂构造成像的准确性。以叠加速度或DMO速度为基础求取初始的均方根速度，并以此为初始偏移速度进行叠前时间偏移，得到CRP道集和叠前时间偏移剖面。用叠前CRP成像道集的同相轴是否拉平、偏移剖面是否准确成像作为判断标准。

由于柴西南三维工区面积大，速度变化大，为了保证全区速度场的准确和统一，先通过初始速度进行叠前时间偏移，然后通过偏移后的CRP成像道集进行垂向均方根速度分析，建立全区均方根速度模型。柴西南地表和地震资料的复杂性，通过单点的速度

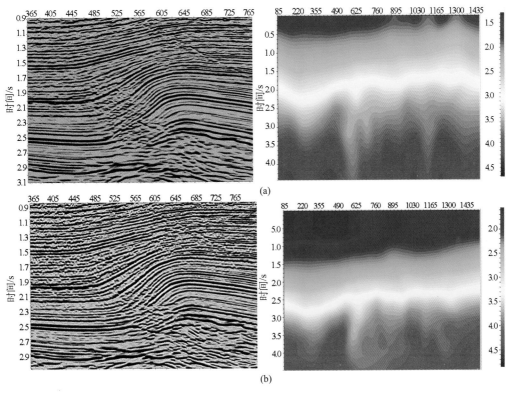

图 2.44　红柳泉固定面（a）、浮动面（b）速度及偏移剖面对比

分析很难控制速度在横向上的变化趋势。因此在上述建模的基础上，为了进一步优化模型，提高速度模型的精度，借助叠前深度偏移成像速度建模的思路，在全区由浅到深解释了七个控制层位（图 2.45），进行了沿层均方根速度分析，再对目标线进行叠前时间偏移，得到共反射点 CRP 道集。根据 CRP 道集的平直与否，对目标线作剩余速度分析，在此基础上利用沿层剩余速度优化速度模型，直到 CRP 道集拉平，延迟为零为止。

这样通过点、线、面相结合的立体速度建模较好地保证了速度场的准确和统一，以及速度的合理宏观变化，克服了单点速度分析不能看到全区速度变化的缺点，很好地提高了速度精度。在速度求取和优化迭代过程中，进行了井速度控制和质量监控，从图 2.46 的井速度和叠前时间偏移均方根速度的对比可以看出，所求取的均方根速度与测井速度转换得到的均方根速度大小比较接近（测井速度一般比地震速度要小），变化趋势基本一致，说明求取的偏移速度是准确的。连片均方根速度建模过程中的质量监控，对求取的速度乘以不同的比例系数再进行偏移。如果速度过大或者过小，都会引起剩余延迟时偏离零线，用其来验证所选速度是合适的。

在速度建模过程中，与解释人员紧密结合，解释人员根据地质目标对速度的合理性和目标线的成像效果给予评价，指出存在的问题和指导意见，保证了大面积连片叠前时间偏移速度建模的准确性和偏移成像的合理性。

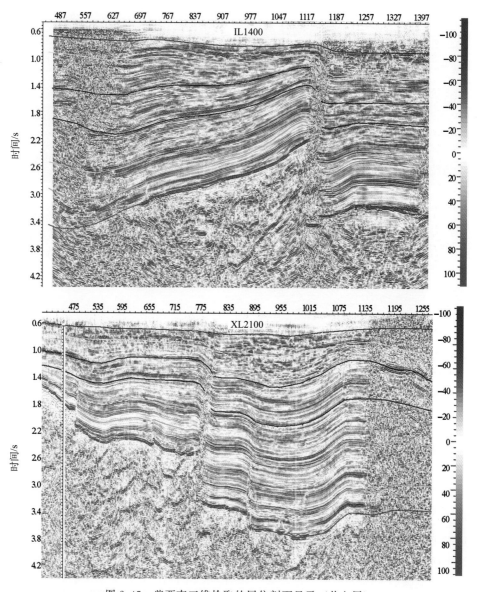

图 2.45　柴西南三维拾取的层位剖面显示（共七层）

（三）影响叠前时间偏移的关键参数

1. 偏移孔径

偏移孔径确定了参与偏移归位的记录范围，在 Kirchhoff 型偏移方法中起着关键的作用，成像孔径选取的大小明显会影响计算效率、成像的信噪比和成像的保幅性。

在叠前时间偏移处理中试验了不同偏移孔径对成像的影响。对于浅层而言，孔径大小对成像影响不大，但是孔径越大，偏移划弧越严重；对于深层，分 INLINE 方向和

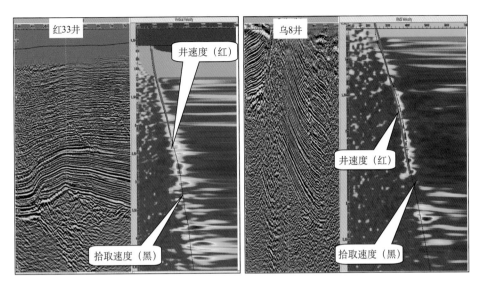

图 2.46　柴西南井速度控制速度建模

CROSSLINE 方向，选取不同孔径，以确保所选取的孔径能够保证在全区各个位置的准确成像。由于三维连片地震资料地层倾角较大，过小的孔径使陡倾角同相轴受到抑制，同时还使随机噪声转化为以假同相轴为主的干扰。这种现象在剖面的深层尤为严重，而过大的孔径造成信噪比降低，还会造成来自深层的噪声污染到浅层资料。另外，对于偏移效率来说，孔径越大，计算量越大，偏移时间越长。

通过详细参数的试验，综合考虑成像、构造等各种因素，确定了孔径参数为9000m×8000m。这一偏移孔径在全工区的不同位置，包括 INLINE 和 CROSSLINE 两个方向，都能得到很好的成像效果。

2. 去假频参数

通过去假频参数和方法试验，在浅、中层两种去假频方法的结果差别较大，三角滤波的结果噪声较小，同相轴连续性也明显好于频带滤波的结果。另外，试验了三角滤波法控制去假频强弱的参数。选取合适的去假频参数，避免波组特征受到破坏，以便很好地去除假频噪声，效果较好，同相轴连续性也较好。

3. 大面积叠前时间偏移成像

由于 Kirchhoff 叠前时间偏移比较成熟，可以进行目标线的输出，如此既可以进行很好的质量控制，还可以进行速度模型建立和优化，因此在整个处理过程中，叠前时间偏移方法都采用积分法叠前时间偏移。

通过上述基准面的选择以及速度场的建立，就可以对整个全数据体进行叠前时间偏移。整个柴西南三维连片叠前时间偏移由 PC-cluster 完成。

四、二维地震测线连片叠前时间、深度偏移技术

（一）二维测线叠前时间偏移

上面整个过程是以柴西南三维连片叠前时间偏移处理为例介绍的，三湖地震资料叠前时间偏移处理、柴北缘等复杂构造叠前时间偏移处理的速度建模方法与柴西南三维连片叠前时间偏移的思路是一致的，速度建模的过程也是大同小异，课题研究中二维复杂构造叠前偏移成像及三湖地震测线叠前时间偏移的速度建模、偏移和三维相比，更为简单，实现更容易，其基本原理和三维叠前时间偏移是一致的，整个二维的建模方法和叠前时间偏移实现过程如图 2.47 所示。

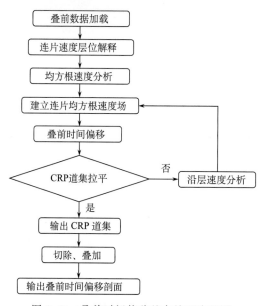

图 2.47　叠前时间偏移基本处理流程图

（二）二维测线连片叠前深度偏移

三湖地区主要为二维地震测线，为保证全区速度场的统一，以及速度模型在平面上的合理变化，将三维概念引入了二维多测线工区，统一解释层位模型，建立统一的层速度场，对同一套地层的层速度进行平滑，保证层速度的规律性，减少由于速度不闭合造成的闭合差。

叠前深度偏移的层位是一个速度界面，同一层内的速度必须平缓变化或接近，以便于使用平均层速度进行描述。为了能够更加合理地描述地下速度场变化趋势，首先时间域的层位模型必须合理，层位的结构还必须符合地质认识。在三湖的叠前时间偏移数据上，结合叠后时间偏移的地质认识和地质人员提供的构造信息，综合划分速度模型的层位和结构，进行构造层位解释，得到时间模型（图 2.48）。

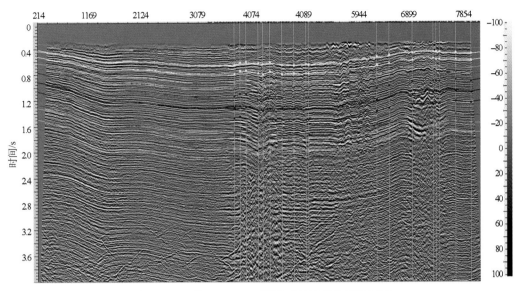

图 2.48　三湖 GF011080 测线时间域层位解释剖面

　　首先建立工区内所有测线每一层的层速度平面图，对层速度进行平面控制，剔除异常值，以保证速度场的准确；其次选取资料信噪比高、满覆盖的剖面段的速度进行层速度平面图的建立；最后，沿层速度平面分别提取每条测线相应层位的层速度，建立每条测线的深度层速度模型，最终形成全区的叠前深度偏移速度场。

　　由于地震偏移的成像速度并不是地层速度，成像道集拉平仅是成像的必要条件。目前应用的叠前深度偏移及速度分析方法都没有考虑地震速度的各向异性问题，造成钻井深度与叠前偏移成像深度常常存在较大的误差。在处理过程中，用于旅行时计算的最终层速度，即成像速度与测井速度不同，成像速度侧重于应用传播速度的横向分量，而测井速度侧重于测量速度的垂向分量，二者应当存在一定差异。两者之间的误差，可以通过使用测井速度对叠前深度偏移速度场进行逐层校正消除，但井校后的速度场不能用于叠前深度偏移。深度标定的处理流程如下：读取各层叠前深度偏移厚度值、计算厚度比例系数、标定叠前深度偏移速度场、进行时深转换。经过深度标定，把叠前深度偏移的深度误差控制在允许范围内。

　　通过以上技术措施的应用不仅保证了测线间的层速度闭合和全区速度场的统一，更能反映三湖地区速度场的宏观变化规律，克服了单条测线速度分析的缺点，消除了由于处理或其他因素在剖面上产生的一些陷阱，获取了准确的连片速度场，有效地解决了三湖地区含气下拉的现象；叠前深度偏移的成果剖面形态更加合理，原来由于含气的吸收衰减造成的速度降低，反映在时间域剖面上的下拉构造，在叠前深度偏移剖面上的构造得到了很好的恢复，为后续研究提供了很好的基础。

五、初至波与反射波结合的速度建模及叠前深度偏移技术

在速度场横向变化剧烈的地区，叠前深度偏移是得到高质量成像结果的理想技术，能真实反映地下地层的形态。影响叠前深度偏移成像质量的三个重要因素分别为：层速度场、射线旅行时、偏移孔径，其中用于叠前偏移的层速度模型最为关键。

（一）初至波与反射波结合浅层速度建模技术

野外单炮记录中的最小偏移距往往并不是足够小，因此难以获得极浅层的速度及地层信息。另外，浅层数据受到折射波和动校拉伸的影响，道集数据在叠加过程中需要做切除，这样道集数据和叠后的数据都少了浅层数据，因此不能精细地反映浅层速度结构模型。为此在本次攻关过程中速度建模首次引入低降速带速度的结构模型，利用初至波反演的低降速带底界，作为浅层模型，与地震解释层位联合建立深度域模型，从而弥补了道集数据本身不能反映浅层信息的缺陷，更合理地反映了近地表速度结构模型的变化；提高了深度-速度模型的精度，合理控制了深度偏移过程中射线路径的变化，更真实反映了波场的传播规律，从而有效提高了成像质量。

（二）层速度-深度建模技术

1. 时间域模型的建立

由于乌南-绿草滩地区断裂发育，局部信噪比较低，为了求取准确的层速度体，首先要解释时间层位来构成一个时间宏观模型。沿时间层位由浅到深作射线走时计算，用正反演的方法计算层速度，所以时间层位解释是否正确将直接影响层速度求取的精度。考虑到复杂构造在叠加剖面上表现为回转波或断面波，人工很难解释准确，通常在叠前时间偏移剖面上进行时间层位解释。

时间层位解释原则要求：尽可能拾取强同相轴、要能控制全区构造格局，层与层之间大于 200ms，在解释过程中要注意主测线和联络测线的闭合等。

2. 层速度模型建立

由于叠前深度偏移的多解性，以及叠前深度偏移的效率，为了使得迭代处理能够迅速收敛，避免迭代过程误入歧途，就必须求准叠前深度偏移的初始速度。初始速度模型的建立有以下方法：

1）由 DIX 公式将 RMS 速度转化成层速度；

2）输入 CMP 道集，通过相干反演求出层速度。

在水平层状或平缓地层或工区信噪比低的情况下，常用均方根速度转换层速度，而相干反演法不受地层倾角的限制，有比较高的精度。对信噪比低的地震资料常用两种方法的结合求取层速度。

模型正反演相结合求取速度的原理和方法与常规地震资料处理中所用的通过双曲线

动校获得 CMP 道集的最大叠加能量来求取速度的方法（速度谱法）有本质的不同。速度谱法的基础是在一个道集长度内，地下为水平层状或单倾的均匀介质，对其进行描述的时距曲线方程都是建立在这一基础之上的。显然，这些时距曲线方程对在一个道集长度内地层倾角变化较大、单层速度不均一的地下实际情况，不能合理地描述，故采用此速度谱方法求出的速度，只是一个大致近似值，而模型正反演相结合速度估算法很好地解决了这个问题。

相干反演是建立初始速度-深度模型的常用手段，是沿着射线追踪产生的旅行时曲线来求相似图，它的假设前提是层内速度为常速，界面为三次样条。相干反演是一种基于模型的速度分析方法，其优点在于：

1）依据实际计算旅行时曲线，不依赖于双曲线假设；

2）克服了旅行时双曲线假设，考虑了构造的影响和速度横向变化的影响，这一点对于求取一般复杂地质构造而言是非常重要的。

相干反演的名称包括两部分：相干和反演。相干运算是一个数学方法，用来衡量在一个小窗口内各道数据之间的相干性，相干值在 $0\sim1$，1 代表最大相干性，0 意味着数据不相干。相干值 S 定义为

$$S = \frac{\sum\limits_{j=0}^{nt}\left(\sum\limits_{i=1}^{noffs} A_{ij}\right)^2}{\sum\limits_{j=0}^{nt}\sum\limits_{i=1}^{noffs} A_{ij}^2} \tag{2.33}$$

式中，A_{ij} 为在第 i 道中一个小的时间（或深度）窗口内第 j 个采样点的采样值；i 为炮检距下标；j 为窗口内采样点下标；nt 为窗口内采样点数；noffs 为炮检距总数。

相干反演的主要思路是：用射线追踪产生的旅行时曲线，沿该曲线的时间窗口计算未叠加道的相干值。用不同的层速度进行这样处理，取最大相干值对应的层速度为期望输出。输入的是未叠加的数据（如共中心点道集）和初始速度-深度模型。该模型通常是基于附近的井信息和叠加剖面的解释。反演是逐层进行，在迭代中完成。该方法依赖于：①介质模型的解释；②射线追踪算法；③目标函数的选择；④找最大目标函数方法。

乌南-绿草滩的二维测线等不同研究工区的初始速度模型是由这两种方法结合起来建立的，对于浅层信噪比较低的资料采用 DIX 公式转换的方法，对于中深层信噪比较高的资料采用相干层速度反演的方法。DIX 公式转换使用的 RMS 速度是经过叠前时间偏移迭代处理的，消除了空间误差的 RMS 速度场。

3. 深度-层速度模型的优化

根据叠前时间偏移结果，结合地质资料，分阶段调整速度模型的层位和结构，分析、调整各层速度的变化趋势，建立合理的叠前深度偏移速度模型。

叠前偏移速度分析中的一条基本准则为 CRP 道集拉平准则。叠前深度偏移迭代处理的目标之一就是使叠前深度偏移的 CRP 道集全部拉平，剩余速度基本为零。但是由于叠前深度偏移速度的多解性，只有当 CRP 道集拉平，且层速度的规律性较好的情况

下，叠前深度偏移的结果才是比较真实可靠的。

在整个叠前深度偏移建模过程中，时间层位解释是叠前深度偏移的基础，合理的控制层位，才能求取不同层的层速度，进行后续的叠前深度偏移处理。以柴西南乌南-绿草滩三维工区为例，工区构造复杂、断裂发育，除了高速顶控制层以外，还解释了八个地质层位和三个大断裂，以控制速度界面的变化。整个射线追踪反演过程在三维空间进行，反演出的层速度在三维空间归位，对信噪比较低的资料采用 DIX 转换，这种相干反演和速度转换相结合的方法获得的层速度精度较高。

经过上一步速度分析的层速度对目标层上层速度进行解释和层速度拾取，并对其进行网格化生成了沿层的层速度平面分布。对每个层都进行沿层速度分析和拾取网格化后，再生成层速度体，就可以进行叠前深度偏移了。

基于深度偏移道集的层析成像法是一种以深度偏移道集的层析成像为基础的速度模型优化方法。该方法是沿 CRP 射线路径，将偏移后的 CRP 道集上的深度误差转换为相应的时间误差，因而可以使用常规的旅行时层析成像法。通过层析成像对叠前深度偏移层速度进行迭代优化，使沿层剩余延迟谱聚焦并趋于零，经过多次的速度模型迭代优化，最终形成叠前深度偏移层速度体（图 2.49）。这样就使得成像效果不断改善，偏移结果不断合理归位。

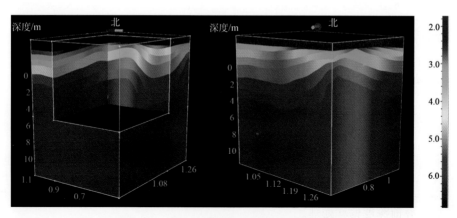

图 2.49　乌南-绿草滩叠前深度偏移层速度体

4. 复杂构造实体模型技术

上述过程基本上完成了叠前深度偏移的速度建模，但是对于断裂非常发育的复杂构造区的速度建模，上述方法在断裂带附近很难求准层速度，因此利用实体模型可以很好地提高断裂带附近速度场的精度。乌南-绿草滩三维断裂发育，波场十分复杂，为求取准确的速度-深度模型，精细刻画地下速度变化规律，通过采用实体建模技术（图 2.50），把断层特别是逆冲断裂加到速度模型中，这对于断裂带两边速度确定有很大的帮助，从而克服了以往采用简单模型描述复杂断裂的缺陷，提高了复杂断裂带速度模型的精度。

通过采用实体模型技术，建立包含复杂断裂带的层速度深度模型，提高了速度模型

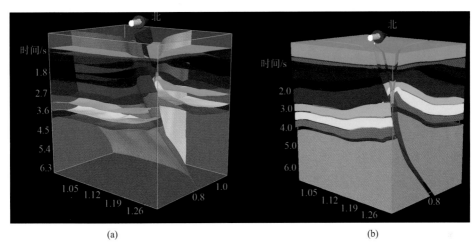

图 2.50　乌南-绿草滩深度偏移实体模型

(a) 时间偏移层位；(b) 时间偏移实体模型

特别是断裂两边速度的精度，能使叠前深度偏移中地震波场走时计算更为精确，从而改善了叠前深度偏移成像的质量。

5. Kirchhoff 叠前深度偏移处理

叠前深度偏移处理的参数与叠前时间偏移类似，同样也是偏移孔径、去假频方法等重要参数影响着叠前深度偏移成像的质量。在叠前深度偏移孔径试验中，具体分 INLINE 和 CROSSLINE 两个方向进行了分析试验，根据试验结果分析对比，8000m× 7000m 的偏移孔径在乌南-绿草滩的不同位置，都能得到较好的成像效果。

叠前深度偏移去假频方法采用了和时间偏移相同的参数和方法，都是采用三角滤波，不仅很好地压制了假频，而且提高了浅层的信噪比。

通过上述时间模型建立、层速度分析和优化以及 Kirchhoff 叠前深度偏移处理，就完成了整个叠前深度偏移处理。

从偏移后的结果看，叠前深度偏移剖面与叠前时间偏移剖面相比，真实构造得到了恢复。如图 2.51 所示，由于时间偏移过程中速度误差对地震波走时的影响，波前到达时间与地下构造形态和深度不一致，在时间剖面上形成了假的构造形态；而叠前深度偏移适应剧烈的横向变速，采用的是层速度，通过初至与反射结合求取浅层速度模型，实体建模技术解决断裂带附近速度的精度，使得整体的速度深度模型精度较高，因此叠前深度偏移的结果反映的构造形态更真实，偏移归位较为准确，断层、断面成像较好。

总之，叠前深度偏移成果较叠前时间偏移在整体成像上有较大改善，剖面的中、深层成像、大倾角成像更加清晰；较叠前时间偏移更有利于更新地质认识，尤其是断面的成像得到了很大的提高，其断块划分能力有明显提高，对精细地震解释和地质研究都有较大的帮助。

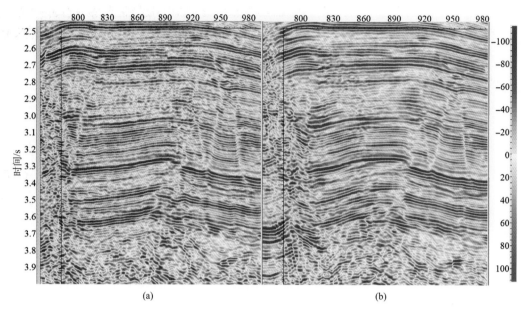

图 2.51　乌南-绿草滩叠前偏移剖面对比（L1960）

（a）叠前时间偏移标定到深度域；（b）叠前深度偏移

6. 炮域波动方程叠前深度偏移

　　另外，在乌南-绿草滩的叠前深度偏移中成功开发了 PSPC 叠前炮域波动方程偏移，整个叠前深度偏移的处理流程如图 2.52 所示，最终成果数据在波组关系和整体成像上都有了较大的改善。从成果数据时间切片上也可以看出 Kirchhoff 深度偏移结果对构造、断层、断面的刻画较叠前时间偏移结果清楚，而波动方程的偏移结果较 Kirchhoff 偏移结果更有优势（图 2.53）。

　　通过上述技术方法攻关，无论是柴西南叠前时间偏移、深度偏移，三湖的叠前偏移，还是柴北缘等复杂构造的叠前成像处理，都取得了较好的效果。

　　柴西南三维连片叠前时间偏移剖面与原有剖面相比，剖面的中深层成像、大倾角成像更加清晰，断面的成像得到了很大的提高，断层、断面、反射内幕清楚，其断块划分能力有明显提高，新剖面频率特征丰富，频带较宽，保真度高，有利于进行精细解释。

　　三湖地区二维叠前偏移效果明显，整体长波长静校正问题得到较好解决，剖面分辨率有所提高，波组关系明显，目标层段反射层位清晰，剖面上地质现象清楚，含气异常特征明显，构造也比较落实。

　　复杂高陡构造成像大部分测线与老剖面相比都有所提高，中深层信噪比得到了较大改善，陡倾角地层与构造主体部位成像精度得到较大幅度改善。

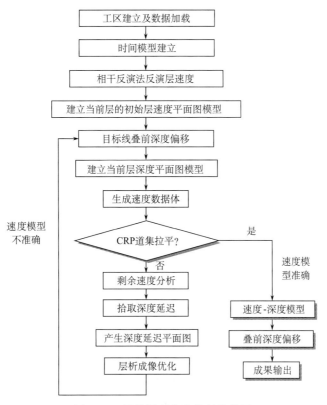

图 2.52　叠前深度偏移处理流程图

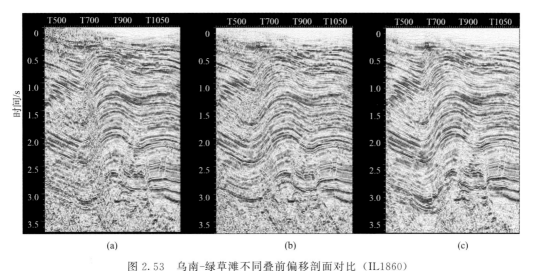

图 2.53　乌南-绿草滩不同叠前偏移剖面对比（IL1860）

（a）叠前时间偏移；（b）Kirchhoff 叠前深度偏移；（c）炮域波动方程叠前深度偏移

六、复杂地表静校正与偏移成像一体化技术

建立精确的速度模型是叠前偏移成像的关键步骤。在当今偏移成像算法日趋完善的情况下，速度模型的正确与否或其精度的高低，直接影响着成像的效果好坏。根据当前速度模型建立技术的发展现状和目标区地质、地震资料的特点，我们的基本思路是在考虑实用的前提下，采用处理解释一体化的思路，研究高精度的速度模型建立技术。

1. 等效偏移速度建模及叠前偏移成像技术

叠前时间偏移速度模型建立的准则是 CRP 道集一次反射波同相轴被拉平。偏移速度通过迭代的方式获得，首先把叠加速度作为初始模型，对其进行平滑处理，保持各个速度控制点纵横向速度变化趋势，然后对数据进行初始叠前时间偏移，输出速度控制测线 CRP 道集；此时由于速度不准确，会造成 CRP 道集同相轴不平，表现为偏移速度的过高或过低，通过剩余速度分析模块对得到的 CRP 道集进行剩余速度分析。

该交互模块可以读入速度控制点的 CRP 道集，通过速度扫描，得到等效速度能量谱，交互拾取等效速度值，即时修改偏移速度，使 CRP 道集上的同相轴拉平，得到较准确的偏移速度。在进行等效速度校正时，对剩余校正值纵向上通过三次样条光滑插值，同时修改的前偏移速度纵向上也要经过光滑处理，所以，新得到的偏移速度在纵向上是连续光滑的，保持了偏移速度纵向上的变化趋势。经过修正后的偏移速度在进行新一次迭代前还要进行横向速度平滑，使偏移速度在纵横向上都保持平滑，使得偏移结果不会造成速度局部突变而引起同相轴错断。

把重新调整后的偏移速度进行第二次偏移，得到新的速度控制点 CRP 道集。对新的 CRP 道集进行等效速度分析，可以得到更准确的偏移速度，完成新一轮的速度迭代。根据目标区地质构造复杂程度，经过若干次迭代后，使偏移速度分析点 CRP 道集拉平，剩余速度能量最大值集中在零剩余速度处，得到收敛满意的时间域偏移速度，流程如图 2.54 所示。

2. 起伏地表偏移的等效偏移速度模型建立

在叠前偏移和静校正一体化过程中，都要输出共反射点道集。共反射点道集可用于速度分析，也可用于剩余校正求取。同时，这时的道集已包括了地形起伏、浅部速度变化的信息，道集拉平也包括了对这些复杂构造的速度分析。如果真正的速度体很小，甚至比一个体元体积还小，也许它将在剩余静校正量中反映出来，在这里道集要拉得越平越好。另外，浅部速度变化剧烈时可研究用等效速度替代，这时只要保持传播时间一致并能使道集的反射同相轴拉平。通过等效速度这一理论的研究，我们将探讨是否可以节省部分野外小排列的工作量。而野外小排列的目的就是为精确的静校正服务的。

3. 真地表叠前偏移成像技术

所有静校正方法都基于下列假设：构造为水平层状；较小的地形起伏；在一个共中

心点道集范围内，地形起伏为线性；在时间方向上，静校正量与时间无关。

上面四种假设，在冷湖地区这样复杂构造条件已根本不能满足，因此，静校正就很难做准确。即使处理人员尽最大努力做好静校正，在偏移成像过程中，为了满足共反射点道集拉平的原理，也会使静校正的成果付诸东流。因为地震射线自激发至接收，始终为一连续函数，而静校正和偏移的两个过程，必然将地震射线不合理地人为断开，并进行各个方向的位移，这些必然导致理论上和实际上的偏差，最终导致成果严重损坏，难以提供真实、准确的构造成像和岩性信息。为此，静校正和叠前偏移一体化是解决该问题的最好途径，在此技术下，静校正的四种假设都不再需要，而地震射线也会按实际路径进行能量归位，AVO 特性也会真正保持，可为我国在复杂条件下的地震勘探解决重大难题。

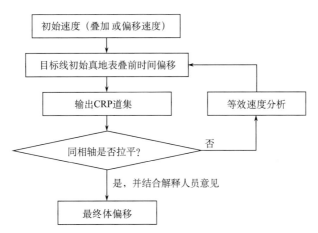

图 2.54　真地表叠前时间偏移等效偏移速度分析流程图

叠前偏移工作是一项系统工程，不可能一夜之间把所有问题都解决。这里主要包括两个方面的问题：偏移理论问题与偏移应用问题。根据几年来的工作实践，我们认为完成好一块三维叠前偏移，要涉及许多方面的问题。我们对其中存在的问题进行解剖，对每一个问题给出一个合理的解决办法或解决方案。

三维叠前偏移处理具有对复杂构造准确成像的能力。针对目标区的三维地震资料特点和任务，为了落实地质构造、搞清断裂体系，我们的处理思路是通过处理解释相结合，建立时间模型和速度模型，借助于偏移后反动校的 CRP 道集进行偏移速度分析，确定偏移速度，利用纵横向剩余速度分析进一步优化速度模型，最后用优化的速度模型，采用 TOPO-MIG 的三级成像系统的真地表弯曲射线叠前时间偏移算法进行处理与效果分析。

TOPO-MIG 弯曲射线时间域偏移基本原理：系统中所谓的弯曲射线是指和常规的射线偏移相比较，把地下的速度模型考虑成层状介质，而不是均匀介质，射线在层状介质中传播，其射线是"弯曲"的，而不是"直"的。石油地球物理勘探中的主要对象是陆相沉积盆地，这些沉积盆地中的沉积地层表现为层状结构，并且速度在横向上有不同程度的变化。因此把射线更进一步考虑为"弯曲"的，这更符合地震波在地层中传播的实际路径。真地表叠前时间偏移采用的流程如图 2.55 所示。

4. 成像结果分析

青海油田冷湖地区地表主要为山地、盐碱地、风蚀残丘等，属复合型地表。表层结构复杂多变，局部地区老地层出露地表，地形起伏较为剧烈，野外采集的激发和接收条件较差。以上原因使得记录的有效波能量弱，干扰严重，资料信噪比较低，静校正问题突出。地下由于受多期构造运动的影响，造成地震反射路径复杂，断层的屏蔽和散射作用使反射波连续性差，构造成像困难。

根据工区地表特点和资料情况，我们对工区的多条线进行了偏移成像试验，建立了速度模型。然后利用建立的速度模型对整个工区进行叠前时间偏移处理。

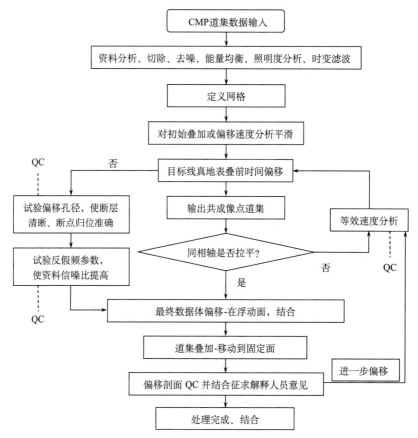

图 2.55　真地表叠前时间偏移流程图

图 2.56 为 200 线的偏移道集，其中一些道集中的同相轴还没有拉平，需要进一步的剩余速度分析。图 2.57 为速度修正后的偏移道集，速度调整后共成像点道集中的同相轴都已拉平，说明速度调整后的速度模型是合理的。

图 2.58 为常规方法偏移处理剖面图，画圈的部位有一些很陡的构造，且其中的微小断层构造不明显。图 2.59 为对应的进行了静校正与偏移成像一体化处理的偏移剖面

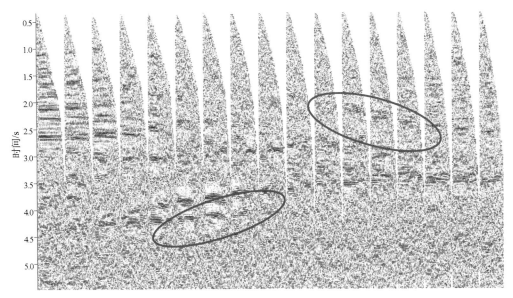

图 2.56 200 线共成像点道集（初始速度需调整）

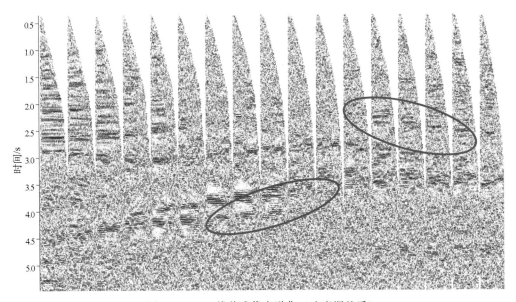

图 2.57 200 线共成像点道集（速度调整后）

图，对应部位的陡倾角构造消失，而微小的断层清晰成像，与常规处理剖面特征有很大区别。经过认真分析认为，图 2.58 中的陡构造在地质上解释不通，因此它是常规偏移中形成的构造假象，实际上并不存在，这说明图 2.59 的偏移剖面是合理的。

静校正与成像一体化偏移处理剖面比常规偏移处理剖面的成像质量有了明显的改善，表现在：消除了实际上并不存在的假的陡倾角构造；对基底成像更清晰；对小断层

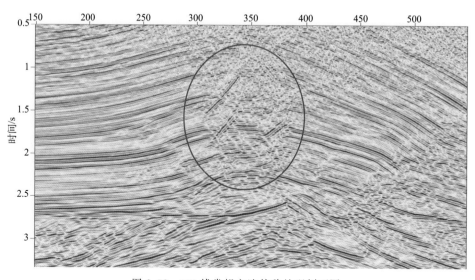

图 2.58　300 线常规方法偏移处理剖面图

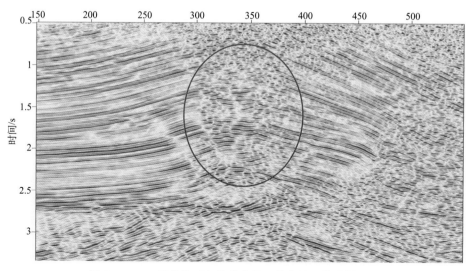

图 2.59　300 线静校正与偏移成像一体化处理偏移剖面图

的成像更明确；提高了偏移剖面的信噪比和分辨率。因此，真地表偏移成像技术是适合青海油田复杂地表和复杂构造成像的有效方法，具有很好的应用前景。

　　通过技术攻关，分别形成了适合于柴达木盆地的大面积三维地震资料连片叠前偏移处理、三湖地区二维保幅连片叠前偏移处理、复杂高陡构造叠前偏移成像处理的配套技术和关键单项技术。应用这些技术较大地提高了地震资料的品质，为后续的地质解释、储层反演、油气检测等工作奠定了坚实的基础。

第三章 地震资料解释关键技术

柴达木盆地的地震资料解释工作以往主要以构造解释为主，近年来在岩性油气藏勘探、含油气检测及新技术应用与推广等方面也取得了一定进步。在本次解释技术攻关研究中，针对不同研究地区的地质难点和技术需求，开展有针对性的攻关研究，重点包括柴西南区地震储层预测方法研究、三湖天然气检测和小幅度构造识别技术、柴西北复杂构造地震资料解释技术等地球物理技术方法攻关。

在解释技术攻关研究中，利用处理、解释、应用相结合的一体化研究思路，在资料分析的基础上，开展了各种解释技术的适用性研究和新技术探索研究，初步形成了以地震反演、地震属性、三维可视化为主的地震储层预测技术，以叠后吸收、小波频谱分解、叠前 AVO 反演、叠前弹性参数反演为主的油气预测技术，以层速度反演为基础的二维拟三维及三维变速构造成图技术。通过合理利用这些技术，提高了柴西南地区岩性油气藏、三湖地区天然气藏的识别能力，深化了对柴北缘、柴西北地区复杂构造的认识。

第一节 精细构造解释技术

一、井震多级标定技术

标定工作是地震资料构造解释、储层预测、地震反演的基础，是点与面结合的出发点，标定的准确性直接影响到解释成果质量的好坏和反演的成功与否，关系到对地下地质结构及地震特征的认识。井震标定是指采用钻井及地质分层数据，对过井点的地震反射层位及储层岩性进行识别，从而明确地震反射对应的地质反射界面及储层岩性特征，以指导地震解释。常用的井震标定技术大多采用定性的合成记录标定或者邻区对比的经验性标定方法，一般由物探解释人员完成，其精度很难达到精细储层预测与建模的要求。通过研究和实践，在柴达木盆地充分利用已有的 VSP 资料，采用了从粗略到精细的四步标定，并将标定结果经过四重检验的精细井震标定技术。

四步标定的步骤是：①采用声波测井速度与井旁道的地震均方根速度进行标定，根据拐点和趋势判断层位关系；②根据测井合成道的时频旋回与井旁道的时频旋回的对应关系进行层位标定；③直接利用声波测井制作合成记录与对应的井旁道进行对比确定大层对应关系；④在大层对应关系已经确定的基础上，针对目的层制作精细的合成记录进行储层油层的定量标定工作。在柴达木盆地，不同地区勘探程度、资料品质差异较大，需要根据实际情况选择合理的标定方法及实施步骤。在勘探程度较高的柴西南等地区，一般通过合成记录就可以确定井震对应关系。

在勘探程度较低的柴北缘等地区，由于缺乏 VSP 等相关井震对应资料，有时较大层位的对应关系都不能确定，就需要采用多种标定方法进行井震层位标定（图 3.1）。

在进行了上述标定工作的基础上可以采用下面四种方法对标定的准确性及可靠性进行检验。首先根据多条联井的层序格架是否合理判断标定的准确性；其次可根据多井的时深关系是否一致对标定的可靠性进行检验；再次可根据地震层位与层序界面是否一致判断标定的准确性；最后，可根据速度模型剖面或波阻抗模型剖面的横向变化是否合理来检验标定是否正确。只有进行精细的标定及多重检验，才能保证标定的可靠性。

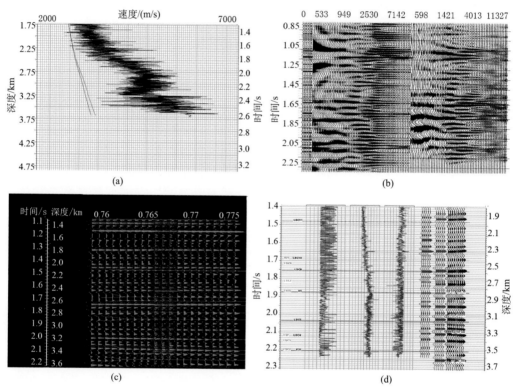

图 3.1　多级井震标定图

（a）均方根速度标定；（b）时频旋回标定；（c）大套地层合成记录粗标定；（d）目的层段合成记录定量标定

二、低幅度构造圈闭识别技术

低幅度构造油气藏是指那些在地震剖面上难以识别的小幅度背斜型构造圈闭形成的油气藏。目前，低幅度构造圈闭在国内外油气勘探理论及实践中没有一个较完整的、严谨的、概念性的定义，根据柴达木盆地经验，低幅度构造圈闭可以分为两类：一类是圈闭埋深小于 2000m，T_0 值为 4.10ms，闭合度小于 15m 的圈闭或埋深为 2000～3500m，T_0 值为 4.10ms，闭合度小于 20m 的圈闭；另一类是地震剖面上有微弱的显示，T_0 值为 4.10ms，但层速度存在异常，可以形成圈闭。这种低幅度构造或者是因为构造幅度确实很小，地震剖面特征不明显，因而不易识别；或者是因为速度异常引起的同相轴变化，导致地震剖面上幅度异常小，不易识别。该类油气藏在柴达木盆地三湖地区广泛发育。低幅度构造油气藏在常规地震剖面上幅度不超过 5～10ms，很难发现与识别。识别该类油气藏最有效的办法就是提高地震资料成像精度，作好地震资料精细处理与精细变速成图分析关键环节。在三湖地区，主要是通过表层三维建模与二维连片静校正、叠前深度偏移、变速构造成图等关键技术来解决该区的低幅度构造问题。

1）表层三维建模与二维连片静校正技术有效地消除了近地表因素产生的构造畸变问题。地表低降速带的厚度及横向变化会对地下的真实构造形态产生影响，解决的方法是求准静校正量。在三湖地区，以折射波静校正为基础进行连片基准面静校正计算，以此建立工区表层模型，并求取炮点和检波点的静校正量。该方法不仅保证了测线间的闭合，而且有效消除了近地表因素产生的构造畸变问题。

2）叠前深度偏移技术能够有效地验证地下构造的真实形态。通过叠前深度偏移处理，可以恢复由于含气而造成的构造顶部下拉现象，能够更好地识别小幅度构造。从剖面上可以看到，剖面的构造形态得到了很好的恢复。

在等 T_0 图上，可以看出台南、涩北构造都表现为一个小的鼻隆，而经过深度偏移成图后，台南构造和涩北构造都表现为一个低幅度背斜的形态，构造形态得到了很好的恢复。

3）变速成图技术。三湖地区构造成图的方法与其他地区不同，因为该区含气下拉现象比较普遍，常规的成图方法不能解决构造顶部由于含气而降低的构造幅度，如果应用测井资料在全区建立变速速度场，那么单井测井速度曲线测井环境的不同等因素引起的测井速度的畸变以及井分布的疏密程度等都将严重地影响速度场的准确性。为了解决这个问题，本次采用了变速成图技术（下文有详述），以二维连片三维静校正处理的叠前时间偏移的均方根速度，内插成体，建立三维速度模型，然后根据 DIX 转换为平均速度体（图 3.2），再沿解释层位提取沿层平均速度，得到沿层平均速度。

根据变速成图的结果，可以认为，变速成图成功地解决了由于含气下拉或低速异常造成的低幅度构造在等 T_0 图上表现不出来的问题，使局部圈闭的形态得到很好的恢复。

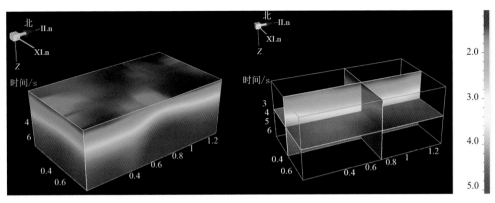

图 3.2 三湖地区二维拟三维变速成图平均速度体

三、二维地震拟三维变速构造成图技术

二维地震工区由于受到测网密度、测线交点闭合差、速度变化等因素的影响，构造往往难以落实。在柴达木盆地，二维地震探区大面积分布，二维工区一般是属于勘探前期，钻井数量少，也无法通过钻井得到的速度及深度落实构造或者进行构造验证，因此需要利用地震叠加速度、二维拟三维变速成图技术，尽可能恢复地下的真实形态。

（一）构造成图的精度

构造成图的精度取决于速度场建立及构造成图方法，尽管目前普遍采用的是变速构造成图方法，但在速度场建立及成图方法上依然严重存在缺陷，实际应用中往往误差较大，准确性较低。对现行传统的速度场建立和变速构造成图方法加以分析，可将其归纳为两种类型，其实现步骤分别如下。

第一种类型的实现步骤是：

1）在叠后时间偏移数据上解释追踪反射层位，并将解释追踪结果绘制成偏移时间域 T_0 图。

2）将处理过程中产生的纵向叠加速度曲线依据其垂向变化程度按一定的时间间隔用 DIX 公式转换为平均速度曲线。

3）沿偏移时间域 T_0 图从每条平均速度曲线上截取其对应位置（x，y，t）的平均速度值，并绘制成平均速度平面图。

4）用平均速度平面图对偏移时间域 T_0 图直接进行垂向时深转换，生成深度构造图。

第二种类型的实现步骤是：

1）在叠后时间偏移数据上解释追踪反射层位，并将解释追踪结果绘制成偏移时间域 T_0 图。

2）沿偏移时间域 T_0 图，从处理产生的纵向叠加速度曲线上截取对应位置的叠加速度值，并绘制成叠加速度平面图。

3）对叠加速度平面图进行倾角校正，将其转换成均方根速度平面图，用 DIX 公式将均方根速度平面图转换成层速度平面图。

4）用层速度平面图对偏移时间域 T_0 图直接进行垂向时深转换，生成深度的构造图。

对上述方法步骤进行仔细分析，不难看出传统的速度场建立和变速构造成图方法存在以下缺点和不足：

1）偏移时间域 T_0 图准确性较低。叠后时间偏移过程是一个最易产生成像误差的过程。这一方面是由偏移方法本身的缺陷造成的。因为目前使用的叠后时间偏移方法最重要的基本假设是介质均匀或水平层状，在地下界面倾斜的情况下，常规时间偏移方法都会产生偏移偏差，无法使反射层位准确归位。另一方面，时间偏移要求准确的均方根速度，但因叠后时间偏移时还无法量取反射层位的产状，所以这一要求在叠后时间偏移时是无法满足的。目前通常的做法是对叠加速度加以平滑再乘以衰减因子而作为初始偏移速度，通过目测判断偏移结果合理与否来调整初始偏移速度，直到偏移结果目测令人满意为止，其中难免产生偏移误差。除此之外，对二维工区，偏移时间剖面在测线交点处存在闭合差、二维偏移无法使反射界面在三维空间偏移归位等，均影响了偏移时间域 T_0 图的精度。因此，在叠后时间偏移结果上解释追踪反射层位而绘制的偏移时间域 T_0 图是不准确的，对这样的 T_0 图直接进行时深转换，无论使用多高精度的成图速度，偏移时间域 T_0 图的这种不准确性都会传递到深度构造图中，使深度构造图也会存在较大的误差。

2）偏移时间与叠加速度跨域错误配对。偏移时间域 T_0 图是偏移归位后的偏移时间域反射时间，而纵向叠加速度曲线是偏移归位前的零偏移距时间域的叠加速度曲线，两者完全不能对应匹配。沿偏移时间域 T_0 图截取的叠加速度完全不是它所真正对应的叠加速度，造成了偏移时间域 T_0 图与零偏移距时间域叠加速度的错误配对；用 DIX 公式直接将纵向叠加速度曲线转换成平均速度曲线，其实质是用叠加速度代替了均方根速度，同样造成了速度的错用。在反射界面倾角较大时，求出的平均速度和层速度均存在较大的误差。

3）叠加速度精度较低，可靠性较差。纵向叠加速度谱是时间域处理时按一定的CMP 间隔求取的，密度太稀，横向分辨率低，不能精确反映谱点之间的速度横向变化。而且，在单个纵向叠加速度谱上解释拾取叠加速度，由于难以进行横向对比，难以区分有效反射能量团和噪声能量团，以及中深层反射波能量团发散，很难准确地解释拾取叠加速度，特别是中深层的叠加速度，纵向叠加速度曲线存在较大误差。

4）DIX 公式是在水平层状介质中射线垂直入射条件下建立起来的速度关系式，前提条件比较苛刻，适应范围较窄。当地下介质产状复杂时，用其求取层速度或平均速度会产生较大的误差。

5）二维偏移无法使反射界面及其所对应的成图速度在三维空间偏移归位。因此，在二维工区中，偏移时间域 T_0 图、成图速度平面图以及深度构造图均未实现三维空间的偏移归位，降低了成图精度。

针对常规二维工区构造成图方法存在的局限性，在柴达木部分二维工区，采用了"六步法"变速成图技术，初步见到了好的效果。"六步法"变速成图技术的基本思路是：采用层位反偏移技术、沿层横向叠加速度谱剖面技术、三维空间射线追踪层速度相干反演技术和图形偏移构造成图技术，对各反射目的层位进行单层速度场建立与构造成图（图 3.3），该方法解决了传统方法中影响速度场和构造图精度的主要问题。

（二）构造变速成图的关键步骤和方法

1. 在偏移时间剖面上解释追踪反射层位

偏移时间剖面上绕射波、回转波、断面波等已归位，地层关系和构造关系清楚合理，易于解释辨认和追踪拾取，地震反射层位拾取需要在偏移剖面上进行。

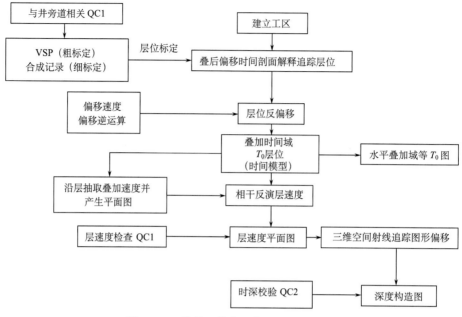

图 3.3　二维拟三维变速构造成图流程图

2. 将偏移时间剖面上解释追踪的层位反偏移到零炮检距时间域

用叠后时间偏移处理时所用的偏移速度和偏移算法的逆运算，将叠后时间偏移剖面上解释追踪的层位，反偏移到叠后时间偏移之前零炮检距时间域水平叠加剖面上反射层位所在的原位，得到交点处闭合的、与零炮检距时间域水平叠加剖面和叠前 CMP 道集上的反射同相轴完全吻合匹配的解释层位，为利用零炮检距时间域的叠前 CMP 道集进行沿层叠加速度分析确定 T_0 时间。因为解释层位的反偏移过程仅是偏移算法的逆运算，所用的速度与叠后时间偏移时所用的速度完全相同，所以，层位反偏移手段的使用使得叠后时间偏移剖面仅成为方便反射层位解释追踪的桥梁，不再需要偏移时间域 T_0 图参与速度场建立与构造成图的后续过程，避免了因其不准而对深度构造图精度的影响。

3. 制作沿层横向叠加速度谱剖面并对其解释追踪

沿层横向叠加速度谱剖面的制作是沿反偏移到零炮检距时间域的解释层位 T_0 值计算逐个叠前 CMP 道集对应走时处的叠加速度谱，并将沿该解释层位计算的所有叠加速度谱逐点排列，形成一个反射波能量团连续排列的沿层横向叠加速度谱剖面。沿层横向叠加速度谱剖面使目的层界面上的速度信息量增加了几十倍，极大地提高了横向分辨率，沿层叠加速度的横向变化规律一目了然。因为沿层横向叠加速度曲线是在直观明了的沿层横向叠加速度谱剖面上解释对比和追踪拾取的，并且进行了闭合检查，因而准确性和可靠性很高。

4. 生成零炮检距时间域 T_0 图和叠加速度平面图

将反偏移到零偏移距时间域的解释层位及其所对应的沿层横向叠加速度曲线网格化,生成零偏移距时间域 T_0 图和叠加速度平面图。由于零偏移距时间域的解释层位可能具有双值性或多值性,网格化技术须能对双值或多值进行处理,并能立体显示。在零偏移距时间域,反射层位在测线交点处是闭合的,这样绘制的零偏移距时间域 T_0 图避开了测线交点处闭合差的影响,因而精度更高。此外,零偏移距时间域 T_0 图与叠加速度平面图是同域对应和吻合匹配的,解决了传统方法中偏移时间与叠加速度跨域错误配对的问题。

对于以前处理过的工区,如果无法得到叠前 CMP 道集,则可以沿零偏移距时间域 T_0 图从处理产生的纵向叠加速度曲线上截取解释层位对应的叠加速度值,并绘制成叠加速度平面图。但是,由于纵向叠加速度谱点太稀、纵向叠加速度曲线本身精度不高,从中得到的叠加速度平面图误差也较大,横向分辨率较低,需要借助于交会分析等手段剔除叠加速度异常值,减小叠加速度误差。

5. 用三维空间射线追踪相干反演方法反演层速度并产生层速度平面图

以零偏移距时间域 T_0 图和叠加速度平面图为输入,采用三维空间射线追踪相干反演方法反演出该 T_0 图对应的层速度,并生成层速度平面图。用三维空间射线追踪相干反演方法代替 DIX 公式,由叠加速度反演层速度,一是不受 DIX 公式前提条件约束,具有更广泛的地层产状适应性,消除了地层产状复杂时 DIX 转换带来的误差;二是整个射线追踪反演过程在三维空间进行,反演出的层速度在三维空间已归位,解决了二维工区中层速度不能在三维空间归位的问题。因此,与 DIX 转换相比,这种方法反演出的层速度精度更高。

6. 用三维空间射线追踪图形偏移方法将零炮检距时间域 T_0 图偏移归位转换成深度构造图

在采取上述步骤求得界面真实位置的准确层速度后,就可以用三维空间射线追踪图形偏移方法准确确定出零炮检距时间域 T_0 图上任一网格点应归位的深度域空间位置 (x,y,z),然后对所有网格点偏移归位后的深度值进行网格化成图,得到目的层位深度域构造图。与偏移时间域 T_0 图直接时深转换成深度构造图的传统方法相比,三维空间射线追踪图形偏移方法将零炮检距时间域 T_0 图转换成深度构造图,不仅避开了准确性较低的偏移时间域 T_0 图的使用,而且在二维工区实现了准确的三维空间偏移归位,有效地提高了深度构造图的精度和构造图精度的主要问题。

(三) 鄂博梁三号构造二维拟三维变速成图

综合地质评价认为,鄂博梁Ⅲ号构造位于下侏罗统伊北凹陷中央,具有良好的烃源岩条件。东高点发育三角洲前缘、滨湖滩砂等有利储集体,构造圈闭落实、面积大,具备形成天然气藏的有利地质条件,为柴北缘下一步勘探提供了新的领域与方向。构造带

二维地震测网已达到 4km×4km，局部地区达到 2km×2km，二维地震资料在浅层狮子
沟组、上油砂山组同相轴连续性好，分辨率高，信噪比高；中深层信噪比较低，特别是
构造顶部深、浅层构造过渡部位，地震资料品质变差。但构造形态在剖面上清楚，可追
踪对比，落实圈闭是有可靠资料基础的。在该区，根据地震资料的质量及剖面异常油气
特征，选择 N_2^1、N_1、E_3^2 主要层位，进行了层速度反演和构造变速成图。

　　由 N_1 深度构造图看出，蓝色为深度域有利区域，面积为 356.13km^2；粉红色为速
度有利区域，面积为 352.39km^2；白色为时间偏移域有利区域，面积为 242.87km^2。对
应 N_1 层速度平面图蓝色框内也出现低速异常区域（图 3.4）。该层顶部高点埋深为
3107m，圈闭深度为 5595m，圈闭幅度为 2488m。

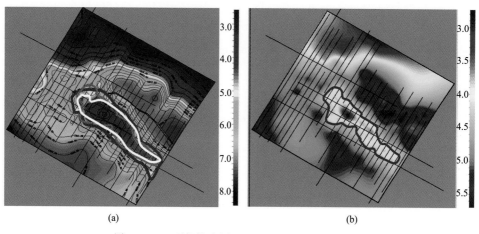

图 3.4　N_1 顶部构造图（a）及层速度平面图（b）

　　由 E_3^2 顶部深度构造图可以看出，深蓝色代表深度有利区域，面积为 286.57km^2，
粉红色代表速度有利区域，面积为 323.77km^2，白色代表时间偏移有利区域，面积为
303.61km^2。E_3^2 层速度平面图显示速度异常范围与 N_1 层异常范围接近（图 3.5）。

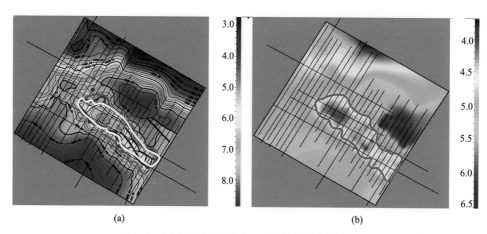

图 3.5　E_3^2 顶部构造图（a）及层速度平面图（b）

因此，通过变速成图和速度异常平面对比分析，认为该构造含气可能性极大，极有可能为一大型构造背斜油气带。

E_3^2 高点埋深为 4826m，圈闭深度为 6498m，圈闭幅度约 1672m，圈闭面积平均约 30km^2。

通过计算 N_1 与 N_2^1 之间的时间厚度差，在反映地层厚度的同时，也反映了含气引起的低速异常区。厚度差异较大的红色异常区域面积为 145.26km^2（见蓝色框内）。通过计算 E_3 与 N_1 之间的时间厚度差，在地层厚度相对稳定区则可以反映含气引起的低速异常区。粉红色线条勾画的范围表示差异较大，面积为 412.59km^2；蓝色线条勾画的范围表示顶面构造圈闭范围，面积为 356.13km^2；两者叠合的范围为含气有利区，面积为 285km^2（图 3.6）。而北面靠近断层的低速异常区反映了天然气聚集过程的运移通道。

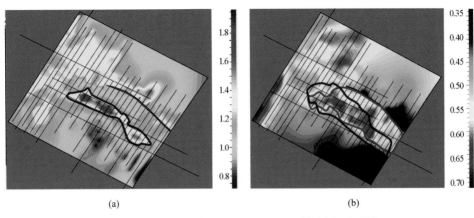

图 3.6 N_1-N_2^1 时间厚度图（a）及 E_3-N_1 时间厚度平面图（b）

四、三维变速构造成图技术

速度是直接联系地震资料与钻井资料的纽带，也是贯穿地震勘探处理解释全过程的一个十分重要的参数，速度选择的正确与否决定了构造解释与成图的精度。同时求取速度的准确性，对研究低幅度构造、地震含油气异常、精细储层反演、时深转换都有着重要的作用。叠加速度在探区内分布较密，而井的资料比较局限。两者有机结合可提高成图精度。

（1）常规变速成图的具体步骤（图 3.7）

1）把地震资料处理速度分析得到的速度场，利用地震资料中的解释层位，沿解释层位提取平均速度层面，形成一个沿层平均速度场。

2）对沿层平均速度场进行校正。

3）沿层速度数据体乘以解释的地震反射层位时间（T_0）即得深度数据体。

商用性的软件 Landmark TDQ 各模块作速度分析的应用条件，其方法是井间线性内插，适合构造、岩性变化比较简单的地区。

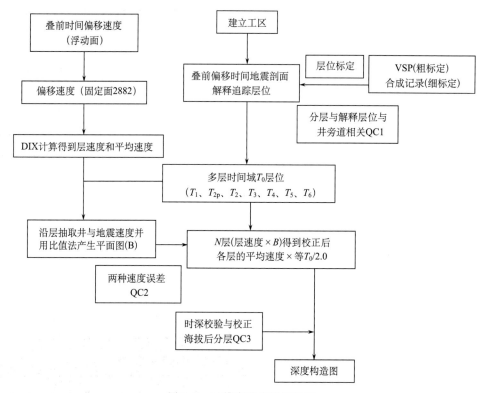

图 3.7　三维变速成图流程图

（2）Explorer 同时具有地震以及井速度情况下的时深转换步骤

第一步：时间偏移域解释层位建模；

第二步：沿层提取均方根速度（RMS）并建模；

第三步：均方根速度（RMS）转换为层速度并建模；

第四步：由地震得到的层速度为外漂条件约束井分层得到合理的层速度并建模；

第五步：根据层位倾角情况选择时深转换方法，倾角小于 10°选择 Scaling（垂直比例），算法，地层倾角大时选择 Migration（图偏移）；

第六步：井分层校正深度图并建模。

（3）双狐软件中的速度分析按照模型层析法速度研究

变速成图的主要思路：

1）根据叠偏 T_0（$x0$，$y0$，t）在水平速度场中提取 T_0 层平均速度 Va_stk（$x0$，$y0$，va1）（由 DIX 公式得到）；

2）根据 T_0 和平均速度值 Va_stk 算得一个深度 $H1$（$x0$，$y0$，$h1$）；

3）由于得到的速度是未偏移的速度，算得的深度 $H1$ 是有一定误差的，所以需经过迭代处理，来获取叠偏速度；

4）求取倾角，反偏移深度 $H1$，得到 X，Y 两个方向的偏移量 dx 和 dy；

5）利用 X，Y 两个方向的偏移量，将时间位置偏移得到 T_PY $(x0+dx，y0+dy，t)$，再次在水平速度场中提取速度 Va_PY $(x0+dx，y0+dy，va2)$；

6）根据偏移量 dx 和 dy，由 Va_PY $(x0+dx，y0+dy，va2)$ 得到真实的偏移速度 Va_mig $(x0，y0，va\_mig)$；

7）根据 T_0 $(x0，y0，t)$，Va_mig $(x0，y0，va\_mig)$ 得到深度 $H2$ $(x0，y0，h2)$；

8）基准面校正，井校得到 $H3$ $(x0，y0，h3)$；

9）网格化处理 $H3$ 得到构造成图。

以上速度转换方法精度考虑速度横向变化较少，只有有效结合井点的速度和横向的地震速度变化，才能更好地预测速度的变化。

通过多井标定后，把声波在时间域显示，速度的横向变化显示较为清楚，同时反映出速度随深度的变化较快，也反映出复杂的地下地质条件（图 3.8）。

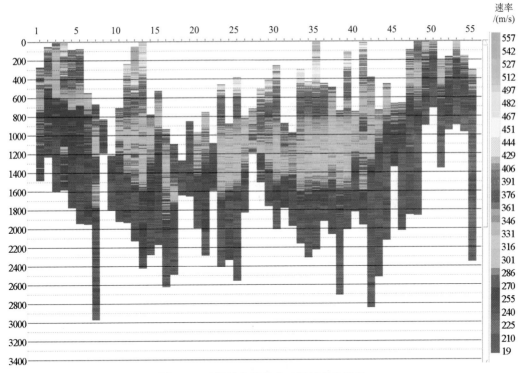

图 3.8 时深标定后多井时间域声波显示

地震速度谱的点较多，能有效预测速度横向变化，但由于速度的精度不高，只有与井速度有效结合才能提高地震速度应用的精度。

速度是随时间和空间变化的，为了得到更高精度的速度，分层提取速度信息，需要利用精细构造解释得到的多层层位解释数据信息进行层位约束。

应用井点的速度数据与地震速度得到的层速度资料分层进行校正，以及不同平面图的速度校正量。

　　应用多层的校正量与地震速度进行校正，可以得到比较准确的平均速度，以及多层的沿层平均速度，这样更好地结合了地震的速度，相对对低频速度误差进行了校正。通过平均速度和 T_0 图相乘得到了深度平面图，最后通过再次与井的深度结合得到校正后的深度平面图。

　　三维变速成图技术解决了高频校正量的问题，有效保留地层的构造特征，能够较好地预测低幅度构造特征。

第二节　精细储层预测与油气检测技术

　　柴达木盆地的地震勘探，主要以构造勘探为主，岩性勘探近几年才得到了重视，但在技术上还没有得到完善，新技术的应用也非常少。岩性识别的核心技术是储层预测。储层预测是利用已有的各种资料，对地下的储层发育情况进行推测，其结果是具有多解性的。因此，对储层的认识需要结合多种技术，综合多学科的研究成果。目前储层预测已涵盖了构造、沉积、储层、流体研究的各个方面，这几方面的技术发展很快，关键的技术包括断裂分析、层位自动拾取、地震相分析、地震三维可视化解释、叠后地震反演、属性分析和叠前反演。

　　地层含气后，会引起一些地震参数的变化，天然气识别技术就是基于对异常的提取和分析。

　　天然气的地震异常大致可以概括为以下几点：

　　1）气藏可能使得高频成分衰减，在气藏的下面瞬时频率可能降低。

　　2）一般来说，气藏会导致层速度的降低。

　　3）含气层会比含水层的密度低。

　　4）气层一般表现为低波阻抗值。

　　5）引起振幅随偏移距变化的基础是含气砂岩与上下地层间必须存在明显的泊松比之差；气层的泊松比明显低于上下地层。

　　6）由于气层中纵波速度（Vp）的降低和能量吸收，可导致在纵波反射剖面中出现以下异常形态：① 强振幅异常（一般比常规值强 2～3 倍以上）；② 平点；③ 气层边沿反射极性变化；④ 气层边缘顶界或底界的反射系数突变引起绕射；⑤ 气层以下各反射层向下弯；⑥ 气层下部出现弱反射带；⑦ 气层段出现低频波形。这些标志可能帮助识别气层，但也可能为岩性、地层突变等其他原因所引起。

　　根据以上这些特征，在柴达木盆地进行了油气检测研究，并在三湖等含气区进行了应用。

　　油气检测技术按照地震数据类型可分为叠前、叠后两类，常用的叠前技术有 AVO 属性反演及叠前弹性反演。AVO 技术是通过建立储层含流体性质与 AVO 的关系，应用 AVO 的属性参数来对储层的含流体性质进行检测。

　　在实际应用中，就是利用地震反射的 CDP 道集资料，分析储层界面上的反射波振幅随炮检距的变化规律，或通过计算反射波振幅随其入射角 θ 的变化参数，估算界面上的 AVO 属性参数和泊松比差，进一步推断储层的岩性和含油气性质。AVO 应用的基础是泊松比的变化，而泊松比的变化是不同岩性和不同孔隙流体介质之间存在差异的客观事实。基于这种事实，使应用 AVO 技术进行储层识别和储层孔隙流体性质检测成为可能。

叠前反演技术是以 AVO 理论为基础，利用纵波或转换波的叠前地震资料，按不同的入射角进行反演获得弹性波阻抗，纵、横波阻抗，密度，泊松比等多种与岩性有关的参数体。综合分析能够预测储层的岩性和物性，降低波阻抗反演的多解性。叠前地震反演对地震数据的要求除了满足常规地震处理需求之外，重要的是振幅的保真处理。地震资料的真实性和正确性直接影响地震弹性波阻抗反演的结果及储层预测的精度。叠前地震弹性波反演不仅需要全叠加地震数据，还需要近、中、远限角度叠加的一组地震数据。合理选取这组近、中、远偏移距地震数据是限角度叠加的工作重点。在柴达木盆地，地震资料的分辨率、信噪比较低，在含气区地震能量吸收严重，成像效果往往不好，叠前反演受到了一定的限制；在三湖地区，经过了针对性的处理，对部分测线开展了叠前反演，油气检测主要是以叠前为主。

一、地震反演与储层预测

地震反演包括基于地震道的相对波阻抗反演，基于模型建立的模型约束反演，基于神经网络算法的多属性地质统计反演。有色反演是新发展的相对波阻抗反演技术，属于递归类的反演方法。从目前来看，Janson 和 Strata 是主流的反演软件，包含了最新最全的反演技术，两个软件各有优势。Janson 在模型建立、测井资料处理和解释、成果可视化显示方面功能强大。Strata 软件易学易用，反演方法多，反演结果稳定。目前，在叠前反演技术不能完全推广的情况下，叠后反演仍然是储层预测的主要手段。

在柴达木盆地，根据不同探区的地质情况和资料情况，优选有效技术及技术组合，开展储层预测研究。尤其是在柴西南三维区，地震资料信噪比较高，测井资料比较全，适合进行地震反演研究。在扎哈泉地区三维工区，开展了叠后波阻抗及伽马测井曲线反演研究，在识别薄储层及目标体预测方面得到了好的效果。

扎哈泉三维工区位于切克-扎哈泉凹陷斜坡带，在油气运移的主要通道上，东部有乌南油田，西部有跃进油田，该斜坡带是岩性油气藏发育的有利相带，但目前的研究程度还很不够，需要结合反演对储层进行预测，落实圈闭并对储层分布规律进行认识。

(一) 测井及地震敏感性分析

储层敏感参数的分析及选择是进行储层预测的基础，储层只有在测井及地震上有响应时，才可提取用于储层描述的参数。绿 13 井同时位于扎哈泉和吴南两个三维工区，为了便于比较，选择绿 13 井为标准井进行分析。N_2^1 储层在自然电位上区分较为明显，分六个油层组分别作了自然电位与声波、自然电位与伽马的交互图。对交互图进行分析，在 I 油组，砂岩为高声波，与泥岩可以区分；在 II-IV 油组，砂岩与泥岩声波值接近，不易区分；在 V-VI 油组，砂岩为低声波，与泥岩可以区分，砂泥岩在伽马和自然电位上容易区分 (图 3.9)。

根据交会结果可知，同一岩性在不同油组波阻抗值变化大，在进行波阻抗反演结果解释时，应根据不同层段制定不同解释量版。伽马和自然电位区分岩性好，自然电位曲线测井质量不高，曲线也不全，因此岩性反演可选择用伽马曲线。

岩性识别有很多种方法，但基于叠后反演进行岩性识别，最基本的方法是波阻抗反演。地震反射包含有速度和密度信息，只有当地层存在有阻抗界面时才会有反射系数，反射波才会成像。反演是具有多解性的，反演所用的约束条件与实际情况越接近、与反演的参数相关性越高，反演结果就越真实。因此需要对速度进行分析，以速度为桥梁对储层的地震响应特征进行研究。无论是地震波传播速度或是测井声波速度，其大小的变化受岩性、地层埋深、异常压力等各种因素的影响。随着埋藏深度增加，岩石压实程度越强，砂岩速度越高，地震反射波会相应发生变化。

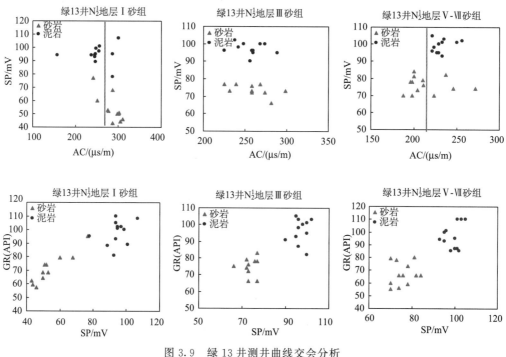

图 3.9　绿 13 井测井曲线交会分析

一般情况下，在砂泥岩地层中，当砂泥岩速度在 1500～2600m/s 内时，上覆页岩的声阻抗大于水饱和砂岩的声阻抗。替换为烃类后，法向入射反射率从一个小负数减小到一个大负数，气藏在地震上为亮点显示；当页岩的声阻抗小于水饱和的砂岩的声阻抗，法向反射率为一个小正数时，引入烃类后，砂岩的声阻抗减小至小于页岩的声阻抗，会出现相位反转同相轴，一般当砂岩和页岩的速度在 2600～3800m/s 时易于出现相位反转；当上覆页岩的声阻抗远小于水饱和砂岩的声阻抗即反射率是一个大正数时，会出现暗点同相轴。引入烃类后砂岩的声阻抗减小，但它仍然大于页岩的声阻抗，这时反射率的值仍然是正数，但小于水饱和状态下的值。一般当砂岩的速度大于 3800m/s 时会出现这种现象。这也说明未固结的岩石易出现亮点，固结好的岩石易出现暗点。

扎哈泉地区在三维工区内有五口探井，沿深度 2600m 对所有井的测井曲线进行拉平，通过曲线对比可以看出，在井深小于 2300m 时，砂岩速度小于泥岩速度；井深大于 2700m 时，砂岩速度大于泥岩速度（图 3.10）。根据模型分析结果，地层埋深小于 2300m 时，含气砂岩物性好，含气砂岩具有三类 AVO 现象，在地震剖面上为亮点同相轴；在 2300～2700m，砂泥岩速度接近，砂岩速度略高，含气砂岩具有 I 类 AVO 现象，会出现极性反转；在 2700m 以上，砂岩速度大于泥岩速度，储层物性较差，含气砂岩具有 II 类 AVO 特征，在地震剖面上为暗点同相轴。这个分析结果可指导用地震资料对油气进行预测及对储层预测结果进行解释，但要求地震资料有较高的分辨率和信噪比，同时要分析由其他因素引起的振幅变化。

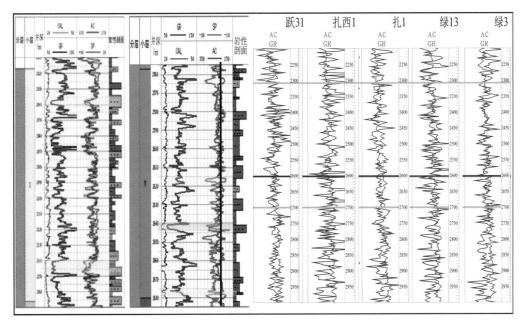

图 3.10 储层测井曲线特征及多井拉平曲线对比

（二）波阻抗及伽马曲线反演

波阻抗反演是在地质模型、测井初始模型的约束下，通过内插得到初始波阻抗数据体，进行反复的初始迭代修正，从而实现高分辨率波阻抗反演。基于模型约束的地震波阻抗反演首先需要建立一个先验的初始的波阻抗模型，测井曲线时深转换的准确性、不同井之间测井曲线的一致性决定了反演结果的精度，因此必须使用经过野值剔除和环境校正后的并保持原始声波数值范围的声波曲线进行时深转换及反演。

在扎哈泉地区，N_2^1 地层构造幅度变化较大，声波曲线由于压实作用不同，横向变化大；同一地层同一岩性在不同构造位置上，埋藏深速度较大，埋藏浅速度小，很难建立统一的岩性解释模型，给储层的定量化预测带来了困难。为了解决这个矛盾，采用了两种思路进行反演。一种方法是对声波曲线进行压实校正，求取同一套稳定泥岩地层的平均声波值，以此为标准对每口井的曲线进行偏移量校正。校正后的曲线替代原有声波曲线，但保持原有的时深关系，这样基本可消除由于压实引起的不同井间阻抗值的差异。另一种方法是采用测井曲线反演，位于工区中部的扎西1井作为标准井进行单井约束反演。通过用井验证并对砂岩预测平面分布规律进行分析认为，单井反演与多井反演精度相当，单井反演更能反映构造、地层、岩性的细微变化，这是因为在反演中，充分利用了地震资料中包含的岩性信息，使反演结果不但分辨率高，而且能真实反映地下地质情况。

伽马曲线反演是采用多属性回归反演方法，属性反演是一个将地震特征转化为储层特征的过程，借助于岩石物理、正演模拟和井资料约束等手段。其中，岩石物理研究可提供储层物性与地震属性之间的关系，正演模拟可揭示地震对不同构造、不同岩性的响应特征，测井数据及油藏工程数据则可用来约束反演过程和佐证反演结果。在对一个具体储层进行描述时，首先要根据先验信息建立地质模型，然后通过多种属性反演不断修改这个模型，直到逼近储层的实际情况为止。在属性变换中是把地震反演的波阻抗和地震数据中提取的各种属性数据结合起来，进行某种数学变换，进而建立与储层参数之间的某种关系。实际上，它是一种多变量的线性回归过程。

多属性预测是指提取多个地震属性进行最优组合，建立与目标测井曲线的关系，并将这一关系应用到全区，推测目标测井曲线特征。在属性优选时，必须在众多的地震属性中优选那些有用的信息，以尽可能相互独立的变量组成尽可能低维的筛选；在扎哈泉 N_2^1 层段伽马曲线反演中，通过井旁道地震属性计算，并利用交会图等方法，最终选出了地震数据体、波阻抗数据体、道积分数据体、反射强度数据体作为最优属性组合，利用线性回归法完成了伽马测井曲线反演。

（三）反演结果分析及目标预测

将反演的结果用已知井进行对比和验证，通过过井剖面、连井剖面、沿层切片分析，并结合已有的区域储层分布规律的地质认识，对反演结果的可靠性进行评价，并在此基础上进行储层综合解释和预测。在该区，反演的波阻抗体和伽马体可以很好地用来识别岩性，在波阻抗数据上，不同油层组的砂岩可以明显区分，砂体横向变化可追踪对比；伽马数据分辨率高，可进行单砂体的解释。从剖面上看，单砂体比较薄，横向变化快，呈长的透镜状分布，纵向上砂泥呈互层，砂体叠加成片。

在整个 N_2^1 地层，分六个油层组对砂岩分布进行预测（图3.11），根据伽马数据体制作了砂岩厚度图。厚度图反映出各油层组砂岩厚度较大，砂体相对发育。砂岩孔隙度的变化会引起波阻抗的变化，高孔隙的砂岩波阻抗值低。在波阻抗数据体上，根据砂岩有效值范围，分油层组对砂岩进行可视化透视显示，根据透视图并结合砂岩厚度图、沉积相图可以预测有利储层分布范围，并识别可能的岩性油气藏发育区。

二、叠后地震油气检测技术

（一）DHAF 流体检测技术

在叠后地震资料上进行含气检测，主要利用地震波的吸收特性。理论研究表明，地

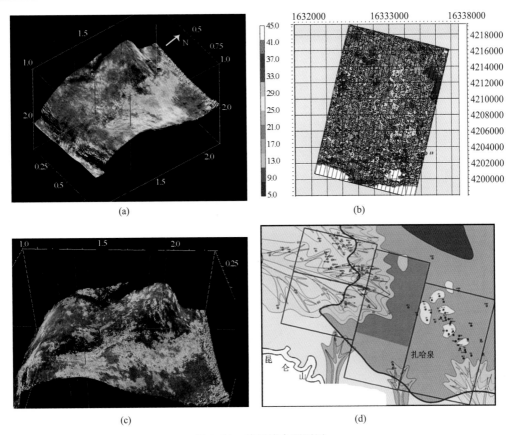

图 3.11　储层综合预测图

（a）N$_2^1$ 四油组砂岩阻抗分布图；（b）砂岩厚度平面图；（c）N$_2^1$ 四油组砂岩伽马分布图；（d）N$_2^1$ 沉积相平面图

层含流体后，会使地震波在传播中的高频能量由于吸收而得到衰减，低频能量共振而得到加强。其低频、高频均有一定含气敏感频段，在敏感频段吸收特性最明显。在柴达木盆地，利用流体的吸收特性通过研究发展了高低频能量法（DHAF）、低频阴影法、小波域频谱分解法油气检测技术，结合频率属性，不同炮间距单次剖面同相轴下拉特征，叠加速度异常特征进行了油气检测，在很多区块得到了应用，效果明显。

　　DHAF 流体检测技术是采用时间-频率分析技术，对地震记录进行频率扫描，可以近似地将地震道时间域的数据转换为旅行时间-频率域信息，实现时-频分析，从而提供了获得不同频率特性的地震数据。地震数据时-频分析，是通过设计一个三角扫描滤波器来实现的。利用该滤波器，实现了利用高、低频分频技术进行含气检测。这种方法是先沿目的层段提取高低频段的能量及吸收系数等平均值曲线，再通过比较曲线的变化确定含气异常段。在跃西、马西、红柳泉、扎哈泉，针对有利目标进行了油气检测，通过分析认为，含气储层具有高吸收的特征。

　　图 3.12 是红柳泉油气异常检测结果。H110 井在 E$_3^1$ 层段 III 油组含气，过井测线在井点附近具有高吸收异常，在吸收系数平面图上，黄绿色为高吸收区域，可以看到，含油气的井都在高吸收带上，因此在红柳泉地区，利用吸收特性可以进行含气检测。

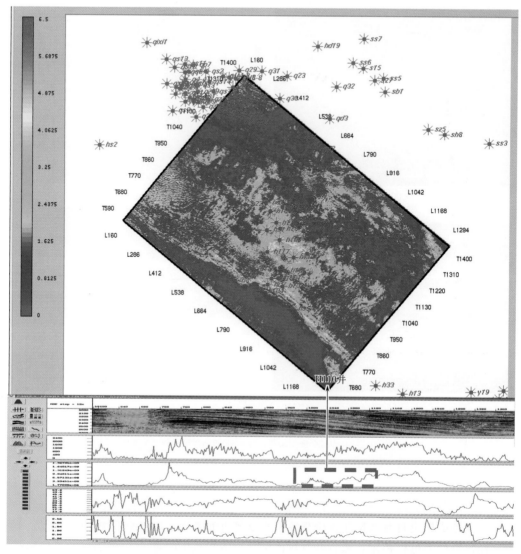

图 3.12　红柳泉 E_3^1 II-III 油组油气异常图（虚线内为异常吸收区）

（二）小波域频谱分解油气检测技术

　　小波域频谱分解油气检测技术是利用小波变换具有时窗随频率变化而伸缩的特点，通过计算得到分频瞬时振幅剖面。小波域分频剖面具有分辨率高的优点，可以用来对储层及油气进行预测，通过分析过井剖面瞬时振幅随频率的变化规律，结合已知井油、气层的标定确定对油、气层敏感的频率，再利用该频率的瞬时振幅数据从剖面及空间上开展油、气预测，从而有效地提高油气检测的可靠性。小波频谱分解技术在德令哈地区进行了应用，在 D07-526 测线 N_2^1-E 的高点处，具有低频能量强的特点（图 3.13），可能与地层含油气有关。

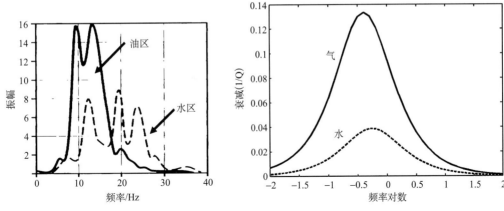

图 3.13　不同流体与频率、振幅、衰减关系图

（三）低频阴影法流体识别技术

低频阴影法流体识别技术是利用油气在低频端能量的变化进行含气检测的技术。理论研究认为，地震波的振幅衰减与岩石的骨架、颗粒性质、孔隙、裂缝和黏滞系数等有关。岩石的每一种衰减机制都是在一定的物理条件下成立的，但在大多数已定条件下，岩石窄裂缝以及岩石颗粒表面上的摩擦是主要的衰减机制。摩擦造成的衰减与摩擦系数密切相关，在不太高的压力下，可以产生跨颗粒边界的相对运动，特别是水、部分熔融或一些其他的液体，这种相对运动将消耗应力波能量以克服液体的黏滞阻抗，造成应力波的衰减。因此，颗粒边界液膜的存在是地壳地震波衰减的一个重要原因。一个地区在构造运动之时和以后，地壳内裂隙密度最大，并且包含了丰富的裂隙间的流体，能够在裂缝中移动，这种流体的流动将导致介质的固有衰减。因此对地震波的传播中能量衰减研究可以预测地层的岩性、含流体类型、流体饱和度、压力以及渗透率等信息。

用低频阴影进行含气检测，是在地震频谱分析的基础上选择不同频率段进行频谱分解；用已有的井进行标定，通过分析对比确定对油气敏感的频率，利用傅氏变换得到能量剖面，结合地震剖面的反射特征，可以圈定油气范围。用过台南 9 井的 GF010276 测线进行试验，在 5～20Hz 的低频能量剖面上，含气层段反射能量强，而 20Hz 以上的能量剖面，反射能量弱（图 3.14），因此利用低频阴影可以对含油气性进行预测。

（四）地震属性异常识别技术

地震波的瞬时频率、瞬时相位、瞬时振幅等信息，可以对地震剖面进行详细的解释。地震波在传播过程中，由于波前发散、地层吸收等作用，其振幅与频谱均在不断地发生变化。研究其变化，将有助于地震剖面的解释。由于目的层在地震剖面上所占的时间很短，用一般傅氏变化法研究其频谱效果欠佳，所以要用希尔伯特变换研究瞬时频率。经过希尔伯特变换后的记录道，其总能量与变换前的总能量相等，即变换前后的振幅谱是相同的，但相位差 90°，由此可以求出瞬时刻的相位。它对地震岩相的研究是有帮助的。

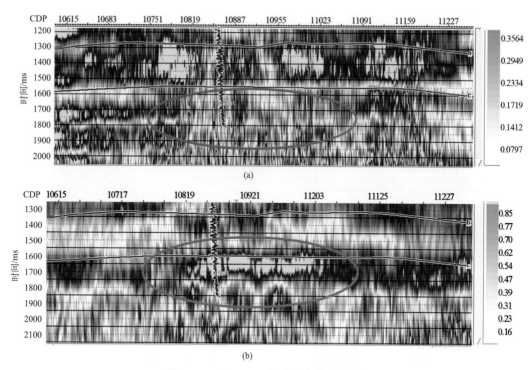

图 3.14　GF010276 测线含气储层预测

（a）低频能量；（b）高频能量

在研究地震反射层连续性及相位变化与极性反转方面，瞬时相位有它独特的作用。

瞬时频率反映了地震波瞬时刻的主频，瞬时频率剖面上频率显著降低的部分，与碳氢物存在有密切关系。

峰值谱频率提供了一种记录主要频率特性的方法，这种特性可能与含气饱和度或由断裂所造成的吸收衰减效应有关，也可能与地层或岩性的变化有关。在含气砂岩吸收高频的地方，峰值谱频率将会降低。因此圈定低频异常区作为识别油气的有效方法。

在相同的时窗内，同时选取瞬时频率、峰值谱频率属性，在平面上圈定异常区的分布范围，作为评价地震异常的条件。两种属性重合的异常区评价为Ⅰ类异常区，只有一种属性异常的区域评价为Ⅱ类异常区。

三、叠前反演及烃类检测技术

叠前反演技术发展较快，已经形成了商品化软件。叠前反演包括 AVO、弹性反演和同步反演，其中岩石物理分析是进行叠前反演的基础，已被广泛应用。叠前反演是对流体进行识别的主要途径，其关键是需要有高信噪比的道集，同时由于数据量和运算量大限制了叠前 AVO 反演和弹性反演，S 波测井数据较少和不易获取也给叠前反演带来了困难，同时反演是比较适中的方法。同时反演可以得到 P、S 波速度，λ、μ、ρ 等参数，结合岩石物理模型，可进行储层与流体的预测。

（一）叠前 AVO 分析技术及效果

针对台南、涩北地区，选取多口井作了流体替换及 AVO 正演分析，分析的结果表明：台南、涩北构造气层主要以 III 类 AVO 异常为主，气水同层以 IV 类 AVO 异常为主，含气水层为 I 类 AVO 异常，水层无 AVO 异常显示。

AVO 反演的基础资料是高质量的 CRP 道集，叠前时间偏移处理，为 AVO 反演提供了可靠的基础资料。根据对研究区内多条测线的 CRP 道集制作角道集的分析，认为只有高分辨率测线能满足 AVO 反演的条件，角度能达到 32°。从分角度叠加剖面上，可以看到振幅随偏移距的变化而变化的现象（图 3.15）。

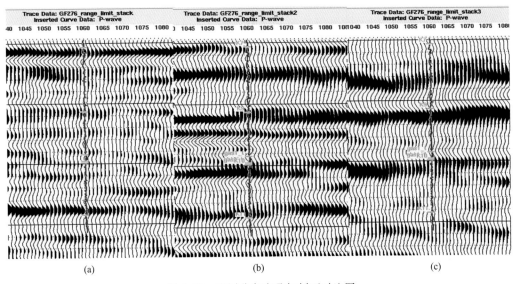

图 3.15　不同分角度叠加剖面对比图

(a) 4.14°；(b) 13.23°；(c) 22.33°

对实际的地震道集数据进行 AVO 反演得到各种 AVO 属性体，包括单独的 P、G 剖面和各种 PG 组合剖面。伪泊松比属性对该区第三类 AVO 异常的气层最为敏感，因此分别对研究区内 28 条高分辨率二维地震测线进行 AVO 反演，得到 AVO 属性伪泊松比剖面。反演结果表明：伪泊松比属性在已知井台南 9、台南 4 的气层的顶底界得到正确响应。

根据 AVO 反演的剖面分析和井上分析，伪泊松比负异常对应于气层，对伪泊松比提取平面最小值，得到平面图，可用于评价整个工区的有利气层分布范围。

（二）叠前弹性反演及效果

三湖地区高丰度含气区的地震反射特征为：低频、低速、同相轴下拉现象明显等，甚至有些地方地震资料根本不成像，呈现杂乱反射。主要原因是高富含气对地震剖面的影响很大，所以针对高丰度含气区，用地震属性就可以划分出来，而利用地震反演的方法去识别气层就很难区分出来。对于低丰度含气区，如台南 9 井，K_9-K_{10} 段底部的气层，由于分布在高丰度气区边缘，对地震剖面的影响不大，地震反演可以有效地识别出来。因此，叠前弹性反演是低丰度含气区烃类检测的有效手段。

1. 岩石物理建模

在缺少横波的地区，合理的岩石物理模型是叠前弹性反演的基础。

运用已有实测横波测井曲线的两口井台 6-31 井和台南 12 井，进行岩石物理建模（横波模拟技术），并在测井系列较全（基本包含自然伽马、电阻率、密度、声波时差）的井上进行了测试，保持岩石物理模型相对稳定，可以适用于该区所有的井。岩石物理建模工作中最重要的几部分工作如下：

（1）多井一致性处理

包括自然电位、密度、声波时差、中子孔隙度等测井曲线，主要应该注意测井曲线的不同层位对应关系，以及随深度的压实关系（图 3.16）。

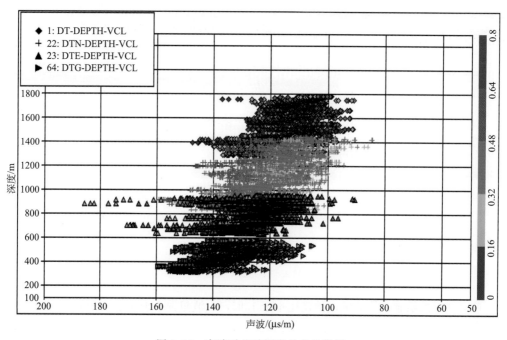

图 3.16　声波时差随深度的变化特征

纵轴为时间深度；横轴为声波时差；颜色为泥质含量；1，台 6-31 井，22，涩 34 井，23，涩 35 井，64，台中 5 井

（2）测井解释模型（岩性解构）

对砂泥岩地层，需要了解地层泥质含量、石英含量以及孔隙度大小，三者为岩层的基本组分。利用中子-密度交会图的方法确定地层干黏土三角形和湿黏土三角形的位置，可以得到地层的骨架参数，进一步可以求得地层的泥质含量、孔隙度和石英含量三条曲线；之后可以用阿尔奇公式通过电阻率曲线算出地层含水饱和度曲线（图 3.17）。

（3）岩石物理模型参数确定

一个岩石物理模型的建立还包括地层温度、压力曲线，以及地层水矿化度、气油比、气比重、孔隙高宽比等参数。收集该区各类油田钻井、地质资料，建立该区稳定的

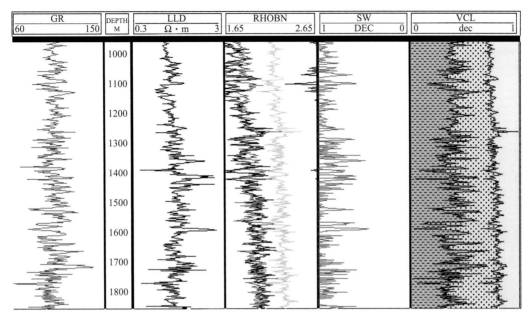

图 3.17　测井地层评价综合图

岩石物理模型，利用这一方法对所选 10 口井进行曲线的重构，拟合出横波时差曲线和纵横波速度比曲线。

2. 岩石物理模拟分析

对具有实测横波的井（如台 6-31、台南 12）和利用岩石物理模型重构出的横波测井曲线的其他井，运用直方图、交会图方法对多口井、不同层位，进行岩石物理模拟分析，确定敏感的弹性参数及其含气敏感范围。

图 3.18 是台南 9 井 K_9 到 K_{10} 地层实测纵波阻抗与拟合横波阻抗交会分析图，从图上可以看出气层的敏感范围为纵横波速比小于 1.82，纵波阻抗小于 5430（g/cm³ · m/s）。

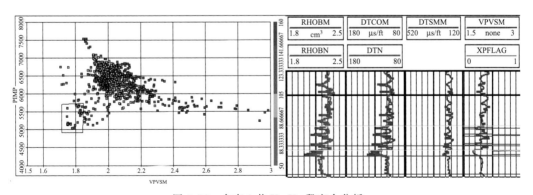

图 3.18　台南 9 井 K_9-K_{10} 段交会分析

纵轴：纵波阻抗；横轴：纵横波速度比；颜色：岩性　蓝色：拟合曲线；红色：实测曲线

由于第四系地层压实尚未完成，不同地层表现出很大的弹性差异。但均表现为低的纵横波速度比、低泊松比等弹性参数变化的特征。由于泊松比是纵横波速度比的线性函数，两参数具有相同效果；而 $\lambda\mu$ 是纵波阻抗平方与二倍的横波阻抗平方的差，也可以用来预测含气有利区域，但井上交会表明纵横波速度比对应气层更加明显，如纵横波速度比小于1.81，很好地对应气层。因此采用纵横波速度比作为烃类平面检测的含气敏感参数。

对台南 9 井的气水同层进行了饱和度扰动试验，发现当地层完全含水的情况下弹性特征与含气的情况下差异明显，当含气 100% 与含气小于 50% 两种情况下，地层的弹性特征响应变化不大，因此用纵横波速比和纵波阻抗这两个弹性参数（包括与此相关的横波阻抗和纵波阻抗或者 LambdaRho 和 MuRho）交会，无法确定出气层的丰度（含气饱和度是否大于 50%）。而当引入了密度这个参数以后，就可以实现了。

图 3.19 是台南 9 井气层流体替换后纵横波速度比与密度交会图，可以看出密度对含水饱和度的敏感反应。

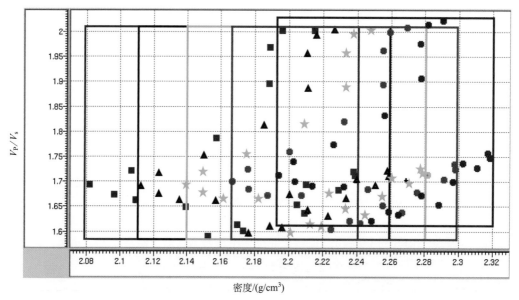

图 3.19　台南 9 井密度扰动试验

纵轴：纵横波速度比；横轴：密度；颜色：岩性

红台南 9 井气层；紫色：60%；浅蓝色：70%；棕色：80%；蓝色：90%

在图 3.20 中，纵轴为纵横波速度比，横轴为密度，颜色点代表岩性，台南 9 井气层段由于含气的影响，其纵横波速度比集中在 1.6～1.85，而密度小于 2.24 g/cm³，集中分布在红色的矩形之内。

3. 叠前弹性反演及其效果

（1）叠前弹性反演的理论基础

由于横波不能在流体中传播，横波速度仅受岩石骨架剪切强度的影响。砂岩骨架剪切强度大于泥岩，因而砂岩横波速度明显高于泥岩；而纵波可同时在骨架和流体中传播，砂岩纵波速度受孔隙、流体性质的综合影响，纵波速度变小，含油气砂岩纵波速度小于含水砂岩和致密砂岩。因而可根据纵、横波速度或阻抗交会信息区分砂、泥岩乃至含油气分布规律。特别是当储层的声阻抗与围岩几乎相同，无法由波阻抗标定储层时，纵、横波速度交会分析却能解决此类问题。

纵横波速比不仅具有区分岩性的作用，而且由于地层含气的时候纵波速度大大降低，而横波速度不受流体的影响，导致气层纵横波速比会大大降低。这是运用这个弹性参数进行储层预测的原因。前面讲到当地层只要含一点气，其纵横波速比可能就会表现为降低，但是这个储层可能只是含气水层，不具备工业开采的条件。试验表明，密度这个弹性参数可以很好地区分含气丰度，因为地层水密度比天然气密度大得多。因此，在反演的过程中引入密度参数，以便达到预测含气丰度的目的。

（2）叠前弹性反演的实现过程

运用岩石物理模型拟合的多口井的横波测井曲线以及叠前 CRP 道集地震资料进行叠前同时反演，得到纵波阻抗、密度、横波阻抗、纵横波速度比等数据体，进行交会分析，可以雕刻出地层有利的含气范围。

第一步：叠前地震资料分析及处理

高质量的叠前 CRP 道集是进行叠前反演的保证，为了提高信噪比，对 CRP 道集进行了三部分角度叠加，通过实验，采用角度范围为 3.16°，13.27°，27°～38°，进行近、中、远道集部分叠加，得到三个部分叠加数据体（图 3.20）。

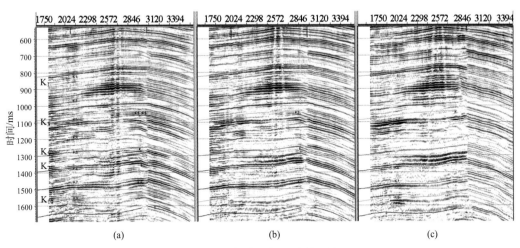

图 3.20　部分叠加地震剖面图

（a）近角度叠加剖面；（b）中角度叠加剖面；（c）远角度叠加剖面

第二步：精细井震标定与 AVO 子波提取

对靠近二维地震测线 300m 以内的井均进行了井震标定，其中通过岩石物理建模重构了横波时差曲线的有 9 口井：台南 6、台南 8、台南 13、台南 10、涩 34、涩 35、驼西 3、台吉 2、台中 5，另外有一口台南 12 井具有实测横波测井曲线。在精细的井震标定前提下，在井旁地震道上提取出较好的全叠加地震资料的子波，进一步提取不同角度叠加剖面的 AVO 子波（图 3.21）。运用提取的子波再次进行精细井震标定，反复迭代，得到最为合理的时深关系及子波序列。

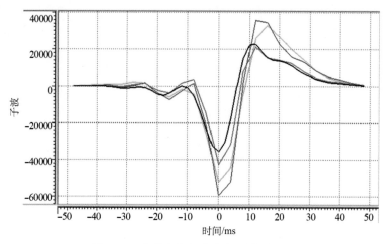

图 3.21　全叠加与部分叠加子波对比图

黑色：全叠加子波；红色：4.16°叠加子波；蓝色：16°～27°叠加子波；绿色：27°～38°叠加子波

第三步：低频模型建立

根据反演的多口井的曲线（纵波阻抗、横波阻抗、密度和纵横波速比）和井震标定得到的时深关系，加上解释层位的控制，运用内插算法，将井曲线进行内插，外推建立纵波阻抗、横波阻抗和密度三个数据体，采用其低频部分补充地震资料所缺失的低频，作为地震反演结果的背景约束。

内插算法有很多种，其中 Global Kriging 方法、Inverse distance Weighted 方法和 Local Weighted 方法效果较好，进行多次试验对比，最终采用了 Local Weighted 内插方法（图 3.22）。

第四步：叠前反演

经过反演过程中的 QC 控制，进行了稳定的合适的反演参数选择，其中低截频选择 9.28Hz。反演结果与低频模型进行到合并以后，得到最终全频带的纵波阻抗、横波阻抗、密度、纵横波速比、LambdaRho 和 MuRho 等各种弹性参数属性剖面。

（3）叠前弹性反演效果

通过对过井叠前反演剖面的分析可以看出，气层主要表现为纵波阻抗值低、横波阻抗值高和纵横波速度比低的特点，如在 GF011080 线叠前反演剖面上，台南 9 井的 1814.2～1828.4m 井段和台南 10 井 1705.4～1707m 井段的气层就表现为纵波阻抗值低、横波阻抗值高和纵横波速度比低的特点。利用这一特点就可以在叠前反演剖面上预测气层（图 3.23）。

根据叠前反演的剖面分析和井上分析，纵横波速度比低值对应于气层，对纵横波速度比提取平面最小值，得到平面图，可用于评价整个工区的有利气层分布范围。应用高

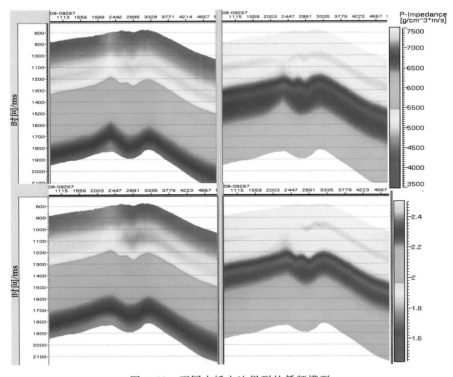

图 3.22 不同内插方法得到的低频模型

上：GlobalKriging 算法；下：LocaWeighted 算法；左：纵波阻抗；右：纵横波速度比

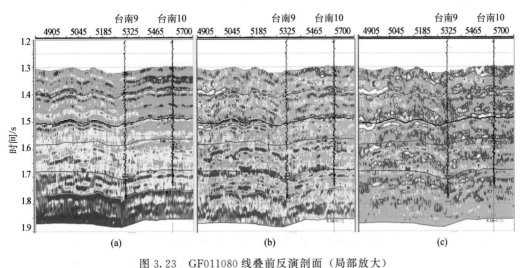

图 3.23 GF011080 线叠前反演剖面（局部放大）

（a）纵波阻抗；（b）横波阻抗；（c）纵横波速度比

分辨率测线进行叠前反演，除了气区由于资料本身的原因造成高的 Vp/Vs 分布外，在涩北地区周边预测到新的 Vp/Vs 低值区域，代表有利含气区。为了更加准确地预测有利含气区的分布范围，采用了两种叠前属性分析的方法：叠前反演和 AVO 反演。通过分析认为叠前反演的 Vp/Vs 低值区域和 AVO 反演的伪泊松比低值区域都对研究区储层的含气性比较敏感，这两种属性共同应用，可以有效地预测有利含气区的分布。

四、基岩风化壳非均质储层预测技术

基岩风化壳在相关长度、低频能量等地震属性上均有明显的异常特征。通过相关长度等地震属性圈定风化壳的范围，以及通过吸收系数、低频能量等地震属性预测储层的有效性，解决了特殊储层预测难题，形成了基岩风化壳非均质储层预测技术。

连片精细解释发现柴西南基岩风化壳十分发育。该区基岩油藏勘探可分为三个区带：红狮基岩隆起区、阿拉尔断裂上盘基岩隆起区、昆北断裂上盘基岩隆起区。由于受差异分化作用的影响，基岩隆起极易形成岩性圈闭。在地震资料品质较好的地区，风化壳发育区具有明显的地震异常，相关长度属性表现为中等能量。地震属性预测和古地貌综合研究，在柴西南区 T_6 层发现多个基岩隆起区，初步预测发现 10 个基岩风化壳岩性圈闭，面积达 445km² （图 3.24）。

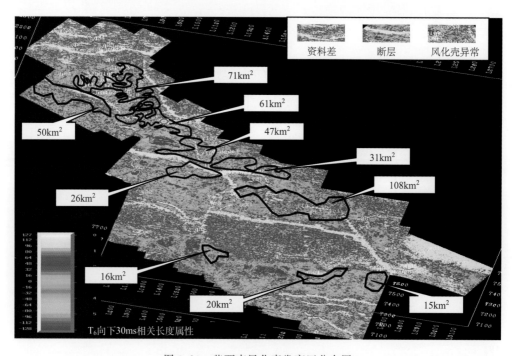

图 3.24　柴西南风化壳发育区分布图

砂探 1 井区具有基岩隆起背景，预测表明该区基岩风化壳岩性圈闭发育，面积达 61km²。在综合研究的基础上，配合油田部署了砂探 1 井基岩油气藏风险探井，钻至井深 4600m 完钻，完钻层位基岩。砂探 1 井测井共解释出油层：48.1m/11 层，油水层：47.5m/10 层，可疑油层：25.2m/8 层，基岩裂缝段 90.6m/1 层。其中在 E_3^2 解释出油层 8.3m/1 层，油水层 2.1m/1 层，可疑油层：17.4m/5 层。E_3^2 油层的发现开辟了一个新的勘探层系。

通过井震结合，综合确定柴西南区花岗岩风化壳分布面积约为 1500km^2，厚度为 40～50m。潜在资源量大（图 3.24）。

地震资料解释新技术、新方法在柴达木盆地的应用中见到了良好的效果。通过理论研究及实际应用表明，在柴达木盆地三维地震资料区，在保幅、保真目标处理及连片三维处理基础上，开展精细地震反演、地震储层预测研究，可以很好地解决低渗透储层、薄储层及复杂岩性识别问题；在三湖地区，在高精度二维地震资料勘探及保频、保真处理基础上，利用地震属性剖面反射特征变化、高低频能量法、小波域频谱分解等叠后油气预测技术，可以很好地预测含油气范围。这些技术在柴北缘的马海、冷湖、埃北、鄂博梁等地区进行了应用，效果明显，可以在柴达木盆地推广应用。在三湖二维区，针对部分成像好的地震测线，在岩石物理定量化分析的基础上，开展了叠前 AVO 反演、叠前弹性参数反演攻关试验研究，从效果来看，叠前反演适用于地震资料信噪比高、成像好的地区，随着地震资料品质的改进及横波测井资料的获取，叠前反演将是进行油气定量化预测的关键技术。低幅度构造及高陡构造圈闭的落实主要依赖于地震资料成像精度及构造精细解释，同时二维拟三维构造成图、三维变速构造成图技术的研发及推广应用，对于圈闭可靠性评估、圈闭面积的准确落实具有重要的意义。

第四章 处理解释实例分析

通过对柴达木盆地柴西南三维连片叠前成像处理解释、三湖地区第四系天然气检测与小幅度构造识别、复杂高陡构造叠前偏移成像等三个方面的技术攻关，根据构造研究、储层预测、油气检测的不同需要，采用"分用途、多目标"的地震资料处理思路，采取针对性的技术措施，获得了不同用途的成果数据，可用于后续的地震解释和地质研究。其中柴西南三维连片处理解释成果在柴西南油气田的勘探中取得了良好的应用效果；三湖地区第四系天然气检测和小幅度构造识别技术在为三湖小幅度构造和岩性圈闭的识别提供了可靠的基础资料的同时，提交了多口井位；复杂地表与复杂构造叠前成像配套技术为柴北缘烃源岩分布、油气藏保存条件研究提供了可靠的资料基础，地震资料攻关成果为鄂深 1 井、埃北 1 井等井位部署提供了技术支持与可靠的基础资料。

第一节 柴西南三维连片处理解释

一、配套技术

柴西南三维连片处理解释按照"连片处理与目标处理相结合"和"分用途多目标成像"的处理思路，攻克了复杂地表三维连片静校正、保护低频高保真分级去噪、多观测方式三维连片一致性处理、大面积三维浮动面叠前时间偏移等技术难关，形成了适合柴西南的复杂地表区大面积三维连片叠前偏移处理解释配套技术，取得了较好的处理与解释效果。

1. 复杂地表区三维连片静校正技术

柴西南区地表条件比较复杂，涉及了陆地上所有地形，有山地、戈壁、沙漠、盐碱地、沼泽、湖泊等六类地表；地表高程范围为 2840～3500m，高差 600m，目前处理中常用的高程、野外、折射、层析等静校正方法，没有一种方法能解决该区所有静校正问题。

通过井控（微测井控制，提高垂向精度）、相控（地表相带控制，提高横向精度）优化近地表模型，解决中、长波长静校正问题；首次采用基于变差函数拟合的组合静校正方法，综合了不同静校正方法的优势，解决短波长静校正问题，提高了成像精度；经过模拟退火静校正与多次自动剩余静校正迭代，较好地解决了剩余静校正问题。柴西南三维连片静校正配套技术较好地解决了复杂地表的静校正问题，消除了由于静校正解决不好造成的同相轴错断和"假断层"等地质假象，不仅提高了三维地震资料信噪比，而且提高了地震资料的可靠性。

2. 保护低频的高保真分级去噪技术

采用"先预测、再减去"的方法进行叠前噪声去除，较好地去除了低频面波等复杂干扰波，利用分步、组合逐级去噪，有效地保护了低频有效信息，提高了地震资料的信噪比。连片处理资料的信噪比提高区域占 51%，提高程度超过 20%。

3. 多观测系统三维连片一致性处理技术

通过振幅处理、子波处理、面元均化三个重点环节的攻关，做到了振幅一致、子波一致、面元一致。在振幅一致性处理中，通过归一化振幅处理，消除了由于仪器差异、激发和接收差异等引起的地震波能量的差异，突出了地下地质因素引起的能量差异，然后通过球面扩散振幅补偿、地表一致性振幅补偿和剩余振幅补偿的处理，解决同一区块内部、不同区块之间的能量不一致性问题，使得地震波无论在横向还是纵向的能量都基本达到一致。在子波一致性处理中，先分块作地表一致性反褶积，调整子波的横向一致性，消除地表因素造成的振幅和相位的差异，在井控制的基础上用预测反褶积进一步提高分辨率，在剩余静校正和剩余振幅补偿的基础上进行子波整形，达到了块内与块间的子波统一。在面元一致性处理中，利用面元和覆盖次数均化技术，面元大小向新采集的二次三维的小面元看齐，很好地解决了覆盖次数不均和能量不一致性的问题，使资料的信噪比得到提高。

4. 大面积三维浮动基准面叠前时间偏移技术

借用叠前深度偏移的速度建模思路，通过测井资料控制、地质层位控制、多轮次迭代等关键措施，通过点、线、面立体速度建模以及沿层速度分析等速度建模方法确保速度模型的准确，很好地保证了速度场的统一，提高了叠前时间偏移速度场的精度。

采用浮动面叠前时间偏移，适应本区起伏剧烈的地表条件，使得地震波的射线路径更加符合地震波的实际传播路径，反演的速度场更加准确；采用弯曲射线叠前时间偏移方法，优选偏移参数，实现了大面积三维数据体的整体准确成像。

5. 初至波与反射波相结合的叠前深度偏移速度建模技术

在叠前深度偏移速度建模过程中，首次引入低降速带速度的结构模型，利用初至波反演的低降速带底界，作为浅层模型，反射波建立中深层速度模型，并和地震解释层位联合建立深度域模型，弥补了道集数据本身不能反映浅层信息的缺陷，更合理地反映了近地表速度结构模型的变化，提高了速度-深度模型的准确性，尤其是浅层速度模型的精度，合理控制了深度偏移过程中射线路径的变化，更真实反映了波场的传播规律，从而有效提高了成像质量。

6. 井震多级标定与等时地层格架建立技术

利用三维连片地震资料，采用井震多级标定（均方根速度标定、时频旋回标定、大套地层合成记录粗标定和目的层段合成记录定量标定）、井震联合统层等技术较好地实现了全区统层，解决了层位统一的难题，并通过层序格架对比检验、时深关系一致性检验、地震层位与层序界面一致性检验和波阻抗模型横向变化合理性检验等四重检验确保井震标定的准确可靠、地层层序划分合理，首次建立了柴西南区的等时地层格架。

7. 井约束精细速度分析与变速构造成图技术

根据该区构造复杂多变，速度变化异常的特点，提出在该区采用井约束下的地震速度分析法建立变速速度场，实现时深转换。以叠前时间偏移建立的柴西南均方根速度场为基础，采用分层、逐级校正等方法，首次形成了柴西南三维区井震统一的平均速度场，解决了速度变化大的难题，提高了构造成图的可靠性。

8. 基岩风化壳非均质储层预测技术

花岗岩风化壳具有较高的吸收系数、低频能量高值和中等波阻抗特征。吸收系数表现为高吸收的特征，为低频能量异常区域。由于受差异分化作用的影响，基岩隆起极易形成岩性圈闭。在地震资料品质较好的地区，风化壳发育区具有明显的地震异常，相关长度属性表现为中等能量。基岩的沿层相干属性表现为弱相关性特征。通过相关长度等地震属性圈定风化壳的范围，以及通过吸收系数、低频能量等地震属性预测储层的有效性，解决了特殊储层预测难题，形成了基岩风化壳非均质储层预测技术。

二、应 用 实 效

通过柴西南三维连片叠前成像处理，首次获得了柴西南富油气区带 1955km² 整体连片的高品质三维地震数据体，通过对整个数据体的整体分析及与老资料进行比较，运用三维连片处理技术及叠前时间偏移处理技术，很好地解决了柴西南连片区各个三维区块间的资料拼接问题，消除了在各个区块边界重合部位的子波、频率、相位的差异，改善了资料的品质。地震资料的可靠性提高 12% 以上，频带拓宽 17%，信噪比提高 20% 以上。柴西南大连片叠前时间偏移资料整体结构清楚，层次丰富，波形比较自然，保真度高；并且断裂特征明显，断面清楚，断点位置比较可靠，深层连续性得到明显改进。为柴西南区整体认识、整体评价、整体部署提供了资料保障，有力地支持了青海油田的勘探生产工作。

1) 三维连片处理地震资料信噪比较高，波组关系清楚。新老资料信噪比对比显示，大连片资料信噪比的面积相比老资料提高了 51%，提高程度超过 20%。通过红柳泉新老处理成果分析，红柳泉在提高信噪比的同时，消除了"假断层"等地质假象，很好地提高了资料的可靠性，在七个泉、砂西、扎哈泉和东柴山等不同的工区信噪比都得到了较好的改善（图 4.1）。

连片处理保留了原始地震资料丰富的地震信息，增加了地下的有效覆盖面积，保证了不同年度施工的三维资料拼接。连片叠前时间偏移处理使不同区块三维资料拼接处的能量、频率、相位一致，拼接后的地震剖面整体品质得到较好提高。从跃进四号-阿拉尔连片后的叠前时间偏移处理成果（图 4.2）可以看出，连片处理很好地解决了单块资

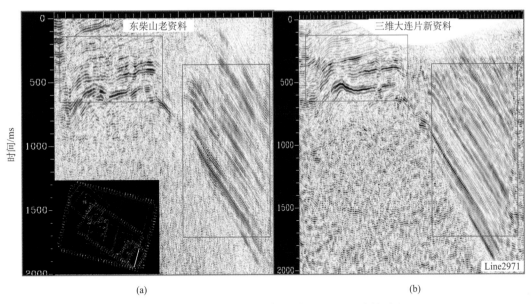

图 4.1 东柴山原处理（a）与连片处理（b）成果对比

料简单拼接造成的能量、频率、相位不一致性问题，连片后波组关系清楚，同时提高了拼接处资料的信噪比，这些特点从连片处理的其他剖面和等时切片上也可以很清楚地看到。

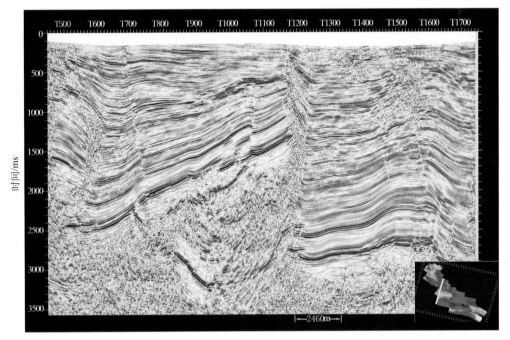

图 4.2 跃进四号-阿拉尔三维连片叠前时间偏移处理成果

2）全区主频属性分析结果可知，原始叠加数据主频为 14～18Hz，通过地表一致性反褶积后主频为 25Hz，再经过地表一致性反褶积处理后主频为 25Hz，叠后提高分辨率处理后主频可达 35Hz。连片处理与原处理相比，优势频带高频端从 61Hz 提高到68Hz，提高了 11%，低频从 8Hz 降低到 6Hz，拓宽了 20%，有效频带拓宽了 17%。通过三维连片处理有效地保护了低频，拓宽了频带，为油气检测和储层研究提供了较好的基础资料。图 4.3 是红柳泉红 116 井的 inline687 地震测线新老资料的频谱对比。

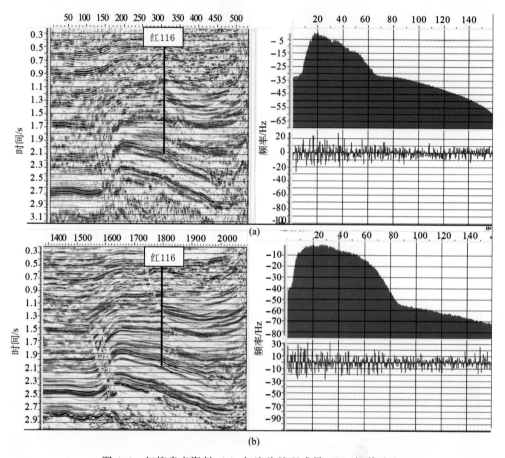

图 4.3　红柳泉老资料（a）与连片处理成果（b）频谱对比

　　图 4.4 是扎哈泉 inline1840 地震测线的频谱，可以看出，老资料中心频率是39.5Hz，最高频率 69Hz，最低是 10Hz，相对频宽是 6.9，三维连片叠前时间偏移处理成果中心频率是 37.5Hz，最高频率是 69Hz，最低是 6Hz，相对频宽是 11.5Hz。在保护低频反射的同时，有效频带得到较好的拓宽，为后续研究提供了较好的基础资料。
　　3）三维连片处理成果资料的保真度较高。用 21 口井的合成记录，对红柳泉区块的处理成果进行评价（图 4.5）。其中图 4.5（a）是原处理成果的合成记录标定，图 4.5（b）是连片处理成果合成记录标定，图 4.5（c）是 21 口井点相关系数提高程度百分比直方图，图 4.5（d）是 21 口井点相关系数提高程度概率分布图。从图上可以看到，资

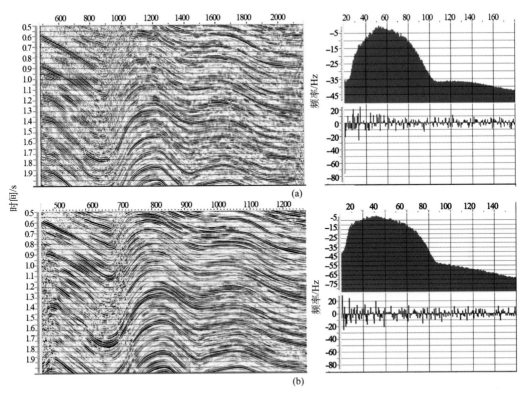

图 4.4　扎哈泉老资料（a）与连片处理成果（b）频谱对比

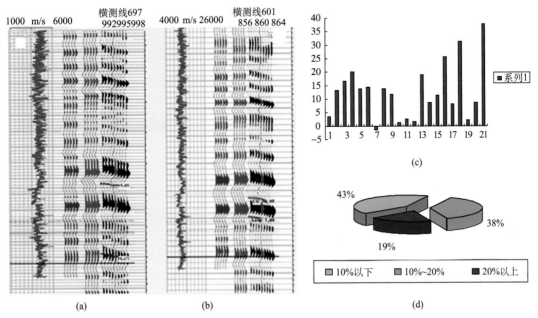

图 4.5　红柳泉地区 21 口井合成记录标定结果

料的可靠性（相关系数）从原处理成果的 76.4％提高到 85.6％，提高程度平均达到 12％。比如砂探 1 井的合成记录的标定效果非常好，目的层相关系数达到 90％以上。从 E_3^1 层井点位置油气检测振幅属性统计结果分析，井点统计对比井 36 口，其中不符合的 7 口，符合的 22 口，基本符合的 7 口，符合率为 80.5％。检测结果和已知井符合很好。

4）连片三维为能够较好解决柴西南地区井震统层及等时地层格架建立的问题提供了良好的基础资料。不同年度分片采集、处理地震资料给全区井震地质统层造成了一定难度，连片处理地震资料很好地解决了这个问题。在解决井震地质统层的基础上，连片处理地震资料更能观察到全区宏观、整体的层序特征，为全区等时地层格架建立奠定资料基础（图 4.6）。

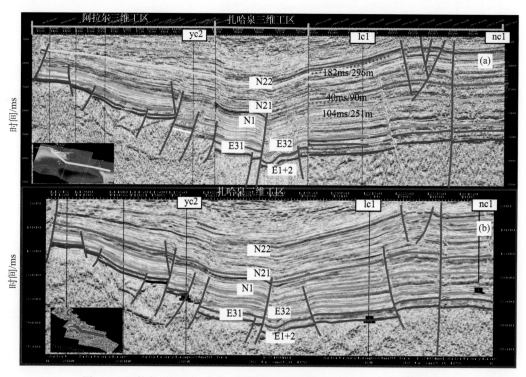

图 4.6　阿拉尔-扎哈泉-乌南-绿草滩连片处理前（a）后（b）剖面对比

5）柴西南连片三维叠前时间偏移成果数据的相干体切片清晰地展示了柴西南区的断裂体系，主要发育了北西-南东向和近南北向两组断裂体系，三维连片叠前时间偏移资料更清晰地展示了柴西南具有"一带（昆北断阶带）、两凹（红狮、切克-扎哈泉）、三斜坡（七个泉-砂西、跃进、乌南）"的构造格局，为整体认识柴达木盆地柴西南区的构造、沉积特征奠定了坚实的较好的资料基础。连片叠前时间偏移三维地震资料的沿层属性基本上展示了柴西南区主要沉积体系：阿尔金沉积体系、阿拉尔沉积体系、东祁漫塔格沉积体系等几大沉积体系（图 4.7）。为整个柴西南区开展全区井震结合的沉积相研究提供了较好的资料。

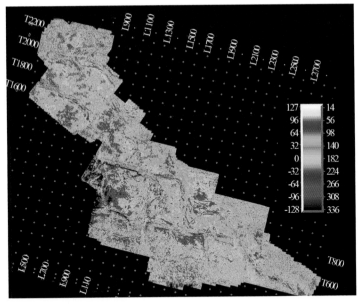

图 4.7　柴西南三维大连片 E$_3^1$ 地层均方根振幅属性图

6）目标处理与连片处理相结合提高了目标识别精度

利用红柳泉分目标处理资料，针对主力河道砂开展井震结合的叠前、叠后地震反演预测、地震属性预测（分频属性）等多方法精细预测，起到较好效果。实钻表明，砂体符合率可达 84%。根据三维连片资料部署的红 116 井在 3369.0～3374.5m 压裂试油获得 46.0m³/d 的高产自喷工业油流（图 4.8）。

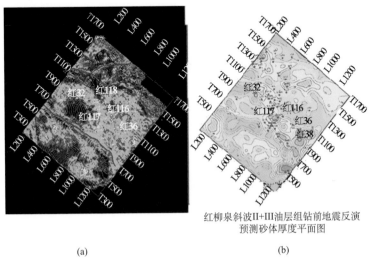

红柳泉斜波II+III油层组钻前地震反演
预测砂体厚度平面图

（a）　　　　　　　　　　（b）

图 4.8　红柳泉斜坡Ⅱ＋Ⅲ油层组的地震属性（a）和砂体厚度（b）

利用连片资料开展地震解释和精细预测，在乌南、乌东斜坡区滨浅湖相带发现和落实多个滩坝砂岩性圈闭目标，为油田增储上产提供了有利勘探目标区（图 4.9）。

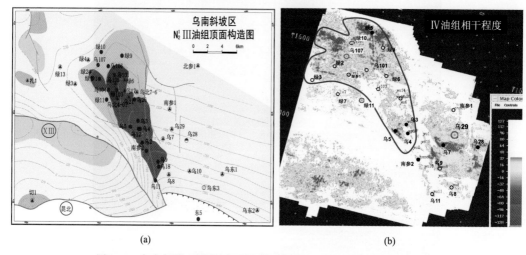

(a)　　　　　　　　　　　　　　　　(b)

图 4.9　乌南斜坡 N_2^1 Ⅲ 油组顶面构造图（a）和 Ⅳ 油组属性图（b）

7）连片资料精细解释发现柴西南基岩风化壳十分发育。该区基岩油藏勘探可分为三个区带：红狮基岩隆起区、阿拉尔断裂上盘基岩隆起区、昆北断裂上盘基岩隆起区。由于受差异分化作用的影响，基岩隆起极易形成岩性圈闭。在地震资料品质较好的地区，风化壳发育区具有明显的地震异常，相关长度属性表现为中等能量。综合确定柴西南区花岗岩风化壳分布面积约 1500km²，厚 40～50m，勘探潜力较大。例如，通过三维连片处理资料处理落实砂探 1 风险井位，位于砂西构造高部位，是基岩隆起背景上的构造和岩性圈闭，圈闭面积 61km²（图 4.10）。

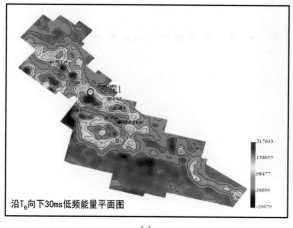

(a)　　　　　　　　　　　　　　　　(b)

图 4.10　柴西南区基岩低频能量平面图（a）和基岩风化壳厚度图（b）

第二节　三湖二维连片处理解释

三湖地区通过处理解释一体化勘探技术攻关，应用二维连片静校正技术和高保真叠前保幅处理技术，有效地消除了由于采集资料跨年度而造成的测线不闭合的问题，提高了资料的信噪比和分辨率，恢复了低幅度构造的形态，并进行了储层预测和烃类检测等研究工作。

一、配套技术

1. 二维连片静校正技术

通过已知井约束下的静校正分析和方法试验、创新使用二维资料三维连片静校正计算技术，不仅有效地识别和解决了非含气"同相轴下拉"的问题，以及长波长静校正问题，而且保证了二维测线间闭合，为小幅度构造识别奠定了可靠的基础。

2. 高保真叠前保幅处理技术

通过叠前噪声压制、一致性、分辨率、成像等环节的攻关，形成了适合于三湖地区的高保真处理技术，不仅有效保护了气区的低频有效信息，而且提高了周缘的分辨率，为小幅度构造的识别以及叠前烃类检测提供了高保真的数据。

3. 低幅度构造恢复技术

1）拟三维速度建模与二维叠前深度偏移技术：在三湖地区台南涩北地区，把二维测线模拟成三维数据体，在井控的基础上建立三维速度模型，利用三维速度场进行叠前深度偏移处理，直接恢复由于含气而造成的构造顶部下拉的构造形态，得到可靠的深度域地震资料。

2）二维拟三维速度建场变速成图技术：在叠前深度偏移成果对构造形态进行确定的情况下，采用二维拟三维速度建场技术，建立三维速度场，通过 VSP 测井速度及井速度的控制和验证，得到合理的平均速度体，对叠前时间偏移解释成果进行变速成图，有效地恢复构造形态。

4. 叠后油气检测技术

1）双相介质油气检测技术：通过基于双相介质理论的油气检测技术在青海三湖-察东地区应用，对该区含油气有利区的平面分布规律有了更进一步的认识。在实际操作过程中该项技术不需要井的约束，应用条件比较宽松，在相对振幅保真的叠前偏移成果数据的条件下，能获得较好的效果。在本次研究过程中，对全区的油气检测，采取了预测结果与试气结论紧密结合，应用已知区域向未知区域延拓的分析方法，对本区的含气范围与平面分布规律有了定性的认识。

2）叠后地震属性分析：根据瞬时频率对含气的敏感性分析，本次研究选择了与频率有关的几种属性作分析研究，主要是：弧长、平均瞬时频率、峰值谱频率、波峰个数等。通过对属性平面分布的分析，最终选择了平均瞬时频率、峰值谱频率进行地震属性异常分析。将平均瞬时频率、峰值谱频率在平面上叠合，对地震属性进行优化，进而实现叠后地震属性的综合评价。

5. 叠前烃类检测技术

1）AVO 分析技术：通过 AVO 正演分析进行含气类型划分，并且分析 AVO 属性可以对研究区内的气层与气水同层进行有效地识别。因此，对实际的地震道集数据进行 AVO 反演，得到各种 AVO 属性体，伪泊松比属性对该区含气层段最为敏感。因此，分别对研究区内 28 条高分辨率二维地震测线进行 AVO 反演，并对得到的 AVO 属性伪泊松比剖面和平面分布图进行含气评价。

2）叠前地震反演技术：对测井资料的分析，提取纵横波速度比等对气层敏感的弹性参数，可以有效地预测含气有利区域。通过岩石物理建模技术进行横波拟合，应用纵横波同时叠前反演得到各种弹性参数。根据叠前反演的剖面分析和井上分析，纵横波速度比低值对应于气层，对纵横波速度比提取平面最小值，得到平面图，可用于评价整个工区的有利气层分布范围。

二、应 用 实 效

通过对三湖地区 3000km 的二维资料精细处理解释、小幅度构造识别与油气检测等技术的攻关研究，以及通过表层结构三维建模与二维连片静校正技术的攻关研究，确定了一套适合于三湖地区的资料处理流程，同时形成了一套针对三湖地区资料特点的储层预测和烃类检测的配套技术。在此基础上取得了较好的地质研究成果，为三湖地区的生产和下一步的勘探开发奠定了扎实的基础。研究思路和技术流程，已推广应用于三湖地区高密度采集数据的处理和解释中。

1）通过二维连片静校正和高保真处理技术攻关，形成了二维连片静校正技术，建立了工区连片的三维近地表模型，较好地解决了表层静校正问题，同时形成了叠前保幅处理技术，保持振幅特征，消除了多次波，有效提高了深层资料品质，有利于开展含气检测。总体上看，成像质量得到改善，提高了资料的信噪比，剖面波组关系明显，目标层段反射层位清晰，地质现象比较清晰，含气异常特征明显（图 4.11）。

2）形成了二维连片叠前深度偏移技术。利用三维建模方法，建立统一速度场，提高速度场的精度，确保了叠前深度偏移准确成像。叠前深度偏移很好地恢复了地下构造的真实形态，更有利于地震解释，时间剖面、深度剖面与速度剖面联合解释，有利于发现含气异常（图 4.12）。

深度域资料的解释比时间域的资料解释具有很大的优越性，主要表现在：只需要详尽地应用测井资料进行精细的层位认证，而不需要再利用速度来进行时深转换，避免了在时深转换过程中由于井震之间存在差异而造成的局部构造变形。

在三湖地区，针对台南和涩北的高分辨率测线进行了叠前深度偏移成果的解释和应

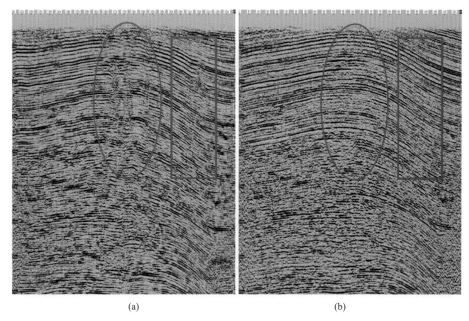

(a) (b)

图 4.11　三湖地区 981118 测线新（a）老（b）处理效果对比剖面

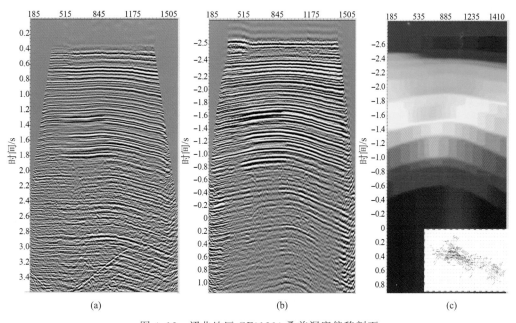

(a) (b) (c)

图 4.12　涩北地区 GF01264 叠前深度偏移剖面
（a）叠前时间偏移；（b）叠前深度偏移；（c）深度速度剖面

用（图 4.13），从圈闭的形态来看，时间域变速成图和深度域直接成图构造形态基本一致，但在圈闭的面积和幅度上有一定的变化。总体来说，台南和涩北深度域成图的构造形态更完整，幅度变化不大，面积略有增长（图4.14）；在台吉乃尔地区圈闭的面积和幅度变化相对较大，详见局部圈闭对比表（表4.1）。

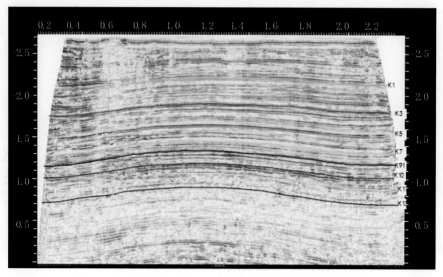

图4.13　三湖地区 GF001095 测线叠前深度偏移解释剖面

表 4.1　三湖地区 K_{10} 层时间域与深度以及圈闭要素对比表

圈闭名称	数据	圈闭类型	高点埋深 /m	构造幅度 /m	圈闭面积 /km²	落实程度	典型剖面
涩北1号 /涩北2号	PSTM	背斜	1480	70	38.7	落实	GF001100 GF00312
			1490	50	53.31		
	PSDM	背斜	1470	120	143.66		
台南	PSTM	背斜	1880	30	29.55	落实	GF01268 GF011085
	PSDM	背斜	1860	60	32.47		
台吉乃尔 /伊克雅乌汝	PSTM	背斜	240	540	262.28	落实	98268 981115
	PSDM	背斜	310	710	282.25		
驼西	PSTM	断鼻	1350	220	34.46	落实	GF00290 GF01_2
	PSDM	断鼻	1330	270	28.76		
涩科1井南	PSTM	断鼻	2380	20	13.8	较落实	88340
	PSDM	断鼻	2380	60	13.26		
聂深1	PSTM	背斜	2380	20	12.97	较落实	95368
	PSDM	背斜	2420	20	13.13		
台东	PSTM	断鼻	1750	160	21.14	落实	GF011080 88282
	PSDM	断鼻	1750	170	20.77		

根据对深度域测线的对比追踪和成图，归纳出以下几点认识和结论：

①深度域剖面针对地震资料解释来说更直接，更方便，但它的时间域模型却是依靠时间域的正确标定和合理解释得到的，因此处理解释一体化同样是叠前深度偏移的关键环节。②在叠前深度偏移过程中，以往认为井校是关键的步骤，但在二维工区还没有应用成功的实例。通过本次研究发现，二维工区的井校可能存在误区，原因是过井的线很少，如果要求全区进行井校，必将在全区内将井速度网格化以便控制偏移的层速度。在二维线网格分布不均匀的情况下，就会产生由于测井速度的异常而产生的假构造。③叠前深度偏移处理成功地解决了三湖地区含气下拉的现象，通过叠前深度偏移处理，使剖面形态更加合理，原来下拉的构造也得到了恢复。④通过对时间域解释成果变速成图和深度域解释成果直接成图，相同层位相同的局部圈闭高点位置基本不变，面积和幅度却发生了一定的变化，在叠前深度偏移的成果图上，局部圈闭的幅度和面积均比时间域的成果图上的局部圈闭的幅度和面积稍大一些，说明构造的形态得到了很好的恢复。

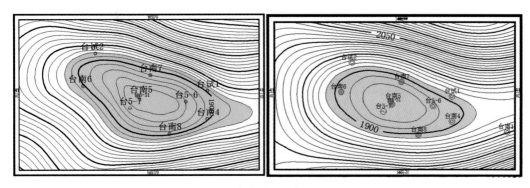

图 4.14　三湖地区台南构造局部圈闭对比图（K_{10}）

3）形成了小幅度构造恢复与识别技术，有效恢复构造的实际形态。通过叠前深度偏移技术，可以直接了解构造的形态，而后通过变速成图，有效地恢复由于含气下拉而造成的构造畸变，成功地解决了由于含气下拉或低速异常造成的低幅度构造在等 T_0 图上表现不出来的问题，使局部圈闭的形态得到很好的恢复（图 4.15、图 4.16）。

从构造图上可以发现，经过变速成图，不仅在等 T_0 图上不落实的台南、涩北一号、涩北二号构造形态基本恢复，而且聂中 1 井、察 7 井附近等低幅度圈闭的构造形态也都明显地表现出来了。

4）针对不同类型地质条件，进行含气检测分析与处理，较好地预测了含气的分布，即叠后油气检测技术预测主力构造气藏，叠前烃类检测技术预测岩性气藏。

a. 通过油气检测，落实了两类有利含气区，除台南、涩北主力气区外，台吉乃尔、鸭南地区油气检测结果也显示出了比较高的含气富集性；同时，涩北二号涩深 6 井附近与察东地区察 7 井东北部也位于油气检测的有利区（图 4.17）。对所有测线主要目的层段进行油气检测分析，可以得到不同层段的油气富集程度（图 4.18）。

b. 地层含油气后会引起地震属性的变化，特别是频率与振幅属性，对含油气很敏感。因此，研究过程中选择了与频率有关的几种地震属性作分析研究，主要是：弧长、

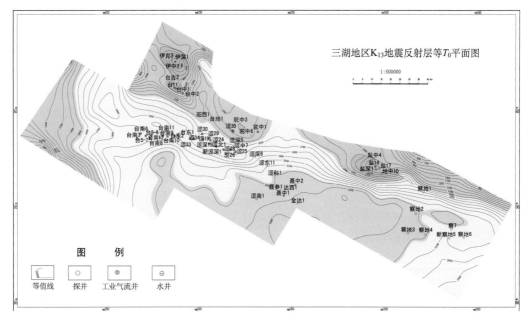

图 4.15　三湖地区 K_{13} 地震反射层等 T_0 图

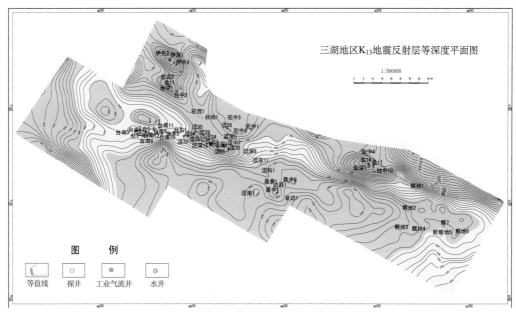

图 4.16　三湖地区 K_{13} 地震反射层等深度图

平均瞬时频率、峰值谱频率、波峰个数等。通过对属性平面分布的分析，最终选择了平均瞬时频率、峰值谱频率进行地震属性异常分析。地震属性的优化是提高含油气与储层参数预测精度的基础，是地震属性分析的关键。每一种地震属性都是从不同的角度反映

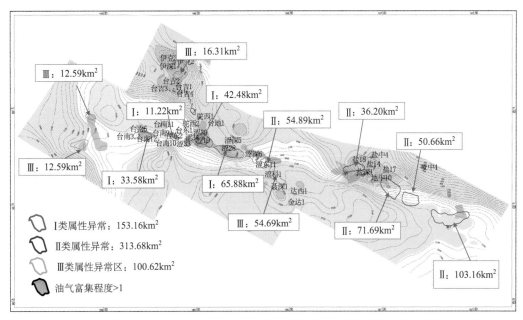

图 4.17 三湖地区 K_9 叠后地震属性评价图

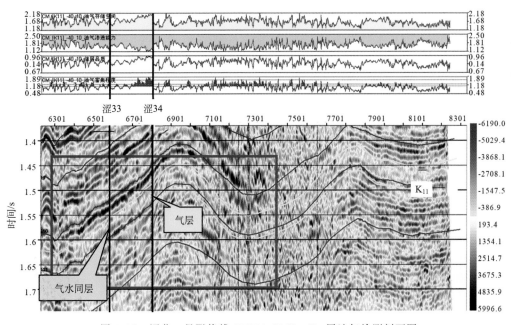

图 4.18 涩北一号联络线 GF011080-K_{10}-K_{11} 层油气检测剖面图

储层的特征，但是它们与储层岩性、储层物性、孔隙流体之间的关系是非常复杂的，同一种属性在不同的储层所预测的对象，其敏感性是不完全相同的。另外，由于地震属性间存在相关性，需结合不同的属性，共同预测有利含油气区。

对地震属性进行优化选取综合分析评价，可以预测属性异常区在平面上的分布，研究中把两种属性重合的异常区评价为Ⅰ类异常区，只有一种属性异常的区域评价为Ⅱ类异常区。根据这个原则，分别对 K_2-K_5、K_4-K_6、K_6-K_7、K_7-K_9、K_9-K_{10}、K_{10}-K_{11} 共六个目的层的地震属性异常进行了评价，评价结果见表 4.2。

表 4.2　三湖地区地震属性评价表

层位	评价类型	面积/(km²)	层位	评价类型	面积/(km²)
K_2-K_5	Ⅰ类	108.53	K_7-K_9	Ⅰ类	153.16
	Ⅱ类	248.2		Ⅱ类	313.18
	Ⅲ类	136.41		Ⅲ类	101.22
K_4-K_6	Ⅰ类	77.33	K_9-K_{10}	Ⅰ类	96.02
	Ⅱ类	220.44		Ⅱ类	326
	Ⅲ类	331.96		Ⅲ类	82.73
K_6-K_7	Ⅰ类	131.5	K_{10}-K_{11}	Ⅰ类	125.12
	Ⅱ类	301.08		Ⅱ类	246.39
	Ⅲ类	223.28			

c. 通过 AVO 正反演技术，针对台南涩北地区，选取了 19 口井作了 AVO 分析，分析结果表明：台南、涩北构造气层主要以Ⅲ类 AVO 异常为主，气水同层以Ⅳ类 AVO 异常为主，含气水层为Ⅰ类 AVO 异常，水层无 AVO 异常显示。

根据 AVO 反演的剖面分析和井上分析，伪泊松比负异常对应于气层，对伪泊松比提取平面最小值，得到平面图，可用于评价整个工区的有利气层分布范围。分别对 K_4-K_6、K_6-K_7、K_7-K_9、K_9-K_{10}、K_{10}-K_{11} 五个层段提取最小伪泊松比属性，得到伪泊松比平面分布图（图 4.19）。从不同层段的分析结果可以看出，即使利用高分辨率资料，在

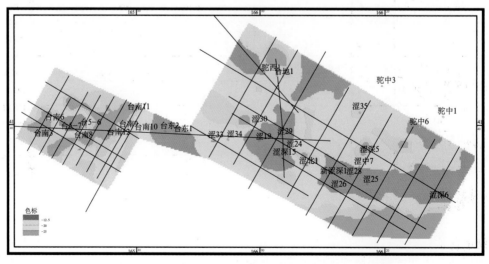

图 4.19　三湖地区 K_9-K_{10} 伪泊松比最小属性平面分布图

台南和涩北气区，AVO 反演同样得不到预期的效果，这主要与含气区资料品质相对较差、分辨率低有着密不可分的关系。

d. 通过对过井叠前反演剖面的分析可以看出，气层主要表现为纵波阻抗值低、横波阻抗值高和纵横波速度比低的特点。图 4.20 是 GF01264 线叠前反演剖面，对比纵波阻抗、横波阻抗及纵横波速度值，可以看出，在 CDP500～CDP900，K7-K9 段地层中部的纵波阻抗值低，横波阻抗值高，进而纵横波速度比低，所以预测该层为有利含气层。

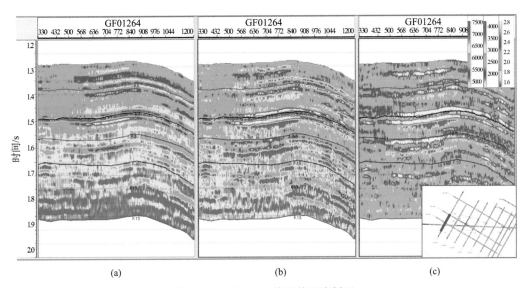

图 4.20　GF01264 线叠前反演剖面

（a）纵波阻抗剖面；（b）横波阻抗剖面；（c）纵横波速度比剖面

在纵横波速度比剖面上，贯穿台南和涩北地区的 GF011080 线，反演结果很具代表性（图 4.21），西部以台 6-31 井为代表的台南气田，到东部涩 34 井东侧的涩北一号气

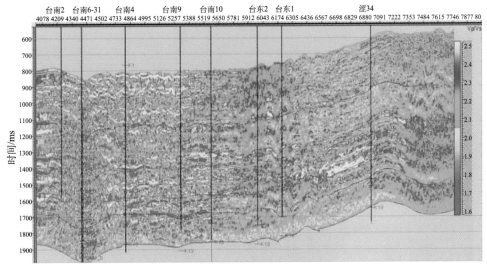

图 4.21　GF011080 线地震资料反演纵横波速度比剖面图

田，在反演剖面上分辨率很低，效果不理想，这与前面的分析结论相同。另外，台南 9 井气层表现为低值，与之邻近的台东 2、台东 1 井却没有低值区，说明台东地区气层不发育，涩 34 井离此线较远，但是也在气层表现出了低的纵横波速度比。根据叠前反演和井上分析，纵横波速度比低值对应于气层，对纵横波速度比提取平面最小值，得到平面图，可用于评价整个工区的有利气层分布范围。

第三节　复杂构造叠前偏移成像配套技术应用

在复杂高陡构造叠前偏移成像方法攻关中，更新了针对柴达木盆地复杂地区地震资料处理思路和理念，并将其贯穿于生产应用研究的过程中。根据地质目标，处理人员在地质解释人员的协助下优选地球物理方法和技术流程，在近地表模型、速度模型建立等方面引入地质理念，客观分析不同资料地区的不同地球物理方法的适用性和可靠性，根据基础资料的差异选择不同软件、不同方法的组合；深刻理解各种处理方法的内涵，流程设计要考虑区域地质特征和满足识别地质目标的地球物理参数响应，改变以往由经验到方法的思路，通过量化分析，变为由方法到实施；在处理过程中强化过程管理，注重科学的质量控制，从凭经验的定性分析到工具性图件的定量、半定量分析，从地球物理反演的一般性处理到正演与反演相结合的分析性处理。

对柴北缘、柴西复杂山地、区域大剖面等地震资料进行了处理方法攻关研究，为区域构造研究、柴北缘侏罗系烃源岩分布研究及风险勘探目标优选提供了重要资料，形成了复杂地表与复杂构造叠前偏移成像配套技术。

一、配套技术

1. 复杂地表条件下的静校正技术

在复合地貌的复杂地表地区，对野外静校正、折射静校正、层析静校正等多方法的静校正进行对比择优，以地震记录、叠加剖面的应用效果为依据分段进行组合，实现基础静校正，然后进行初至波剩余静校正和反射波剩余静校正。

2. 地震资料处理中的量化分析技术

将地质解释中常用的地震属性分析和三维可视化技术引入处理过程，对叠前、叠后地震数据进行全面的量化分析，实现了处理过程的量化监控。

3. 噪声数值模拟分析与叠前去噪技术

通过对噪声数值模拟研究形成了基于噪声生成机理的叠前组合去噪技术，有效提升了地震资料的品质，在大部分攻关测线处理中见到明显效果。

4. 大剖面拼接处理技术

采用三维面元叠前拼接技术，对不同年度、不同道距资料实现了无缝拼接，在大剖面的处理中见到明显效果。

5. 模型正演与叠前偏移技术

将正反演相结合的成像方法应用于复杂高陡构造叠前成像处理中，并取得较好的应用效果；浮动基准面弯曲射线 Kirchhoff 叠前时间偏移技术明显改善了复杂高陡构造地区深层与陡倾角地层成像质量；炮域有限差分叠前深度偏移提高了成像精度。

二、应 用 实 效

针对柴达木盆地一些典型的复杂地表和复杂构造的地区进行了攻关研究。这些地区主要包括柴西英雄岭山地攻关、柴北缘区域大剖面攻关、风险井位部署目标线精细处理、德令哈新领域勘探老资料攻关等，累计开展了 3957km 的地震资料处理工作。

1. 柴西英雄岭山地攻关

长期以来，英雄岭山地的地震攻关工作一直是一个久攻不克的难题，以往测线在构造主体难以成像。该区地表出露地层褶皱强烈，破碎严重，地层倾角较大；表层结构复杂，呈松散和坚硬相间，造成地震反射能量被大量吸收，有效反射波能量很弱；低速带速度变化大，没有稳定的折射界面；地下断裂发育，地震资料信噪比极低，有效反射成像困难。通过对 06040、06027 和 071044 测线进行攻关，在极低信噪比地区获得了可用于地质解释的剖面。

按照新的处理思路对狮子沟地区的 06027 测线也进行了重新处理，由于技术措施合理，严格把握了质量控制环节，最终处理的剖面成像效果有了明显的提高，落实了构造模式和扇体形态（图 4.22）。对处理结果进行定量分析，信噪比提高 10%～40%，平均提高 20%，超过了 10% 的设计指标（图 4.23）。

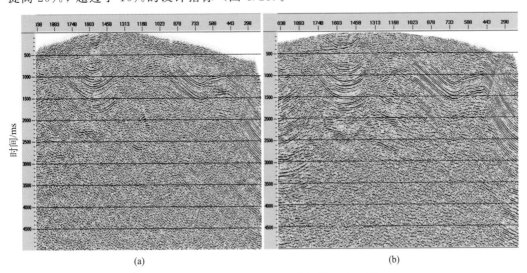

(a) (b)

图 4.22　06027 测线信噪比分析剖面对比图

（a）处理前；（b）处理后

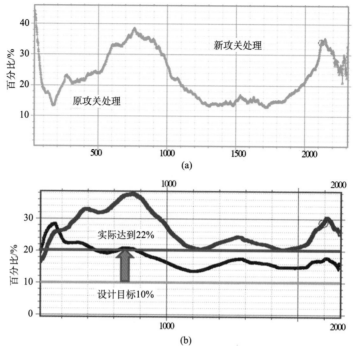

图 4.23　06027 测线信噪比分析图
（a）剖面信噪比分析图；（b）信噪比提升百分比曲线图

2. 柴北缘区域大剖面攻关处理

针对柴北缘地区后期构造变形强烈的特点，对柴北缘区域大剖面进行了攻关处理。其主要目的是通过大剖面连接处理，解决不同年度施工测线的拼接和闭合问题，统一柴北缘区域剖面的波形特征、频率相位特征和 CMP 间距，使其处理成果可为柴达木盆地的构造格架分析、盆地沉积、盆地演化史分析、盆地控油因素、成藏条件分析、侏罗系分布的认识及勘探目标优选等工作提供基础资料。处理要求是：在整体提高剖面质量的基础上，分层段重点攻关处理构造部位和深层，使深浅层构造形态、断层断点以及基底清楚，便于后期层位标定、构造解释及侏罗系层位追踪。

鉴于此，对柴北缘地区 16 条测线进行攻关处理，其中有 11 条测线（以 CDM 开头）是由不同年度施工测线，不同拼接处理而成。本次处理的大剖面分布于整个柴北缘地区，由于地表条件差异大，不同年度、不同采集方法获得的地震记录各不相同，其中 20 世纪 90 年代以前采集资料约占整体资料的 70%，使得资料的信噪比差异很大。概括来讲，盆地内的资料信噪比较高，盆地边缘较低，而山体部位的信噪比则更低。

以处理解释一体化方式开展二维区域大剖面攻关，对于大剖面的连接处理，采用三维观测系统定义，将目标测线的面元外推进行测线拼接，针对空道、低覆盖次数道作扩大面元及道内插处理，采用匹配滤波技术对不同施工因素的记录进行子波整形，处理过程中强化质量控制环节，解释人员参与质量控制。由于技术措施得当，大部分测线与老剖面相比都有所提高，中深层信噪比得到了较大改善，陡倾角地层与构造主体部位成像精度得到较大幅度改善。图 4.24 是 CDM150 测线拼接处理前后的效果对比，由 4 条不同年度施工测线，经重新处理后实现了无缝拼接，对地质解释带来极大方便。与老剖面相比，葫芦山构造主体部位深浅层成像较好，昆特依凹陷内深层成像好，地层底界清楚，冷湖三号构造清楚，断层特征更加明显。

昆特依凹陷150测线剖面

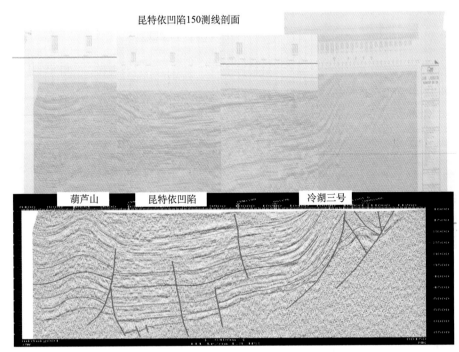

图 4.24　CDM150 测线拼接处理前后的效果对比

(a) 原处理剖面；(b) 攻关处理剖面

　　图 4.25 是 CDM160 测线攻关处理前、后剖面的局部对比。攻关处理的测线上冷湖四号走滑逆冲构造的中、深层成像效果有较大幅度的改善。

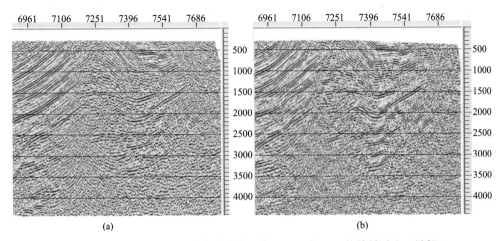

图 4.25　地震 CDM160 测线攻关处理前（a）、后（b）的效果对比（局部）

3. 配合风险井位部署的目标测线攻关处理

在目标攻关处理中，按照满足构造解释和储层预测的需要，分目标制订针对性的处理流程，优选最佳的静校正组合，注重保护低频成分，强化地表一致性处理，对重点测线进行了叠前深度偏移处理，成果剖面达到了偏移归位合理，断点、断面清晰，构造成像准确的要求。

对鄂博梁Ⅲ号构造目标测线进行了叠前时间偏移攻关，主测线经重新处理后较原处理剖面有明显改善。图 4.26 是 HY99204 攻关前、后剖面的对比，采用注重保护低频的宽频带处理方法后，在构造主体部位成像有明显提高，中、深层与构造顶、翼部成像清晰，对比频谱可以看出，新处理剖面较老剖面在低频和高频都得到了明显提高。

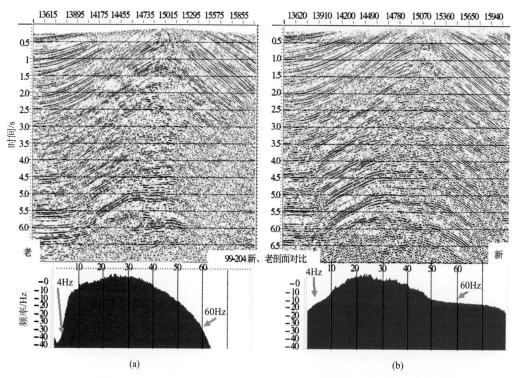

图 4.26　HY99204 攻关前（a）、后（b）叠加剖面与频谱对比

参 考 文 献

冯心远，王宇超，胡自多，等.2007.基于叠后地震记录求取整形算子的叠前资料拼接技术.岩性油气藏，19（3）：93～96

李斐，吕彬，王宇超，等.2008.裂步傅里叶真振幅叠前深度偏移.石油地球物理勘探，43（4）：387～390

李庆忠.1994.走向精确勘探的道路-高分辨率地震勘探系统工程剖析.北京：石油工业出版社

凌云.2001.非规则干扰信噪比分析.石油地球物理勘探，36（3）：272～278

吕彬，王宇超，李斐.2007.保幅型裂步傅里叶叠前深度偏移方法探讨.岩性油气藏，19（3）：101～105

马海珍，雍学善，杨午阳，等.2002.地震速度场建立与变速构造成图的一种方法.石油地球物理勘探，37（1）：53～59

牟永光，裴正林.2005.三维复杂介质地震数值模拟.北京：石油工业出版社

钱荣均.2001.复杂地表问题及解决方案.石油物探西部地区第十次技术研讨会发言

史松群，王宇超.2007.有关岩性地震勘探的讨论与思考.岩性油气藏，19（3）：131～134

王孝，吴杰，雍学善.2009.先验信息约束层析静校正技术在柴西南三维连片处理中的应用.CPS/SEG Beijing

王孝，禄娟，冯心远，等.2010.层析成像近地表建模与静校正技术在柴西南地区的应用.石油物探，49（1）：30～33

吴杰，苏勤，王建华.2008.层析静校正技术在柴北缘地区的应用.岩性油气藏，20（3）：79～82

熊翥.1993.地震数据数字处理技术.北京：石油工业出版社

熊翥.2002.复杂地区地震数据处理思路.北京：石油工业出版社

阎世信等.2002.山地地球物理勘探技术.北京：石油工业出版社

翟光明，徐凤银.1997.重新认识柴达木盆地，力争油气勘探获得新突破.石油学报，18（2）：1～7

Chang X，Liu Y K，Wang H，et al.2002.3D tomographic static correction.Geophysics，67（4）：1275～1285

Fred J H.2007.地震振幅解释技术.孙夕平，赵良武等译.北京：石油工业出版社

Gray S H，Etgen J，Dellinger J，et al.2001.Seismic migration problems and solutions.Geophysics，66（5）：1622～1640

Kabbej A，Baina R，Duquet B.2005.Data driven automatic aperture optimization for Kirchhoff migration.75th SEG Meeting，Expanded Abstracts.

Kabbej A，Baina R，Duquet B.2005.Data driven automatic aperture optimization for Kirchhoff migration.75th SEG Meeting，Expanded Abstracts.

Kelamis P，Erickson K E，Verschuur D J，et al.2002.Velocity-independent redatuming：a new approach to the near-surface problem in land seismic data processing.The Leading Edge，21（8）：730～735

R.E.谢里夫，L.P.吉尔达特.1999.勘探地震学.北京：石油工业出版社

Reshef M.1991.Depth migration from irregular surfaces with depth extrapolation methods.Geophysics，56（1）：119～122

Yilmaz O.1979.Prestack partial migration.Stanford University，PhD thesis

Yilmaz O.2001.Seismic Data Analysis：Processing，Inversion，and Interpretation of Seismic Data.Tulsa：Society of Exploration Geophysicists

下篇：柴达木盆地测井处理
技术方法及应用

第五章　低孔低渗储层测井评价技术

低孔低渗储层在柴达木盆地分布广泛，其总体特点为总孔隙度和有效孔隙度都比较低，同时伴生较多微裂缝，油气单位产能低，典型区块包括乌南油田和红柳泉油田等。

第一节　岩石物理研究与四性关系

岩石物理实验是研究储层岩性、物性、流体性质及建立测井解释模型的重要手段，与其他资料相比，岩心分析数据更直接、更准确、更客观，它是联系测井资料和地质参数之间的桥梁。

根据阿尔奇公式，对于非低孔低渗储集层，认为其岩性、岩石颗粒的大小、胶结物、胶结程度和孔喉的配比情况基本一致，岩电实验可以得出一组建立对比标准的岩电参数 a、m、b、n（a 为胶结系数；m 为孔隙胶结指数；b 为饱和度系数；n 为饱和度指数）。其中，a、m（特别是 m）是反映储集层孔隙结构的岩电参数。但对于低孔低渗储集层而言，其孔隙结构的非均质性使这一问题变得较为复杂。储集层孔隙结构的非均质性常常导致同一储集层段不同部位的岩电参数存在很大变化，即对于孔隙结构非均质性强的复杂储集层，阿尔奇方程及其变形公式的岩电参数并非像常规砂岩储集层那样是相对稳定的数值（对于一个地区的特定储集层而言）。因为不同孔隙结构有不同的岩电参数值，含水饱和度的解释精度主要取决于岩电参数。对于低孔低渗储集层，若岩电参数取值不当，将会导致对各类流体的分辨能力降低，进而造成含油饱和度求取的偏差。因此，必须研究储集层孔隙结构与岩电参数之间的关系，使岩电参数的取值能准确反映孔隙结构的差异变化，从而提高低孔低渗储集层的测井解释精度。

储层"四性关系"是指岩性、物性、含油性和电性四者之间的关系。研究"四性关系"的主要目的是确定储层岩性、物性、含油性和电性下限，并建立前三者与电性特征的关系模型。

一、乌　南　油　田

（一）岩石物理研究

1. 地层因素与孔隙度

地层因素（F）是 100% 饱和地层水的岩石电阻率（R_o）与岩石中地层水电阻率（R_w）之比，其值只与地层岩性、孔隙度、孔隙结构有关。常规砂岩储层中，对于同一地层或同一实验样品，地层因素应该是定值。正如阿尔奇公式所表明的，在双对数坐标系中，地层因素与孔隙度呈线性关系。该规律在孔渗较高、物性较好的纯岩石地层中符合很好，但是在泥质含量较高、孔隙结构复杂的低孔低渗储层，岩心的岩电实验结果表明，两者之间线性相关关系受到质疑。

实验分析结果表明，当孔隙度在较宽范围内（3.7％～17％）变化时，地层因素与孔隙度呈明显非线性相关，不再符合传统的阿尔奇模式。分析引起变化的响应机理，认为是：随着孔隙度减小，伴随物性变差、粒度变细、分选变差、泥质含量增高、比表面增加、附加导电增强等岩石某些内部特性的改变，岩石电阻率降低，地层因素减小，致使地层因素与孔隙度之间呈非线性变化关系。

根据大量理论研究和实验研究结果，地层因素 F 和孔隙度之间关系为

$$F = \frac{R_o}{R_w} = \frac{a}{\phi^m} \tag{5.1}$$

考虑到极限情况，当孔隙度 $\phi = 100\%$ 时，$R_o = R_w$，$F = 1$。因此 F-ϕ 的交会图回归曲线必过点（1，1）。

根据 $\phi = 100\%$ 时，$F = 1$ 这个限制条件，针对乌南低孔低渗储层将地层因素 F 与孔隙度 ϕ 进行非线性拟合。如图 5.1 所示，乌南油田 N_2^1 储层Ⅲ层组地层因素 F 与孔隙度 ϕ 关系，整体不完全符合经典阿尔奇公式，它们不呈简单对数线性关系。当 $a = 1$ 时，m 值为

$$m = 0.9914 \times \ln(\phi) + 1.9384 \tag{5.2}$$

相关系数 $R = 0.915$。

由上述分析可以得出，在低孔低渗储集层中，不同孔隙结构储集层有不同的 m 值。确定正确的 m 值，可提高测井求含油饱和度的精度。

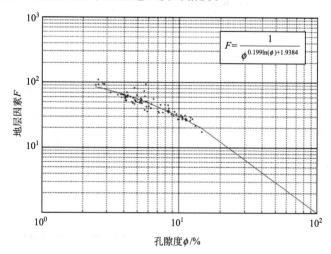

图 5.1　乌南油田 N_2^1 储层Ⅲ层组 F-ϕ 关系图

2. 电阻增大率与含水饱和度

电阻增大率是储层电阻率与水层电阻率的比值，在双对数坐标系中，I 与 S_w 呈线性相关。根据储层岩石油驱水电阻率测量结果（图 5.1，图 5.2）可以看出，该地区储层岩心实验结果与阿尔奇公式吻合很好，因此可以使用阿尔奇公式来计算地层含水饱和

度。拟合回归结果：$b=1.03$，$n=1.6299$，相关系数 $R=0.9506$。

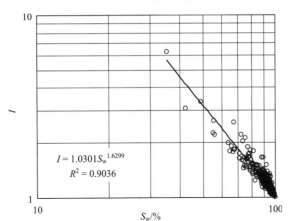

$$I = 1.0301 S_w^{1.6299}$$
$$R^2 = 0.9036$$

图 5.2　乌南 N_2^1 电阻率增大率与含水饱和度关系图

（二）四性关系研究

1. 岩性特征

根据取心井岩心分析描述，乌南储层岩性主要有以下几种：泥质粉砂岩、粉砂岩、细砂岩、粗砂岩、灰泥岩等。图 5.3、图 5.4 和图 5.5 分别为 N_2^2 与 N_2^1 层、N_2^2 层、N_2^1 层的岩石类型和碳酸盐岩含量分布类型。

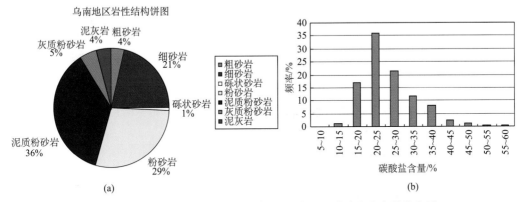

图 5.3　乌南油田 $N_2^2 + N_2^1$ 储层主要岩石类型和碳酸盐岩含量分布图

2. 物性特征

根据岩心物性分析资料统计，N_2^2 和 N_2^1 储层孔隙度平均为 12.21%，渗透率平均为 $1.58 \times 10^3 \mu m^2$（表 5.1，图 5.6）；N_2^2 储层孔隙度平均为 15.90%，渗透率平均为 $2.24 \times 10^3 \mu m^2$（表 5.2，图 5.7）；N_2^1 储层孔隙度平均为 10.64%，渗透率平均为 $1.598 \times 10^3 \mu m^2$（表 5.3，图 5.8）。

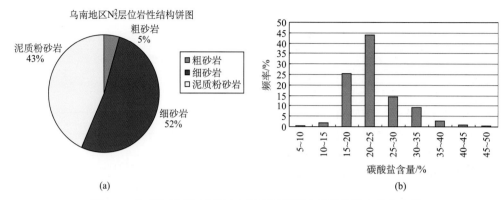

(a)　　　　　　　　　　　　　　　　(b)

图 5.4　乌南油田 N_2^2 层储层主要岩石类型和碳酸盐岩含量分布图

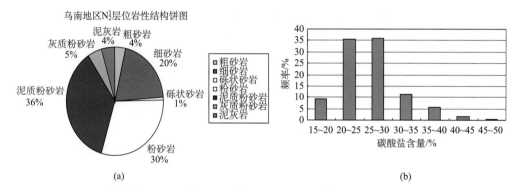

(a)　　　　　　　　　　　　　　　　(b)

图 5.5　乌南油田 N_2^1 层储层主要岩石类型和碳酸盐岩含量分布图

表 5.1　乌南地区物性数据统计

孔隙度/%			渗透率/$(10^{-3}\mu m^2)$		
区间/%	频率/%	样品数	区间/%	频率/%	样品数
>20	7.42	117	>100	0.06	1
17.5～20	4.76	75	10～100	1.97	31
15～17.5	7.17	113	1～10	18.64	294
12.5～15	12.49	197	0.1～1	53.33	841
10～12.5	18.71	295	0.01～0.1	22.83	360
7.5～10	23.91	377	≤0.01	3.17	50
5～7.5	21.12	333			
2.5～5	4.25	67			
≤2.5	0.19	3			
最大值		37.00	最大值		334.90
最小值		1.80	最小值		0.01
平均值		11.21	平均值		1.58
总样品数/块		1577	总样品数/块		1577

表 5.2　乌南 N_2^2 层物性数据统计

孔隙度/%			渗透率/$(10^{-3}\mu m^2)$		
区间/%	频率/%	样品数	区间/%	频率/%	样品数
>20	41.28	71	>100	0.00	0
17.5～20	8.14	14	10～100	4.07	7
15～17.5	5.81	10	1～10	16.28	28
12.5～15	5.23	9	0.1～1	25.00	43
10～12.5	8.72	15	0.01～0.1	45.35	78
7.5～10	12.21	21	≤0.01	9.30	16
5～7.5	12.21	21			
2.5～5	6.40	11			
≤2.5	0.00	0			
最大值		29.60	最大值		65.00
最小值		4.22	最小值		0.01
平均值		15.90	平均值		2.24
总样品数/块		172	总样品数/块		172

表 5.3　乌南 N_2^1 层物性数据分布区间

孔隙度/%			渗透率/$(10^{-3}\mu m^2)$		
区间/%	频率/%	样品数	区间/%	频率/%	样品数
>20	3.23	45	>100	0.14	2
17.5～20	4.24	59	10～100	1.72	24
15～17.5	7.39	103	1～10	18.89	263
12.5～15	13.42	187	0.1～1	56.25	783
10～12.5	20.03	279	0.01～0.1	19.83	276
7.5～10	25.34	353	≤0.01	3.16	44
5～7.5	22.40	312			
2.5～5	3.73	52			
≤2.5	0.22	3			
最大值		37.00	最大值		334.90
最小值		1.80	最小值		0.001
平均值		10.64	平均值		1.60
总样品数/块		1393	总样品数/块		1393

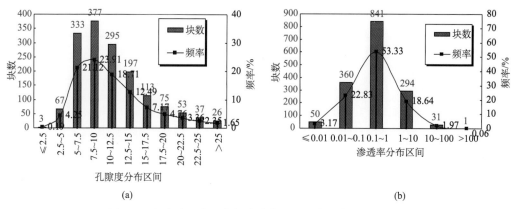

图 5.6　乌南油田岩心分析孔隙度（a）、渗透率分布图（b）

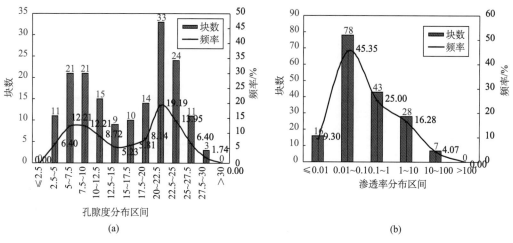

图 5.7　乌南油田 N_2^2 孔隙度（a）、渗透率分布区间图（b）

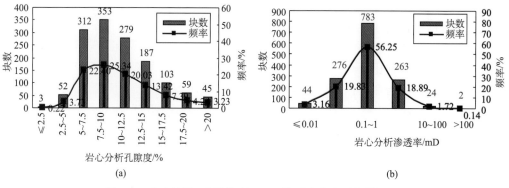

图 5.8　乌南油田 N_2^1 孔隙度（a）、渗透率分布区间图（b）

3. 四性关系

（1）岩性与物性关系

储层岩性决定物性特征。乌南油田储层岩性细，主要为细砂岩和粉砂岩。一般来说，其岩性越粗物性越好。同时岩石物性还受埋深、胶结物含量、类型和碳酸盐含量等因素的影响。由于岩性细、胶结物（碳酸盐岩）含量高、胶结方式不佳，造成乌南油田孔隙度和渗透率偏低，物性差（图5.9、图5.10）。

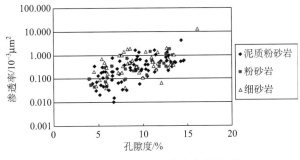

图 5.9　乌南油田岩性与物性关系

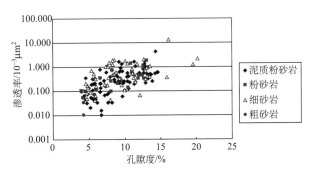

图 5.10　乌南油田 N_2^1 层位岩性与物性关系

（2）岩性与含油性关系

根据岩心描述，含油级别有油浸、油斑、油迹、荧光，其中细砂岩和粉砂岩为其主要储集层，含油级别比较高。细砂岩含油级别分别为油浸、油斑、油迹和荧光，主要为油斑和油迹，其次为油浸；粉砂岩含油级别分别为油浸、油斑、油迹和荧光，主要为油迹（图5.11）。表明随着岩性由细到粗的变化，储层含油性变好。

（3）物性与含油性关系

从乌南油田储层物性与含油性关系可以明显看出，储层物性越好其含油性也就越好（图5.12）。

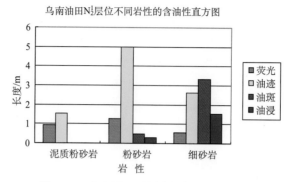

图 5.11　乌南油田不同岩性与含油性关系

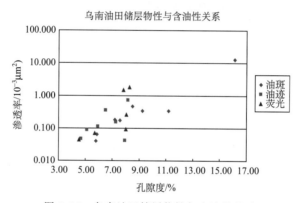

图 5.12　乌南油田储层物性与含油性关系

（4）电性特征

对乌南油田研究分析，将乌南分为主体与外围两大区块。

乌南主体区块常规高阻含油储层特征表现为（图 5.13）：自然电位负异常，自然伽马低值，声波时差一般为 $225\sim275\mu s/m$，补偿密度低于围岩，中子孔隙度高于围岩，深、浅侧向和深、中感应电阻率高于围岩，一般大于 $6\Omega\cdot m$。

乌南外围区块岩石含油时既有常规的"高阻"，也有"低阻"特征，测井曲线特征为：自然电位负异常，自然伽马低值，声波时差一般为 $225\sim275\mu s/m$，补偿密度低于围岩，中子孔隙度高于围岩，常规油层电阻率高于围岩（图 5.14）。

图 5.15 为乌南油田典型水层的测井响应特征：自然电位负异常，自然伽马低值，电阻率低于围岩，感应电阻率径向特征表现为高侵，一般小于 $6\Omega\cdot m$，声波时差高值，中子和补偿密度反映不明显。

图 5.16 为乌南油田典型干层测井响应特征：电阻率曲线与围岩接近，自然电位存在负异常，自然伽马中低值，电阻率低于围岩，一般小于 $6\Omega\cdot m$，三孔隙度曲线值大多与围岩相近或为低孔响应。

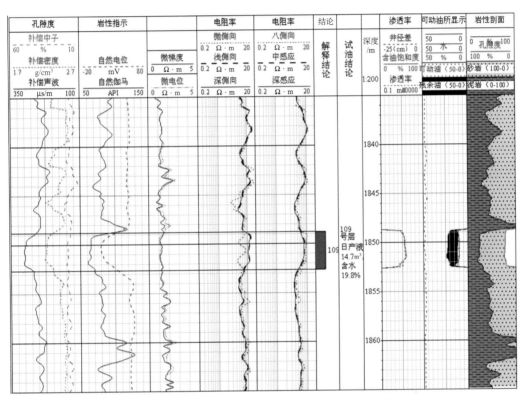

图 5.13　乌南主体区块乌 4-01 典型油层测井响应特征

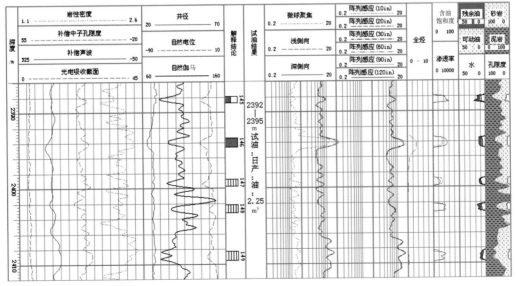

图 5.14　乌南油田外围乌 107 常规高阻油层测井响应特征（1in＝2.54cm）

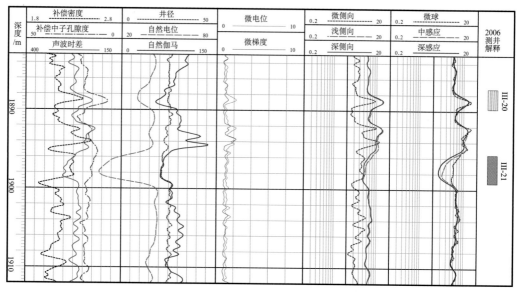

图 5.15 乌南油田典型水层测井响应特征

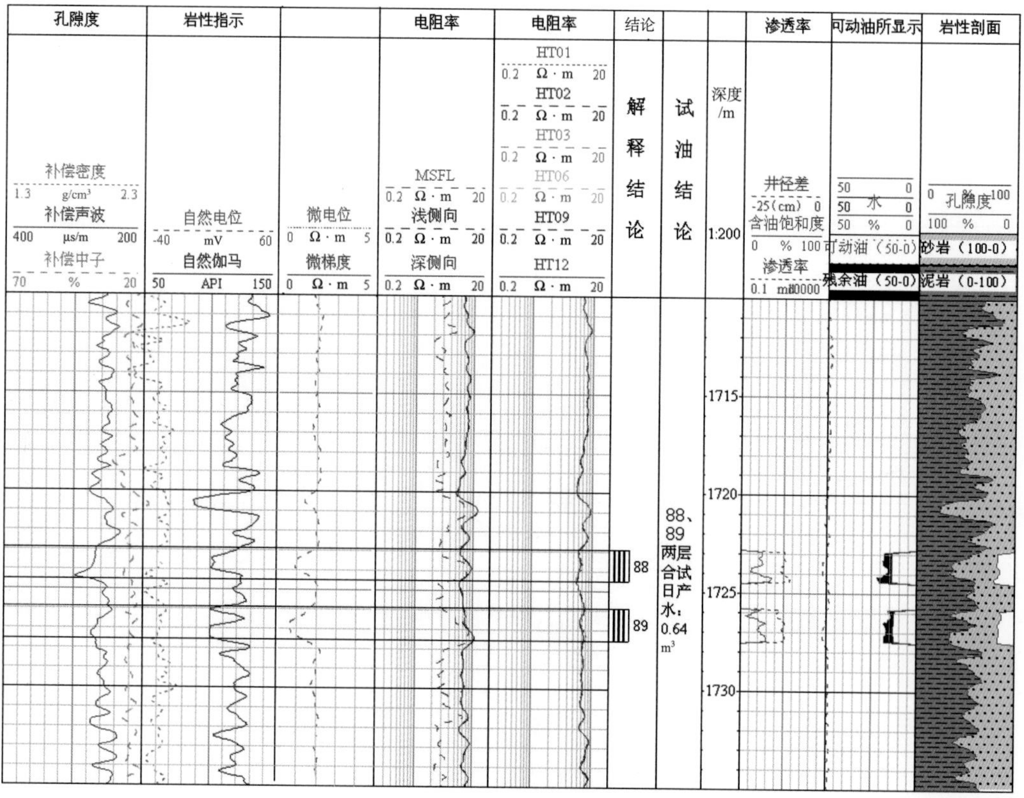

图 5.16 乌南油田乌北 2-01 典型干层测井响应特征

二、红柳泉油田

（一）岩石物理研究

1. 地层因素与孔隙度

红柳泉油田 5 口取心井 77 块岩心的地层因素与孔隙度实验关系结果研究表明：双对数坐标系中，E_3^1 储层地层因素与孔隙度呈良好线性关系（如图 5.17）

$$m = 0.216 \times \ln(\phi) + 2.177 \quad (R = 0.90) \tag{5.3}$$

其中该区 E_3^1 储层Ⅱ、Ⅲ层组地层因素与孔隙度也呈良好线性关系（图 5.18）。

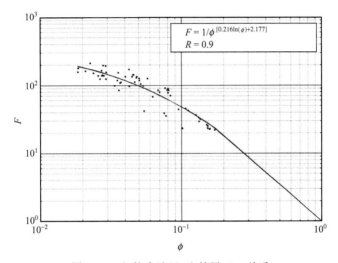

图 5.17　红柳泉油田 E_3^1 储层 F-ϕ 关系

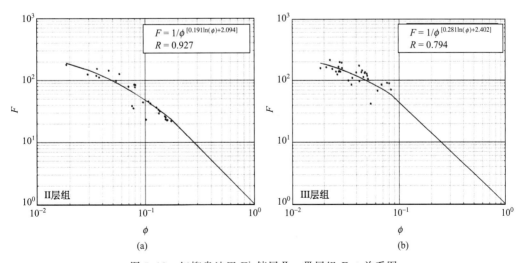

图 5.18　红柳泉油田 E_3^1 储层Ⅱ、Ⅲ层组 F-ϕ 关系图

$$Ⅱ 层组 \quad m = 0.191 \times \ln(\phi) + 2.094 \quad (R = 0.927) \tag{5.4}$$

$$Ⅲ 层组 \quad m = 0.281 \times \ln(\phi) + 2.402 \quad (R = 0.794) \tag{5.5}$$

2. 电阻增大率与含水饱和度

红柳泉 E_3^1 岩心实验结果回归得出 $b = 0.9929$，$n = 1.7544$，相关系数 $R = 0.9836$（图 5.19）。其中Ⅱ层组 $b = 1.0221$，$n = 1.7124$，相关系数 $R = 0.9961$；Ⅲ层组 $b = 0.9666$，$n = 1.7989$，相关系数 $R = 0.9704$（图 5.20）。

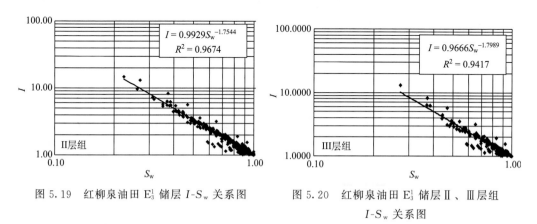

图 5.19　红柳泉油田 E_3^1 储层 I-S_w 关系图　　　图 5.20　红柳泉油田 E_3^1 储层Ⅱ、Ⅲ层组 I-S_w 关系图

3. 不同矿化度条件下的电阻增大率与含水饱和度关系

溶液矿化度对不同孔渗岩心岩电参数影响程度不同。低孔隙度低渗率岩心岩电参数受矿化度影响通常较大，而中、高孔渗岩心岩电参数相对稳定。岩电实验结果表明，低孔隙度低孔低渗率岩心电阻增大率随着地层水矿化度的增加有逐渐增大的趋势。如低孔隙度低渗透率岩心的孔隙度指数 m 值和饱和度指数 n 随地层水矿化度的增大而增大（图 5.21），而且 m、n 值的增量明显高于中、高孔渗样品。

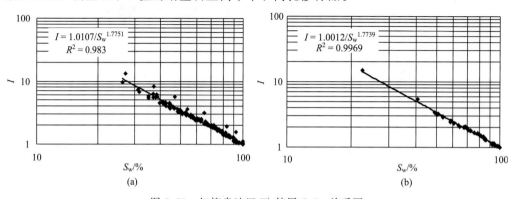

图 5.21　红柳泉油田 E_3^1 储层 I-S_w 关系图

（a）地层水矿化度＞100000；（b）10000＜地层水矿化度＜100000

(二) 四性关系研究

1. 岩性特征

红柳泉油田 E_3^1 油藏共有 4 个油层组，其中 I、II、III 油层组岩性以含钙、含铁土质粗粉砂岩为主，其次为细砂岩和细粉砂岩，主要含油岩性为粉砂岩、细砂岩、泥钙质粉砂岩，IV 油层组储层碎屑颗粒较粗，以一较厚砾岩为特征，该层连续分布于整个油藏，平均厚度达 14.9m。

红柳泉油田 E_3^1 储层中各类岩性比例：细砂岩 6%，粉砂岩 28%，泥、钙质粉砂岩 60%，砾状砂岩 4%，含砾细砂岩 2%。其 I、II、III 和 IV 油层组中各类岩性所占比例如图 5.22 所示。

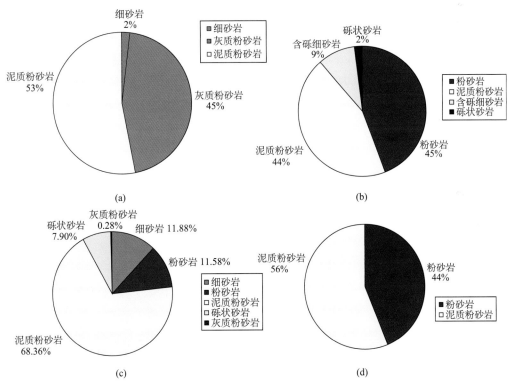

图 5.22　红柳泉油田 E_3^1 层 I、II、III、IV 层组岩性分布饼状图

红柳泉 E_3^1 储层岩石胶结物成分中碳酸盐岩含量一般在 5%～25%，其 I、II、III 和 IV 油层组中碳酸盐岩含量所占的比例如图 5.23 所示。

2. 物性特征

根据红柳泉地区岩心分析资料统计，E_3^1 层段孔隙度最小值为 0.08%，最大值为 17.6%，特征峰值为 34.55%，平均为 6.52%；I、II、III 油层组的统计结果

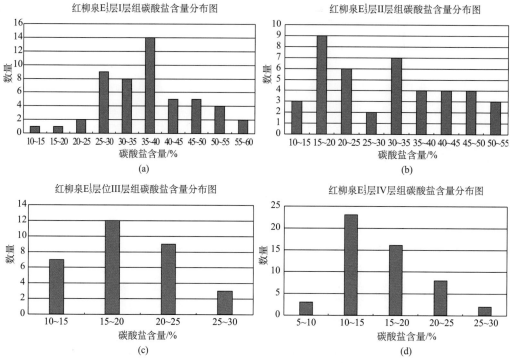

图 5.23　红柳泉油田 E_3^1 层 Ⅰ、Ⅱ、Ⅲ、Ⅳ 层组碳酸盐含量直方图

见表 5.4～表 5.7。渗透率最小值为 $0.009 \times 10^{-3} \mu m^2$，最大值为 $66.9 \times 10^{-3} \mu m^2$，特征峰值为 49.23%，平均为 $5.458 \times 10^{-3} \mu m^2$；其中 E_3^1 层段 Ⅰ、Ⅱ、Ⅲ 油层组的统计结果如图 5.24 所示。

表 5.4　红柳泉 E_3^1 层物性数据分布区间

孔隙度/%			渗透率/($10^{-3}\mu m^2$)		
区间/%	频率/%	样品数	区间/%	频率/%	样品数
>15	5.90	21	>10	8.70	43
12.5～15	6.74	24	1～10	19.57	59
10～12.5	4.85	17	0.1～1	60.87	159
7.5～10	16.97	53	≤0.1	10.87	62
5～7.5	14.89	74			
2.5～5	34.55	123			
≤2.5	12.36	44			
最大值		17.6	最大值		66.815
最小值		0.08	最小值		0.008
平均值		6.52	平均值		5.458
总样品数/块		356	总样品数/块		323

表 5.5 红柳泉 E_3^1 层 I 组物性数据分布区间

孔隙度/%			渗透率/$(10^{-3}\mu m^2)$		
区间/%	频率/%	样品数	区间/%	频率/%	样品数
>10	2.50	1	>10	0.00	0
7.5~10	2.50	1	1~10	2.50	1
5~7.5	12.50	5	0.1~1	45.00	18
2.5~5	30.00	12	≤0.1	50.00	21
≤2.5	52.50	21			
最大值		14.46	最大值		1.08
最小值		0.341	最小值		0.015
平均值		3.299	平均值		0.211
总样品数/块		40	总样品数/块		40

表 5.6 红柳泉 E_3^1 层 II 组物性数据分布区间

孔隙度/%			渗透率/$(10^{-3}\mu m^2)$		
区间/%	频率/%	样品数	区间/%	频率/%	样品数
>15	10.14	15	>10	0.00	31
12.5~15	10.14	15	1~10	2.50	31
10~12.5	6.08	9	0.1~1	45.00	57
7.5~10	16.22	24	≤0.1	50.00	23
5~7.5	18.92	28			
2.5~5	29.05	43			
≤2.5	9.46	14			
最大值		17.27	最大值		66.815
最小值		0.403	最小值		0.012
平均值		7.623	平均值		8.879
总样品数/块		148	总样品数/块		142

表 5.7 红柳泉 E_3^1 层 III 组物性数据分布区间

孔隙度/%			渗透率/$(10^{-3}\mu m^2)$		
区间/%	频率/%	样品数	区间/%	频率/%	样品数
>15	3.64	6	>10	8.70	12
12.5~15	4.85	8	1~10	19.57	27
10~12.5	4.85	8	0.1~1	60.87	84
7.5~10	16.97	28	≤0.1	10.87	15
5~7.5	24.24	40			

孔隙度/%			渗透率/($10^{-3}\mu m^2$)		
区间/%	频率/%	样品数	区间/%	频率/%	样品数
2.5～5	41.21	68			
≤2.5	4.24	7			
最大值	17.60		最大值	66.90	
最小值	1.20		最小值	0.009	
平均值	6.38		平均值	3.576	
总样品数/块	165		总样品数/块	138	

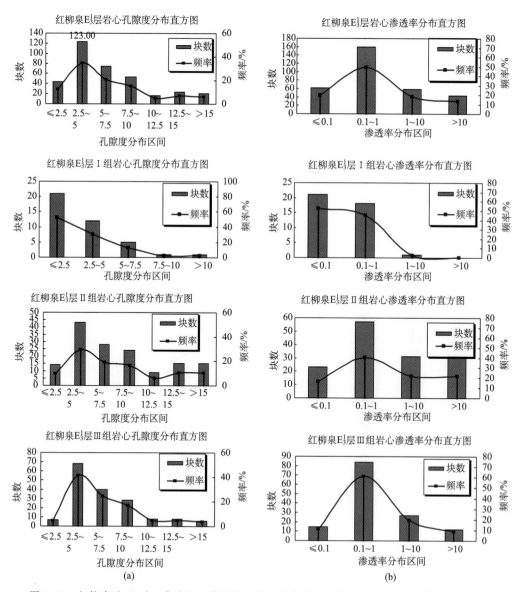

图 5.24　红柳泉油田 E_3^1、Ⅰ油组、Ⅱ油组、Ⅲ油组孔隙度直方图 （a）和渗透率直方图 （b）

由统计分析可知：Ⅱ油组有效孔隙度和空气渗透率高，物性最好；Ⅲ油组有效孔隙度和渗透率一般，物性中等；Ⅰ油组有效孔隙度和空气渗透率偏低，物性较差。

3. 四性关系

（1）岩性与物性的关系

由于红柳泉油田连续取心资料较少，同时受砂体和油层分布特征的影响，取心获得的含油岩心较少，岩心含油级别整体偏低，给岩性与含油性关系研究带来一定影响。从图 5.25 中可以看出，泥质、灰质粉砂岩含油级别较好，一般为油斑和油浸；细砂岩、粉砂岩和砂质泥岩含油性较差，含油级别多为油迹和荧光。

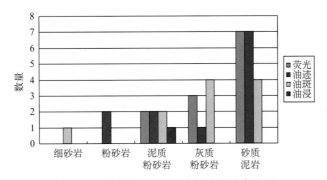

图 5.25　红柳泉油田 E_3^1 储层含油性直方图

（2）岩性与含油性的关系

红柳泉油田岩心数据中细砂岩只有一块，难以分析岩性与含油性的关系。

（3）物性与含油性的关系

同样，由于取心资料较少，储层物性与含油性研究较困难。红柳泉油田 E_3^1 油藏具有物性越好含油性越好的特点，当储层 $\phi > 6\%$，$K > 0.3 \times 10^{-3} \mu m^2$ 时含油级别较高，一般为油斑或油浸；当储层 $\phi < 6\%$，$K < 0.3 \times 10^{-3} \mu m^2$ 时基本不含油或含油级别仅为荧光或油迹（图 5.26）。

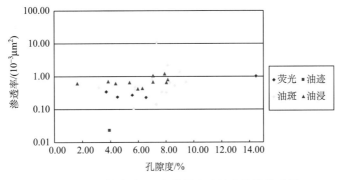

图 5.26　红柳泉油田 E_3^1 储层含油性和物性关系图

（4）电性特征

图 5.27 为红柳泉油田红 116 井油层典型曲线图。油层厚度大，连片分布，声波时差为 $203\mu s/m$，密度为 $2.54g/cm^3$，中子孔隙度为 11.9%，感应电阻率为 $20.0\Omega\cdot m$，岩心孔隙度为 10.1%，渗透率为 $0.14\sim54.2mD$（$1D=0.986923\times10^{-12}\ m^2$），对 $3369\sim3374.5m$ 井段试油，$6mm$ 油嘴日产油 $44.59m^3$，累计出油 $289.97m^3$。

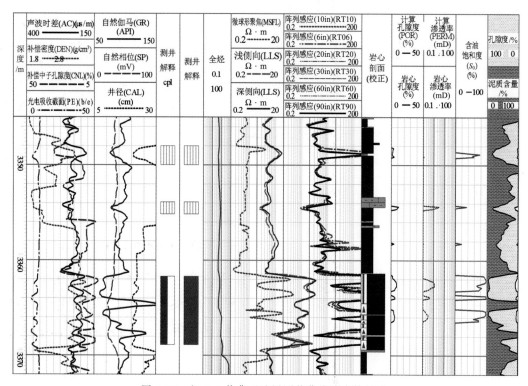

图 5.27　红 116 井典型油层测井曲线响应特征图

图 5.28 为红柳泉油田红 6 井水层典型曲线图，试油段自然电位明显负异常，井径缩径，声波时差高，电阻率明显低于围岩（$1.3\Omega\cdot m$）。试油日产水 $12.6m^3$，为水层。与电性反映特征一致。

图 5.29 为红 28 井干层典型曲线图，测井时泥浆性质为水基，密度为 $1.50\sim1.59g/cm^3$，黏度为 $35\sim38MPa\cdot s$，电阻率为 $0.93\Omega\cdot m$。试油段取心为油迹泥质粉砂岩、粉砂岩、含砾砂岩。自然电位存在一定负异常、自然伽马相对高值、补偿密度高值、声波低值。试油：不产液为干层。电性特征与试油结论吻合。

综上所述，红柳泉油田 E_3^1 储层具有良好的四性关系，储层岩性越纯，含油级别越高，孔隙度、渗透率越大，电阻率越高，试油产量越高；反之，储层泥质含量越高，含油级别就越低，孔隙度、渗透率越小，电阻率越低，试油产量越低，油层、水层、干层能够比较清楚地从电性特征上区分开来。

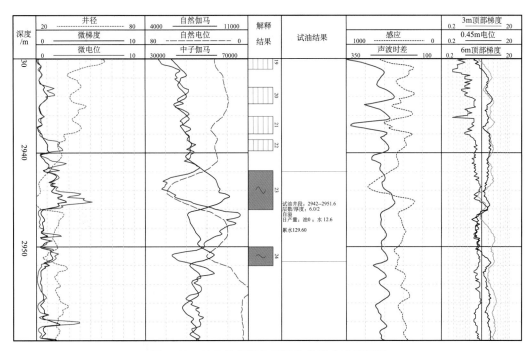

图 5.28 红 6 井典型水层测井曲线响应特征图

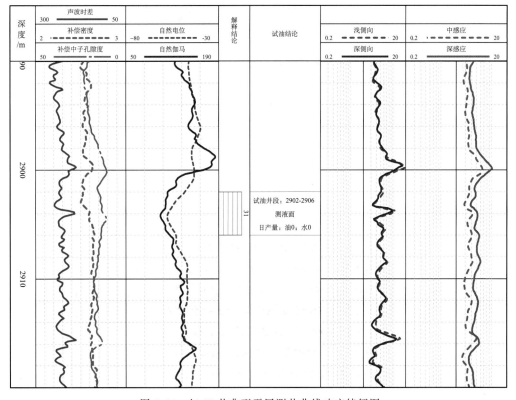

图 5.29 红 28 井典型干层测井曲线响应特征图

第二节 低孔低渗储层定性评价解释

测井解释标准是以试油、试采资料确定的。乌南油田 N_2^1 油藏、红柳泉 E_3^1 油藏试油、试采资料丰富，为测井解释标准的确定提供了可靠的依据。

一、乌南油田定性评价解释

(一) 测井资料进行储层流体识别

乌南区块共收集试油资料 54 口，研究工作中采用 3700 以上测井系列 43 口井建立大量解释图版，对乌南地区分主体和外围区块建立解释图版。

1. 主体区块

对于油水层用深感应电阻率 RILD 和补偿密度 DEN 建立电性标准图版，而对于气水层用深感应电阻率 RILD 和补偿声波 AC 建立电性标准图版。选用 15 口井 45 个经过单层试油资料数据点建立电性标准图版（图 5.30），用深感应电阻率 RILD 和补偿声波 AC 建立电性标准图版（图 5.31）。

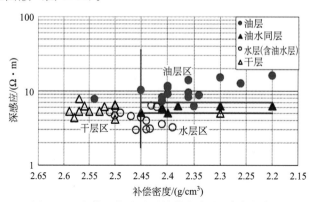

图 5.30 主体区块试油层补偿密度-深感应交会图

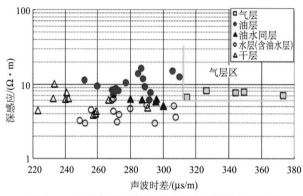

图 5.31 主体区块试油层声波时差-深感应交会图

从图中可以确定油、气层下限，气区：RILD$\geqslant$6Ω • m，AC$\geqslant$315μs/m；油区：RILD$\geqslant$7Ω • m，DEN$\leqslant$2.45g/cm^3。

2. 外围区块

用深侧向电阻率 RLLD 和补偿密度 DEN 建立电性标准图版。选用 10 口井 20 个经过单层试油资料数据点建立电性标准图版（图 5.32）。

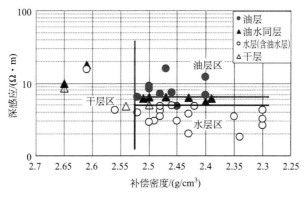

图 5.32　乌南油田外围试油层密度-深侧向交会图

从图版中可看出电性下限，油区：RILD$\geqslant$6.5Ω • m，DEN$\leqslant$2.52g/cm^3；油水同层区：6.5$\geqslant$RILD$\geqslant$5Ω • m，DEN$\leqslant$2.52g/cm^3；水区：RILD$\leqslant$5Ω • m，DEN$\leqslant$2.52g/cm^3；干区：DEN$>$2.52g/cm^3。

（二）录井资料进行储层流体识别

录井作为两大油气层识别技术（测井、录井）之一，不仅能及时发现油气层，建立可靠的地层柱状剖面，而且还能及时、准确地评价油气层，其作用越来越受到勘探工作者的重视。为了更精细、准确评价油、气、水、层，本次针对柴西地区的录井资料也作了相应的研究。

1. 地化录井

收集整理乌南油田 14 口井地化录井资料，结合试油资料可参与标准划分的共 12 口，共有 35 个单层组试油。通过试油气资料，对地化录井相应层段进行参数优选，认为 ST 和 LHI、ST 和 ϕ 效果比较理想（含油气总量 ST＝S0＋S11＋S21＋S22＋S23，原油的轻重烃比指数 LHI＝（S0＋S11＋S21）/（S22＋S23），ϕ 为孔隙度）。

图 5.33 为 ST 和 LHI 的交会图版，在曲线 LHI$<$1 的区域内为非产层区，LHI$>$1 区域外为产层区。在该图版中气层也参与了图版建立，其分析值较高，这和岩心的地化分析过程气层显示值应很低相违背（气态烃遗失的非常快）。

图 5.34 为 ST 和 ϕ 的交会图版，图中选用 111 个分析数据，该图版符合率为 77.7%。

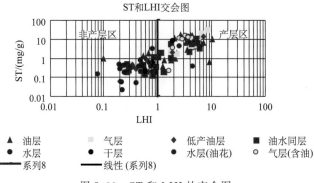

图 5.33　ST 和 LHI 的交会图

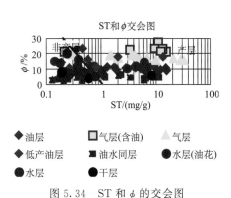

图 5.34　ST 和 φ 的交会图

2. 气测录井

本次研究收集整理了乌南-绿草滩地区 31 口井 105 个深度段的气测资料和试油资料（其中包括 N_2^1 层位 28 口井 101 个深度段），结合地区实际情况，考虑到参数合理优选和资料的保真，通过比较和效果检验，最终比较了皮克斯勒图版、湿度图版、三角形图版等气测解释方法，得出以下认识。

（1）皮克斯勒图版：皮克斯勒图版由 C_1/C_2、C_1/C_3、C_1/C_4 三个参数在单轴离散坐标系上通过折线散点图实现对油区、气区、非生产区的标定，从而实现快速解释。该图相对简单，但层多时容易重叠混杂，在本区应用效果不好。

（2）湿度图版：湿度图版由 Wh（湿度比）、Bh（平衡比）两个参数作散点图显示。图 5.35 是乌南-绿草滩气测解释湿度比值图版，由图可知，该图版在本区识别油层效果较好，符合率达 80.95 ％。气层与水层则不易区分，究其原因，应为该区高地层水矿化

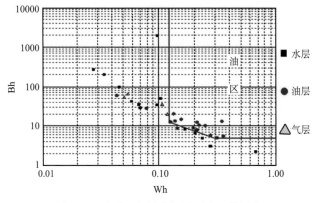

图 5.35　乌南 N_2^1 层位气测湿度比值图版

度导致水层气测资料中 C_1 相对含量过高。

（3）三角形图版：三角形坐标系由减去背景值后的 C_1（甲烷含量）、C_2（乙烷含量）、C_3（丙烷含量）、C_4（丁烷含量）和 C_T 值构成 C_2/C_T、C_3/C_T、nC_4/C_T（$C_T = C_1+C_2+C_3+C_4+C_5$）三个参数（变量），把此三个参数作为正三角形的三条边，然后平行这个三角形的三条边，作夹角为 120°的三组平行线分别代表三个参数比值的刻度，这就建立了三角形的坐标系，并形成了一套成型的解释方法。该图版在本区效果不明显。

（4）人工神经网络方法：主要选用乌南-绿草滩地区 N_1^2 层位的试油资料，对所收集的全部油、水层样品 46 个，全部气、水层样品 30 个，进行人工神经网络训练和识别。

油、水层训练和识别过程中，直接选取了原始全烃组分（$C_1 \sim C_5$）含量共 5 个输入量作为人工神经网络法的输入参数。气、水层训练和识别过程中，选取了原始全烃组分（C_1，C_2，C_3，iC_4，nC_4，iC_5，nC_5）含量共 7 个输入量作为人工神经网络法的输入参数。训练次数 20000 次，目标误差 e^{-3}，实际达到的误差精度在 e^{-1} 附近。

由图 5.36 可知，对于乌南-绿草滩地区 N_1^2 层位的 46 个油、水层试油样品，利用神经网络方法自动识别，符合率为 89.13%，效果较好。

由图 5.37 可知，对于该区 30 个气水层气测样本，利用神经网络方法自动识别，符合率达 93.33%，气、水的区分效果较好，有较好的应用前景。

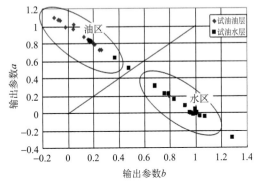 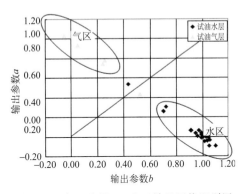

图 5.36　油、水层 BP 人工神经网络识别图　　图 5.37　气、水层 BP 人工神经网络识别图

鉴于利用快捷图版法能够有效区分油层和气、水层，而人工神经网络方法在气、水层的识别上效果较好，因此建议利用湿度图版快速识别油层，再用人工神经网络方法区分气、水层。

二、红柳泉油田定性评价解释

Ⅰ层组按照试油、试采资料选取原则选取 9 口井 26 个层段试油（图 5.38）、压裂数据，建立深感应（感应）电阻率与声波时差交会图。

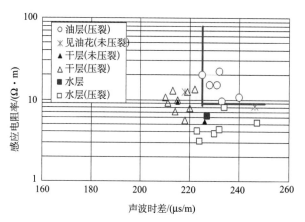

图 5.38　E_3^1 段 I 层组感应-声波时差交会图

结合压裂求产数据，确定红柳泉 E_3^1 I 层组储层的电性标准，油层：$R_t \geqslant 9.0\Omega \cdot m$，$\Delta t \geqslant 225\mu s/m$；水层：$R_t \leqslant 9.0\Omega \cdot m$，$\Delta t \geqslant 225\mu s/m$；干层：$\Delta t \leqslant 225\mu s/m$。

II、III、IV 层组：收集红柳泉 E_3^1 油藏 II-IV 油组试油、压裂资料，仅将试油、压裂明确结论的 41 个层段统计，图版精度为 92.6%（图 5.39）。

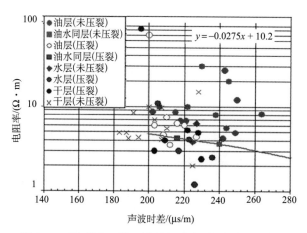

图 5.39　E_3^1 段 II、III、IV 层组感应-声波时差交会图

结合压裂求产数据，确定红柳泉 E_3^1 II、III、IV 层组储层的电性标准，油层：$R_t \geqslant (10.2-0.0275 \times \Delta t)\Omega \cdot m$，$\Delta t \geqslant 200\mu s/m$；水层：$R_t \leqslant 9.0\Omega \cdot m$；$\Delta t \geqslant 225\mu s/m$；干层：$\Delta t \leqslant 225\mu s/m$。

另外，存在高泥质含量的干层，此类储层明显特征为声波时差较大，但电阻率小于 $8\Omega \cdot m$，自然电位无异常或异常很小，为微孔隙发育的干层。

在解释图版上，由于矿化度、岩性影响造成油水层的混淆现象是存在的，但可通过电性特征进行油水层区分；同时目前对各层段的地层水矿化度已经比较清楚，可进一步通过饱和度标准进行油水层的区分。

第三节　低孔低渗储层定量评价方法

一、乌南油田定量解释图版

（一）定量解释参数的确定

1. 泥质含量的确定

由于乌南、红柳泉油田灰质含量高，粒度资料受灰质含量影响大，采用统计方法模型准确计算泥质含量困难。因此，泥质含量计算采用自然伽马相对值经验公式法。

首先对自然伽马曲线进行标准化和校正，消除环境因素和放射性矿物影响；再根据曲线变化形态，分段确定自然伽马最大值 GR_{max} 和最小值 GR_{min}，则在该段内的泥质相对含量由下式确定

$$\Delta GR = \frac{GR - GR_{min}}{GR - GR_{max}} \tag{5.6}$$

$$V_{sh} = \frac{2^{GCUR \times \Delta GR} - 1}{2^{GCUR} - 1} \tag{5.7}$$

2. 孔隙度的确定

对乌南 6 口井（绿 9、绿 10、绿 11、绿 13、乌 15、乌 105）共 753 个岩心分析数据进行归位，提取对应测井值。通过对岩心归位、筛选，采用统计方法，建立了乌南油田各层的岩心分析孔隙度与测井声波和密度解释模型（图 5.40，图 5.41），解释方程如下。

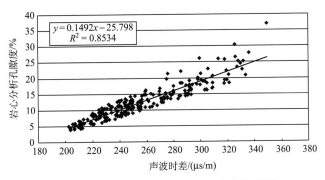

图 5.40　乌南油田声波时差与孔隙度交会图

补偿声波-孔隙度模型

$$\phi = 0.1492 \times \Delta t - 25.798 \quad (R = 0.8534) \tag{5.8}$$

测井密度-孔隙度模型

$$\phi = -56.428 \times DEN + 150.03 \quad (R = 0.8702) \tag{5.9}$$

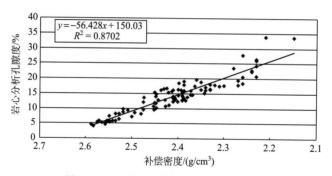

图 5.41　乌南油田密度与孔隙度交会图

式中，ϕ 为岩心分析孔隙度（%）；Δt 为声波时差（$\mu s/m$）；DEN 为密度（g/cm^3）；R 为相关系数。

3. 渗透率的确定

油田开发中，渗透率是一个非常重要的参数，流体能否在孔隙中流动以及流体在孔隙中流动难易程度都与储层渗透率有关。岩石孔隙度、泥质含量、颗粒大小、分选好坏等因素对渗透率都有影响，其中影响大且可信度高的参数是孔隙度。

利用乌 105、乌 106、绿 9、绿 10、绿 11、绿 13、绿 2、绿 7 共 8 口井的岩心分析数据，建立渗透率解释模型（图 5.42），其模型表达式为

$$K = 0.0173 e^{0.3263} \phi \quad (R = 0.856) \tag{5.10}$$

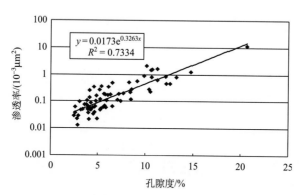

图 5.42　乌南油田 N_2^1 孔隙度与渗透率关系

利用岩心测量孔隙度、渗透率与核磁共振 T_2 几何平均值进行统计分析（图 5.43），表达式为

$$K = 0.0753 T_2 g 1.19 \times \phi \quad (R = 0.8174) \tag{5.11}$$

4. 地层水电阻率的确定

用本井或邻井相同层位的水分析资料确定地层水电阻率是目前最有效的方法。在混

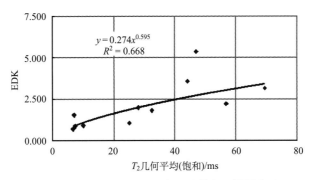

图 5.43　乌南油田 T_2 几何平均值与 $\sqrt{k/\varphi}$ 关系

合盐溶液中，由于各种离子迁移率不同，因而其导电能力也不同，一般以 18℃ 时的 NaCl 溶液为标准，确定出其他各种溶液与 NaCl 溶液具有相同电导率时各种离子的等效系数 K_i，然后按式（5.12）计算出等效 NaCl 总矿化度 P_{we}

$$P_{we} = \sum_i K_i P_i \qquad (5.12)$$

式中，P_i 和 K_i 分别为第 i 种离子的矿化度与等效系数。

根据图 5.44 可以得出不同离子在混合溶液不同矿化度下的等效系数，在图版曲线合理采样读值和考虑其适用条件的基础上，进行拟合，模型见表 5.8。

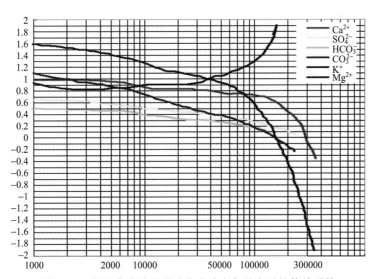

图 5.44　按混合溶液的总矿化度确定各种离子的等效系数

表 5.8　不同离子在混合溶液不同矿化度下的等效系数模型

离子	模型表达式
K^+	$y = 5E-21x^4 - 1E-15x^3 + 1E-10x^2 + 5E-08x + 0.8631$
HCO_3^-	$y = -1E-25x^5 + 5E-20x^4 - 7E-15x^3 + 4E-10x^2 - 2E-05x + 0.5149$

离子	模型表达式
SO_4^{2-}	$y = 7E-32x^6 - 8E-26x^5 + 3E-20x^4 - 7E-15x^3 + 6E-10x^2 - 3E-5x + 1.5704$
CO_3^{2-}	$y = -4E-26x^5 + 3E-20x^4 - 7E-15x^3 + 7E-10x^2 - 4E-05x + 1.0511$
Ca^{2+}	$y = -2E-27x^5 + 2E-21x^4 - 8E-16x^3 + 1E-10x^2 - 9E-06x + 0.9874$
Mg^{2+}	$y = 7E-32x^6 - 8E-26x^5 + 3E-20x^4 - 7E-15x^3 + 6E-10x^2 - 3E-05x + 1.5704$

　　根据地层水总矿化度及各离子的浓度，可将其换算为等效 NaCl 矿化度，然后用式 (5.13) 计算实验室条件下的地层水电阻率

$$R_{wl} = 0.0123 + 3647.54/P_{NaCl}0.995 \tag{5.13}$$

式中，R_{wl} 为实验室条件下的地层水电阻率（Ω·m）；P_{NaCl} 为等效 NaCl 浓度（mg/L）。

　　将实验室条件下的地层水电阻率转化成地层条件下的地层水电阻率

$$R_w = R_{wl} \frac{T_1 + 21.5}{T_f + 21.5} \tag{5.14}$$

式中，T_1 为实验室条件下的温度（℃）；T_f 为地层温度（℃）。

　　地层温度

$$T_f = 0.0336H + 6.3972 \tag{5.15}$$

式中，H 为垂直井深（m）。按照上述方法、原理、步骤，对乌南地区 28 口井 78 个层位的水分析资料进行了横向和纵向上的分布规律分析，得到 $R_w = -2 \times 10^{-5} \times H + 0.0919$ （$R = 0.82$），图 5.45 表示出了地层水矿化度和地层水电阻率的平面分布状态。

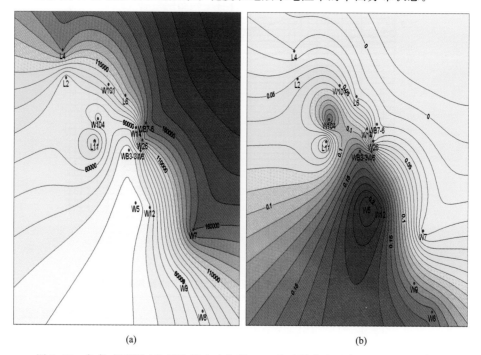

(a)　　　　　　　　　　　　　(b)

图 5.45　乌南-绿草滩 N_2^1 层地层水矿化度（a）和地层水电阻率（b）平面分布图

5. 碳酸盐含量计算模型

乌南油田碳酸盐岩组分以粉（泥）晶颗粒充填、胶结状存在，造成孔隙空间喉道的连通性下降、电阻率升高，是影响储层特征的重要因素，碳酸盐岩的体积计算十分重要。岩心分析表明，由于储层比较薄，且受部分层段扩径影响，中子-密度交会法不能很好确定岩性中砂质和碳酸盐岩的比例。另外，在早期的资料中岩性孔隙度资料仅有补偿声波这一实际情况，经过研究岩心碳酸盐岩含量和测井响应的关系，提出了对声波资料作孔隙度和流体影响因素校正，采用体积模型计算碳酸盐岩含量的思路与方法。

根据岩石体积模型，可以认为，滑行波在岩石中直线传播的时间 t，应等于滑行波在岩石骨架中的传播时间 t_{ma} 与在孔隙流体中的传播时间 t_f 之和，$t = t_{ma} + t_f$，即

$$\Delta t_{ma} = \frac{\Delta t - \phi \Delta t_f}{1 - \phi} \tag{5.16}$$

式中，Δt 为补偿声波时差值（$\mu s/m$）；ϕ 为测井孔隙度（小数）；Δt_{ma} 为岩石骨架声波时差值（$\mu s/m$）；Δt_f 为流体声波时差值（$\mu s/m$）。

统计乌南油田乌105、乌15井块样品，建立碳酸盐岩含量与骨架声波时差关系（图5.46），关系表达式为

$$V_{ca} = -0.2431 \times \Delta t_{ma} + 90.667 \quad (R = 0.8005) \tag{5.17}$$

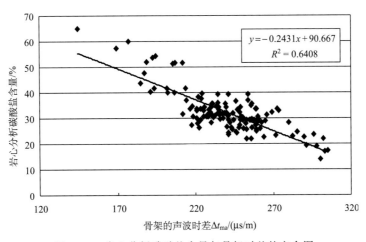

图5.46　岩心分析碳酸盐含量与骨架时差的交会图

（二）解释模型验证

利用乌南油田回归得到的解释模型，对乌105、乌15、绿11、绿13井进行数字处理，所计算曲线与岩心分析对应曲线有较好的一致性，符合储量计算规范要求（图5.47）。

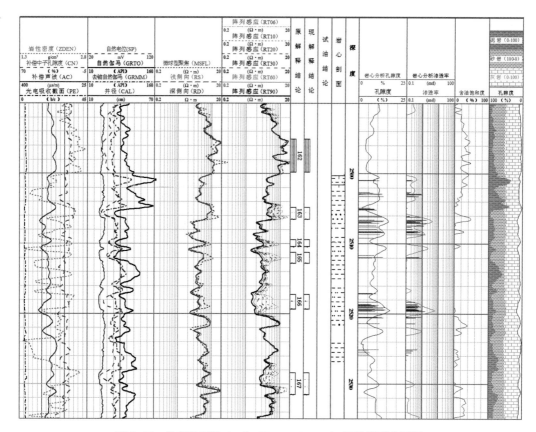

图 5.47　乌南油田绿 13 井（2490～2535m）解释模型验证图

（三）定量解释标准

1. 储层孔隙度、渗透率下限的确定

确定孔、渗下限时主要采用毛管压力测试中的排驱压力、孔喉半径与孔隙度、渗透率交会图来确定，并经试油资料证实。

图 5.48 是排驱压力与渗透率、孔隙度关系图，横坐标是排驱压力，纵坐标是孔隙度或渗透率。由图可知，在 $\phi > 9\%$，$K > 0.3 \times 10^{-3} \mu m^2$ 时，孔隙度和渗透率随排驱压力的增大而变化很明显；而在 $\phi < 9\%$，$K < 0.3 \times 10^{-3} \mu m^2$ 时，孔隙度和渗透率随排驱压力的增大略有变化，但已经不敏感；此时可认为是排驱压力与孔隙度、渗透率关系的转折点，因此确定孔隙度下限值为 9%，渗透率下限值为 $0.3 \times 10^{-3} \mu m^2$。

图 5.49 是平均孔喉半径与渗透率、孔隙度关系图，横坐标是排驱压力，纵坐标是平均孔喉半径。由图可知，在 $\phi = 9\%$，$K = 0.3 \times 10^{-3} \mu m^2$ 时，平均孔喉半径均在 $0.20 \mu m$ 左右，此时是平均孔喉半径与孔隙度、渗透率关系的转折点，因此确定孔隙度下限值为 9%，渗透率下限值为 $0.3 \times 10^{-3} \mu m^2$。

图 5.50 是乌南油田孔隙度与渗透率关系图，图中蓝色点是岩心分析孔隙度和渗透

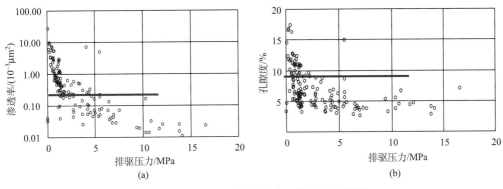

图 5.48　排驱压力与渗透率、孔隙度关系图

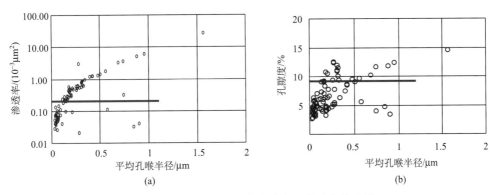

图 5.49　平均孔喉半径与孔隙度、渗透率关系图

率，一个红色圆点是试油为油层的数据点，三个黄色方形点是试油为气层点，一个黑色三角点是试油为干层数据点。从中可以看到油、气层点落在 $\phi > 9\%$，$K > 0.3 \times 10^{-3}$ μm^2 范围内，干层在此范围外，从而验证了孔隙度和渗透率的下限值。

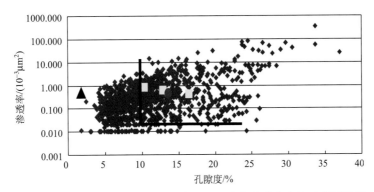

图 5.50　乌南油田孔隙度与渗透率交会法确定孔隙度和渗透率下限值

2. 储层饱和度的确定

乌南油田 N_2^1 油藏钻井数量较多，分布均匀，测井质量可靠，有大量的岩心分析资料。储层属于孔隙型，储层泥质含量相对较低，可以利用阿尔奇公式计算储层饱和度。

根据前述岩石物理研究与四性关系的研究，可以确定乌南油田 N_2^1 层位的 a、m、b、n 值分别为 $a=1$，$m=0.991\times\ln(\phi)+1.9384$，$b=1.03$，$n=1.6299$。

在淡水泥浆测井中，地层水矿化度较高时，采用感应电阻率较合适。因此，乌南油田地层电阻率采用感应电阻率。JD581 测井资料利用电导率进行饱和度计算，膏质砂岩储层因电阻率高，导致感应测井超出测量范围失真时，采用深侧向电阻率计算饱和度。

依据乌南地区 28 口井 78 个层位的水分析资料，将其矿化度换算到地下条件的等效 NaCl 溶液电阻率，通过回归建立地层水电阻率随深度变化的关系式为

$$R_w=-2\times10^{-5}\times H+0.0919 \quad (R=0.82) \tag{5.18}$$

式中，R_w 为地层水电阻率（$\Omega\cdot m$）；H 为垂直井深（m）。

3. 饱和度图版

按照试油、试采资料选取原则，在主体区块选取了 15 口井 45 个层段试油、压裂数据，建立孔隙度与含油饱和度交会图，图版精度为 95.5%（图 5.51）。解释标准为油层：$S_o\geqslant47.0\%$，$\phi\geqslant12.0\%$；油水同层：$32.0\%\leqslant S_o<47.0\%$，$\phi\geqslant12.0\%$；水层：$S_o<32.0\%$，$\phi\geqslant12.0\%$；干层：$\phi<12.0\%$。

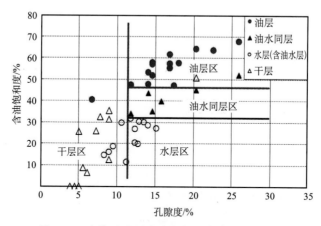

图 5.51　主体试油层孔隙度与含油饱和度交会图

在外围区块选取了 15 口井 38 个层段试油、压裂数据，建立孔隙度与含油饱和度交会图，图版精度为 90.9%（图 5.52）。解释标准为油层：$S_o\geqslant46.0\%$，$\phi\geqslant8.0\%$；油水同层：$35.0\%\leqslant S_o<46.0\%$，$\phi\geqslant8.0\%$；水层：$S_o<35.0\%$，$\phi\geqslant8.0\%$；干层：$\phi<8.0\%$。

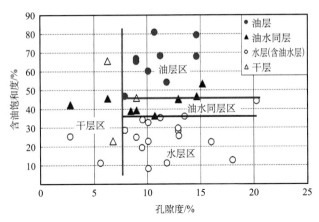

图 5.52　外围试油层孔隙度与含油饱和度交会图

二、红柳泉油田定量解释图版

（一）定量解释参数的确定

1. 泥质含量的确定

用岩心分析黏土含量 V_{sh} 与 ΔGR 作关系图（图 5.53），岩心分析黏土含量与 V_{sh} 关系如下

$$V_{sh} = 28.506 \times \Delta GR - 2.249 \quad (R = 0.8986) \tag{5.19}$$

式中，ΔGR 为泥岩相对值。

2. 孔隙度的确定

红柳泉油田 E_3^1 储层岩心分析孔隙度与 Δt 关系图如图 5.54 所示，声波时差与岩心孔隙度的关系如下

$$\phi = 0.2581\Delta t - 52.666 \quad (R = 0.9293) \tag{5.20}$$

式中，ϕ 为孔隙度（%）；Δt 为声波时差（$\mu s/m$）。

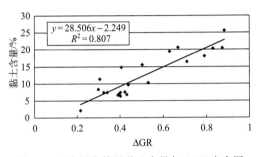

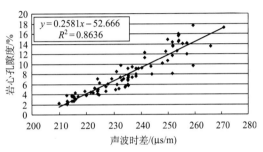

图 5.53　E_3^1 层位储层黏土含量与 ΔGR 交会图　　　图 5.54　E_3^1 储层孔隙度与声波时差交会图

红柳泉油田 E_3^1 储层Ⅱ层组、Ⅲ层组岩心分析孔隙度与 Δt 关系图如图 5.55 所示。

Ⅱ层组声波时差与岩心孔隙度的关系

$$\phi = 0.2796\Delta t - 57.576 \quad (R = 0.9387) \tag{5.21}$$

Ⅲ层组声波时差与岩心孔隙度的关系

$$\phi = 0.2347\Delta t - 47.402 \quad (R = 0.9285) \tag{5.22}$$

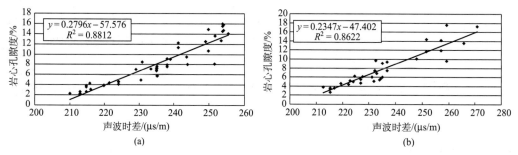

图 5.55　红柳泉油田 E_3^1 储层Ⅱ层组（a）、Ⅲ层组（b）孔隙度与声波时差交会图

3. 渗透率的确定

红柳泉 E_3^1 层岩心分析渗透率与孔隙度关系如图 5.56 所示，由此可得红柳泉 E_3^1 储层渗透率与孔隙度的关系式为

$$K = 0.0366\mathrm{e}^{0.4606}\phi \quad (R = 0.9010) \tag{5.23}$$

式中，K 为渗透率（$10^{-3}\mu\mathrm{m}^2$）；ϕ 为孔隙度（%）。

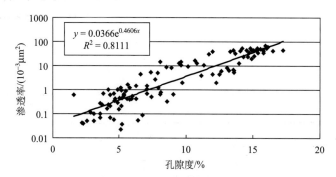

图 5.56　红柳泉岩心分析 E_3^1 层渗透率与岩心分析孔隙度关系图

红柳泉 E_3^1 层Ⅱ层组、Ⅲ层组岩心分析渗透率与孔隙度关系如图 5.57 所示，由此可得红柳泉 E_3^1 储层Ⅱ层组渗透率与孔隙度的关系式为

$$K = 0.0195\mathrm{e}^{0.4909}\phi \quad (R = 0.9200) \tag{5.24}$$

Ⅲ层组渗透率与孔隙度关系式为

$$K = 0.0367\mathrm{e}^{0.5249}\phi \quad (R = 0.9043) \tag{5.25}$$

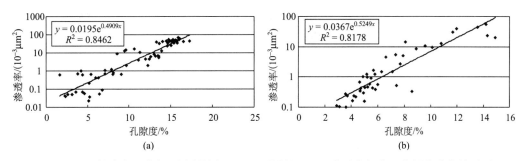

图 5.57　红柳泉岩心分析 E_3^1 层 II 层组（a）、III 层组（b）渗透率与岩心分析孔隙度关系图

(二) 地层水电阻率的确定

1. 利用水分析资料确定地层水电阻率

对红柳泉地区 12 口井 15 个层试油水分析资料进行分析，将其矿化度换算到相同条件下的等效 NaCl 溶液电阻率，通过回归建立地层水电阻率随深度变化的关系为（图 5.58）

$$R_w = 4.7176 \times H - 0.6758 \quad (R = 0.8940) \qquad (5.26)$$

式中，R_w 为地层水电阻率（$\Omega \cdot m$）；H 为垂直井深（m）。

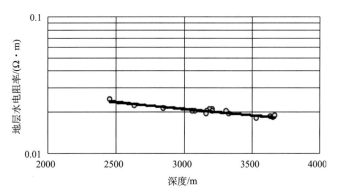

图 5.58　地层水电阻率与深度的关系图

2. 利用阵列感应资料求取地层水电阻率

长期以来，在泥质砂岩储层评价中，地层水电阻率一直是以邻井的试水资料进行人工输入求得，这无疑受解释人员的主观因素和经验的限制，使得新探区或试水资料较少地区的解释符合率受到了影响。对此进行深入的探索和研究，利用阵列感应测井资料采用最优化算法求取地层水电阻率。

阵列感应电阻率测井技术克服了常规电阻率测井纵向分辨率低、探测深度较浅和不能解释复杂侵入剖面及划分渗透层能力较差等缺点，能够较准确地确定地层真电阻率、冲洗带电阻率及侵入深度。利用阵列感应电阻率侵入剖面可分为冲洗带、过渡带和原状地层这一优点，按探测深度由浅到深排序 R_{t_1}，R_{t_2}，R_{t_3}，R_{t_4}，R_{t_5}，R_{t_6}，假设 R_{t_1} 和 R_{t_2} 对应于冲洗带，R_{t_3} 和 R_{t_4} 对应于过渡带，R_{t_5} 和 R_{t_6} 对应于原状地层。同时假设三个地层水电阻率 R_{w_1}、R_{w_2} 和 R_{w_3} 分别对应于冲洗带、过渡带和原状地层。取 $a=b=1$，同时选取负差异明显的厚纯水层（$S_w=1$），则阿尔奇公式简化为

$$R_t = \frac{R_w}{\phi^m} \tag{5.27}$$

同时，冲洗带、过渡带和原状地层分别应用简化后的阿尔奇公式为

$$R_{t1} = \frac{R_{w1}}{\phi^m},\ R_{t2} = \frac{R_{w1}}{\phi^m},\ R_{t3} = \frac{R_{w2}}{\phi^m},\ R_{t4} = \frac{R_{w2}}{\phi^m},\ R_{t5} = \frac{R_{w3}}{\phi^m},\ R_{t6} = \frac{R_{w3}}{\phi^m} \tag{5.28}$$

假设 R_{w3} 对应于原状地层，可认为就是真实的地层水电阻率，因此所要求解的参数就是 R_{w3} 和胶结指数 m，其求解的目标函数为

$$\min \sum \sum_{i=1}^{6} \left[(R'_{ti} - R_{ti})^2 \right] \tag{5.29}$$

式中，孔隙度 ϕ 为固定值，变量为 R_{w1}、R_{w2}、R_{w3} 和 m，由于 R_{w3} 和 m 对应于原状地层，因此这两个变量是重点求解的值。R_{w1}、R_{w2}、R_{w3} 的约束条件为三者大于 0。对于 m 来说，它的约束值根据现场情况具体确定。

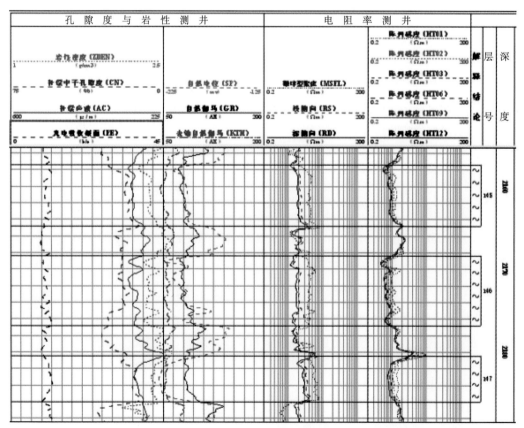

图 5.59　红 116 井测井曲线图

从红 116 井（图 5.59）中可以看出，随着深度增大，R_{t6} 数值急剧变小，从 1665～1673m 层段的 1.9769Ω·m（算术平均值）减小到 2169～2176m 层段的 0.6885Ω·m，而孔隙度则变化不大，从 0.129 到 0.162。这样，对深度 2169～2176m 的水层按目标函数进行最优化处理得到 $m = 1.8$ 时，R_{w3} 有最小值 0.0262Ω·m（表 5.9），这与该地区水分析资料吻合。

表 5.9 红 116 井水层段地层水反演结果

井段/m	孔隙度（小数）	$R_{w3}/(\Omega \cdot m)$
1665～1673	0.129	0.048
1964～1970	0.148	0.045
2130～2136	0.144	0.031
2169～2176	0.162	0.026

（三）碳酸盐含量计算模型

通过对红柳泉油田 E_3^1 储层孔隙度与碳酸盐含量交会分析，得到孔隙度与碳酸盐含量关系如下

$$V_{Ca} = 38.852 - 3.5053\phi \quad (R = 0.7595) \tag{5.30}$$

式中，V_{Ca} 为碳酸盐含量（%）；ϕ 为孔隙度（%）。

（四）定量解释标准

有效厚度下限标准通常是指储层的岩性、物性、含油性的下限标准，它是正确识别油层分布状况和准确计算石油地质储量的重要依据。利用该地区大量的取心、测井资料进行综合研究，确定有效厚度解释标准。

1. 储层孔隙度、渗透率下限的确定

图 5.60 为排驱压力与渗透率、孔隙度关系图，横坐标是排驱压力，纵坐标是孔隙度或渗透率。由图可知，$\phi > 8\%$，$K > 0.5 \times 10^{-3} \mu m^2$ 时，孔隙度和渗透率随排驱压力

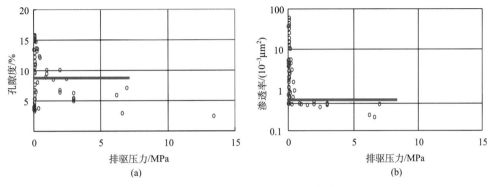

图 5.60 排驱压力与渗透率、孔隙度关系图

增大而变化很明显；而在 $\phi<8\%$，$K<0.5\times10^{-3}\mu m^2$ 时，孔隙度和渗透率随排驱压力的增大略有变化，但已不敏感；此时可认为是排驱压力与孔隙度、渗透率关系的转折点，因此确定孔隙度下限值为 8%，渗透率下限值为 $0.5\times10^{-3}\mu m^2$。

图 5.61 是平均孔喉半径与渗透率、孔隙度关系图，横坐标是平均孔喉半径，纵坐标是孔隙度或渗透率。由图可知，在 $\phi=8\%$，$K=0.5\times10^{-3}\mu m^2$ 时，平均孔喉半径均在 $0.20\mu m$ 左右，此时是平均孔喉半径与孔隙度、渗透率关系的转折点，因此确定孔隙度下限值为 8%，渗透率下限值为 $0.5\times10^{-3}\mu m^2$。

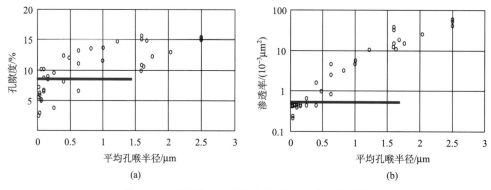

图 5.61　平均孔喉半径与孔隙度、渗透率关系图

2. 储层饱和度的确定

利用阿尔奇公式求取储层饱和度。根据前述岩石物理与四性关系的研究可以确定红柳泉 E_3^1 层位 Ⅰ 层组的 a、b、m、n 值为：$m=1.7453$，$a=0.958$，$n=2.3878$，$b=1.0333$；Ⅱ-Ⅳ 层组的 a、b、m、n 值为：$a=1$，$m=0.216\times\ln\phi+2.177$，$b=0.9929$，$n=1.7544$。

3. 饱和度的确定

Ⅰ 层组按照试油、试采资料选取原则选取了 9 口井 26 个层段试油、压裂数据，建立孔隙度与含油饱和度交会图，图版精度为 92.5%（图 5.62）。

Ⅰ 层组物性标准为油层：$S_o\geqslant55.0\%$，$\phi\geqslant5.0\%$；油水同层：$42.0\%\leqslant S_o<55.0\%$，$\phi\geqslant5.0\%$；水层：$S_o<42.0\%$，$\phi\geqslant5.0\%$；干层：$\phi<5.0\%$。

收集红柳泉 E_3^1 油藏 Ⅱ-Ⅳ 层组试油、压裂资料 59 个层段，但部分层段因试油未彻底或压裂不成功。统计试油、压裂明确结论的 41 个层段，建立孔隙度与含油饱和度交会图，图版精度为 90.2%（图 5.63）。

Ⅱ-Ⅳ 层组物性标准为油层：$S_o\geqslant50.0\%$，$\phi\geqslant6.0\%$；油水同层：$45.0\%\leqslant S_o<50.0\%$，$\phi\geqslant6.0\%$；水层：$S_o<40.0\%$，$\phi\geqslant6.0\%$；干层：$\phi<6.0\%$。

针对柴西地区低孔隙度低渗透率储层的地质特点，通过该项目的研究建立了一套相对完善的具有柴达木盆地西部特色的测井综合评价方法，并已推广应用。

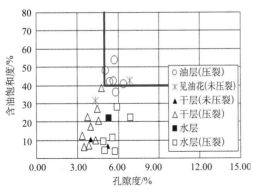

图 5.62　E_3^1 I 段孔隙度-含油饱和度交会图

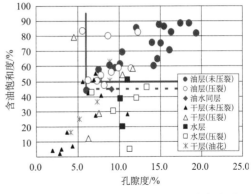

图 5.63　E_3^1 II-IV 段孔隙度-含油饱和度交会图

三、测井新技术在低孔低渗储层评价中的应用

阵列声波测井资料包含信息比较多，是获取连续地层纵横波速度的最好方法之一。在取得纵横波速度之后，可以计算泊松比、弹性模量、体积模量等岩石力学参数。在此基础上可以进行井中地层应力分析，确定最大、最小安全钻井泥浆密度，为钻井工程服务；研究地层岩石强度、地层破裂压力，为制定地层压裂施工方案提供参数和依据。

分析整理乌南-绿草滩地区的地层破裂压力资料，其中测有 LOG_IQ 阵列声波的井有 6 口（表 5.10）。从表中看出，该地区破裂压力梯度为 0.0254～0.0368 MPa/m，变化范围较大，这就给岩石力学参数的处理参数选择带来了一定的困难。

表 5.10　乌南-绿草滩地区破裂压力表

井号	压裂层位/m	地面破裂压力/MPa	地下破裂压力/MPa	破裂压力梯度/(MPa/m)	计算地层破裂压力/MPa	备注
乌 26	2085.7～2092.1	40.5	54.8	0.0262	60	压裂曲线算得
乌 28	1671.7～1673.7	38.3	47	0.0281	41.5	压裂曲线算得
绿 9	3028.0～3032.0	70	78.3	0.0258	72	岩心试验
绿 10	2440.9～2451.4	78	84.6	0.0346	80	岩心试验
绿 11	2364.9～2368.6	83	87.29	0.0368	85	压裂曲线算得
绿 13	2932.5～2937.0	68	74.57	0.0254	68	压裂曲线算得

应用 Petrosite 软件，以压裂施工中获得地层破裂压力为依据，分别对 6 口井阵列声波测井资料进行岩石力学参数处理，通过参数调整，初步获得该区处理参数（表5.11）。

表 5.11　乌南阵列声波处理参数一览表

井号	处理参数				
	泊松比乘因子 （DPOISSON）	泊松比加因子 （CPOISSON）	杨氏模量乘因子 （DYOUNG）	杨氏模量加因子 （CYOUNG）	上覆地层压力系数 （OBG）
乌 26	1	0.05	0.8	0.5	1.4
乌 28	1	0.05	0.8	0.5	1.4
绿 9	0.9	0.05	0.8	0.5	1.2
绿 10	1	0.05	0.8	0.8	1.4
绿 11	1.2	0.05	0.9	1.1	1.4
绿 13	1	0.05	0.9	0.5	1.3
地区参数	1.0(0.9～1.2)	0.05	0.8(0.8～0.9)	0.5(0.5～1.1)	1.3(1.2～1.4)

　　图 5.64 为乌 26 井调整处理参数后的处理成果图，图中的处理参数的选择依据是压裂施工中获得的实际地层破裂压力。与调整参数前所处理的成果图相比较（图 5.65），可以看出，2093～2095m 井段，实际使用的泥浆比重接近或小于最小泥浆比重。该井段由于应力不平稳导致井眼垮塌，在测井曲线上反映为井径曲线增大。而图 5.65 中，由于横波时差提取上有些误差，造成了泊松比、杨氏模量、剪切模量和最大泥浆比重等参数在局部井段有跳变，最小泥浆比重计算值稍微偏低并且有回零现象。

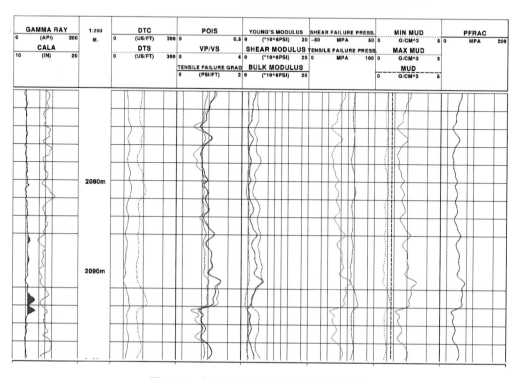

图 5.64　乌 26 井岩石力学参数处理成果图

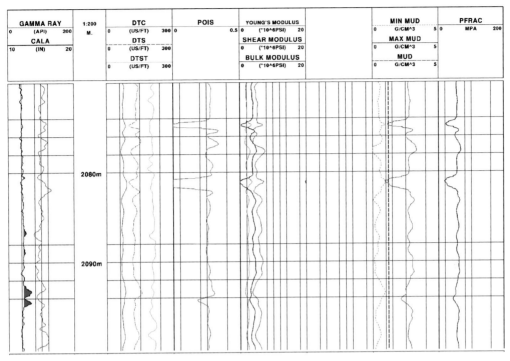

图 5.65　乌 26 井岩石力学参数处理成果图（青海测井处理）

第四节　低孔低渗储层评价测井系列优化

测井的主要目的是划分储层与非储层、确定储层岩性和物性以及评价储层中流体性质。一口井或一个地区储层的岩性、物性、流体性质、层厚及钻井液性质等不尽相同，不同仪器又有它不同的使用条件和适用范围。青海油田在各类井测井系列选择上存在诸多问题，导致少数井资料解释精度不是很理想，严重影响了油田勘探与开发效果。因此，结合储层本身的岩性、物性、流体性质、厚度及井筒状况、钻井液性质等因素，合理细化和选择测井系列有着非常重要的意义。

针对不同的井别和不同的岩性地层进行测井系列优化选择进行优化。

一、砂泥岩地层

测井主要的目的是发现油气层和精确计算储层的孔隙度、渗透率、含油饱和度等地质参数，为准确计算油气储量和制订开发方案提供可靠依据。根据这一需要，必测项目要求有不同探测深度双侧向电阻率测井、孔隙度测井、自然伽马、自然电位、井径、井斜等，选测项目包括地层倾角、阵列感应、自然伽马能谱、多极子阵列声波、核磁共振、成像测井（表 5.12）。

表 5.12　砂泥岩剖面基本测井系列和选测项目

基本系列	测井内容		深度比例	备　注
	名称	代号		
组合测井	双侧向-微聚焦 补偿中子 补偿密度 声波时差 自然伽马 自然电位 井　径	DIL-MFL CNL DEN AC GR SP CAL	1：200	预计有浅气层时，组合测井测至气层顶界以上 50m
标准测井	自然伽马 自然电位 井　径 井斜与方位	GR SP CAL DEVI	1：500	
放大测井	双感应 自然伽马 自然电位	DIL GR SP	1：100	①连续取心 10m 以上，进行放大测井； ②盐水泥浆时，用双侧向替代双感应
选测项目	地层倾角 阵列感应 自然伽马能谱 多极子阵列声波 核磁共振 成像测井	HDT HDIL NGS MAC NMIL STAR-Ⅱ	1：200	根据需要选择
	地层测试	FMT		

二、碳酸盐岩地层

　　乌南、红柳泉油田的碳酸盐岩地层孔隙结构较为复杂，三孔隙度曲线很难反映储层特征，用常规测井曲线较难判断储层参数（ϕ，k，S_w），结合测井新技术较为容易地解决了这一困难。针对碳酸盐岩地层特性除了砂泥岩储层常规测井项目，主要加测核磁测井、阵列声波测井，其效果比较显著。

　　为了探明乌南、红柳泉油田的碳酸盐岩储层的特性，应选择必测项目有不同探测深度双侧向电阻率测井、孔隙度测井、自然伽马、自然电位、井径、井斜等，还应尽量多测核磁测井、阵列声波测井项目，才能准确评价碳酸盐岩储层（表 5.13）。

表 5.13　碳酸盐岩和复杂岩性剖面基本测井系列及选测项目

基本系列	测井内容		深度比例	备　注
	名称	代号		
组合测井	双侧向-微聚焦 补偿中子 密　度 声波时差 自然伽马 自然电位 井　径	DIL-MFL CNL LDL AC GR SP CAL	1：200	目的层段录井有油气显示的井段进行核磁共振测井和成像测井； 无岩性密度仪器时，可用补偿密度替代
标准测井	双侧向 自然伽马 自然电位 井　径 井斜与方位	GLL GR SP CAL DEVI	1：500	
放大测井	双侧向 自然伽马 自然电位	DLL GR SP	1：100	
选测项目	阵列感应 多极子声波 核磁共振 成像测井 井眼环周声波 地层倾角	HDIL MAC NMIL STAR-Ⅱ CAST HDT	1：200	根据需要选择
	地层测试	FMT		

第六章 复杂岩性储层测井评价技术

柴西地区复杂岩性油藏占相当大比例，正确识别复杂岩性是储层评价的第一步。

第一节 复杂岩性识别常用方法及技术

复杂岩性识别的基本思路是从取心、露头等第一手信息入手，重点了解地质特征、地层沉积环境、岩性发育情况，为准确、合理且符合地区情况的岩性识别工作打下认识基础；继而对薄片、岩心描述、录井等岩性资料进行归位、整理，并获取其典型测井响应特征（常规、成像）；最后利用对响应特征实现方便快捷的岩性识别（图 6.1）。

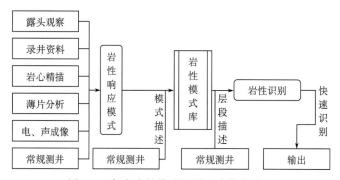

图 6.1 复杂岩性快速识别基本技术流程

目前基于测井资料的岩性识别问题主要包括基于微电阻率扫描图像模式、井周声波成像图像模式的定性人工识别方法，地层矿物组分体积模型法和基于各类常规测井资料的多参数模式识别法三大类。具体常用方法主要包括电成像图像模式识别法，测井交会图版法，地层组分分析法，人工神经网络方法等。这些方法优劣各异，适应于不同的研究对象，下面简述利用上述方法进行岩性识别的基本原理。

一、基于取心刻度的电成像图像模式识别法

不同岩性的岩石有着特定的形成机理和其化学成分。特定的形成机理让岩石表现出特定的内部结构和沉积构造。通过对这些特殊的沉积特征认识，可帮助识别不同的岩性。表 6.1 列出了碎屑岩和碳酸盐岩的一些主要结构和沉积构造特征。

表 6.1　沉积岩的结构和沉积构造

		粒度	颗粒形状及球度	圆度及表面结构	填隙物结构	胶结类型	支撑结构
碎屑岩	结构	碎屑颗粒的大小	颗粒形状，用颗粒接近球体的程度来描述	圆度指碎屑颗粒原始棱角被磨圆的程度；表面结构指颗粒表面的形态特征	杂基、胶结物的特征	基底、孔隙、接触、镶嵌胶结四种	杂基支撑和颗粒支撑
	沉积构造	层理构造	层面构造	变形构造	化学成因构造	生物成因构造	
		水平、平行、波状、交错、压扁、透镜状、递变、韵律、均质（块状）	波痕、剥离线理、泥裂、雨痕与冰雹痕、槽模与沟模	负载构造、球枕构造、包卷层理、滑塌构造、碟状构造	假晶、结核（如龟背石）	生物遗迹、生物扰动、植物根茎痕	
碳酸盐岩	组分与结构	颗粒	泥	胶结物	生物格架	晶粒	
		内、外两类来源的颗粒（鲕粒、藻粒、粪球粒、生物颗粒等），结构描述可参考碎屑岩	微晶碳酸盐泥，对应碎屑岩基质部分（粒度上限 0.005mm）	同砂岩中的胶结物，以亮晶方解石形式存在	群体生物骨骼格架（珊瑚、苔藓、海绵等）；藻类黏结格架（叠层石）	结晶碳酸盐独有（包括砾晶、砂晶、粉晶、泥晶）	
	沉积构造	层理构造			化学成因构造	生物成因构造	
		块状、水平、韵律等			鸟眼构造、示顶底构造、缝合线构造	叠层石、虫孔及虫迹构造	

由于不同岩性具有不同的内部结构、沉积构造等特征，这些特征导致不同岩石局部电阻率在大小、分布和形态上各不相同。微电阻率成像方法通过对井壁的扫描得到井壁地层的电阻率分布图像，这些图像是一部分岩石结构和沉积构造等特征在电阻率上的宏观综合体现，因此可以利用电成像图像实现岩性的判别。

通过取心资料上的特殊岩性资料刻度微电阻率扫描成像图像，有助于建立各种复杂岩性的电成像模式，以实现基于电成像的岩性识别。实际上，在成熟研究区，相对经济的微电阻率扫描成像测井在某些方面甚至已经起到取心的作用。

基于取心刻度的电成像模式识别法的不足是目前各研究区电成像资料相对有限，该方法以人工定性解释为主，加上庞大的数据量导致较低处理效率，因此现场大范围应用的可能性较小，更多的是作为一种重要岩性信息渠道和辅助性识别方法。

二、常规测井资料交会图版法

常规测井交会图版是地层岩性相对简单的研究区的传统岩性识别方法，这些方法基于不同岩性具备不同测井响应的特点，通过对岩性敏感的测井资料的交会，可得到岩性的识别图版。图版法简单、快速，使用方便。由于参与交会的测井资料相对有限（二维、三维），其在多类复杂岩性识别上往往效果不很理想。但作为一种检测复杂岩性的测井响应，以及作为快速定性区分二、三种特殊岩性的方法，可用于现场快速解释。

表 6.2 是常见的一些岩石、矿物及地层流体的测井响应标准值，其中

$$M = \frac{\Delta t_f - \Delta t_{ma}}{\rho_{ma} - \rho_f} \times 0.01 = \frac{\Delta t_f - \Delta t}{\rho_b - \rho_f} \times 0.01, \quad N = \frac{\varphi_{Nf} - \varphi_{Nma}}{\rho_{ma} - \rho_f} = \frac{\varphi_{Nf} - \varphi_N}{\rho_b - \rho_f}$$

由表可知，不同岩石、矿物、地层流体在理论上有着相差较大的测井响应，因此，某些复杂的岩性是可以通过几类特定的测井响应值及其相关衍生数值来进行识别的，如 GR、P_e、M、N、泥质含量、碳酸盐含量等。

确定岩性的基本交会图有 ρ_b-Φ_{CNL}，ρ_b-Δt，Φ_{CNL}-Δt，M-N，GR-P_e，GR-RT 等。Atlas 公司的 CRA、NCRA 等复杂岩性分析程序，也主要通过交会方法确定岩石主要成分：给定四类矿物（石英、方解石、白云石、硬石膏，在图版中分别对应标准点）中的两种，进而计算孔隙度和矿物比例。图版类型有普通二维散点图、频率图、Z 值图等。此外还可用三角图、雷达图等描述不同岩性的统计特征。

也可以通过对测井资料进行统计处理后产生的新参数进行交会，如在灰质泥质均较重的油泉子地区作该类岩性识别，其方法为：通过对岩性敏感的测井资料进行主成分分析，得到第 1 主成分和第 2 主成分，并认为两者较敏感地客观反映了泥质和灰质的存在，在此基础上对已知岩性段测井取值，计算第 1、第 2 主成分，并进行交会，从不同岩性在交会图上的分布区间来划定岩性的图版界限，从而实现岩性识别。

表 6.2　常见岩石、矿物、流体的测井响应情况

矿物与物质	声速 /(m/s)	时差 /(μs/m)	密度 /(g/cm³)	热中子俘获截面 $\Sigma(e \cdot \mu)$	P_e	M	N	GR (API)
渗透性砂岩	5940	168				0.835	0.669	
致密性砂岩	5500	182				0.862	0.669	
致密石灰岩	6400～7000	156～143				0.854	0.621	
白云岩	7900	125				0.8	0.544	
泥岩	1830～3960	548～252						
泥质砂岩	5640	177						90～300
石英	5494	182	2.654	4.26	1.81	0.81	0.64	
方解石	6493	154	2.71	7.1	5.05	0.83	0.59	
白云石	7007	142.7	2.87	4.8	3.14	0.78	0.5	

续表

矿物与物质	声速 /(m/s)	时差 /(μs/m)	密度 /(g/cm³)	热中子俘获截面 $\Sigma(e \cdot \mu)$	P_e	M	N	GR (API)
硬石膏	6100~6250	164~160	2.96	12.45	5.08	0.718	0.532	
岩盐	4600~5200	217~193	2.165	754.2	4.65	1.269	1.032	
石油（0℃，1atm）	1070~1320	985~757	0.85	25.13	0.12	3.83		
甲烷（0℃，1atm）	442	2260		12.49	0.1			
矿化水	1530~1620	655~620	1.146	157.6	1.2			
空气（0℃，1atm）	330	3000						

注：$1atm = 1.01325 \times 10^5 Pa$。

三、多组分体积模型法

多组分体积模型法也称为地层组分分析法。由于地层与储集层均可以看成是由多个不同的、独立的具有各自性质的组分组成的，如石英、长石、方解石、白云石、石膏等各种骨架矿物和不动油、可动油、可动水、天然气、泥质等。测井得到的是岩石表现出来的综合物理性质（如宏观电学性质、声学性质、核物理性质等），因此可以考虑以各组分的相对含量为自变量建立测井响应方程。建立的测井响应方程简单、数学模型易于求解。它的主要特点是计算速度快，模型误差小，使用简单，能充分全面地利用现有的测井信息。

根据上述原理，可写出各种测井仪器的响应方程式如下（以密度测井为例）

$$\rho_b = \rho_{or} x_{or} + \rho_{om} x_{om} + \rho_{fw} x_{fw} + \rho_g x_g + \rho_{sh} x_{sh} + \rho_{ma1} x_{ma1} + \rho_{ma2} x_{ma2} + \cdots + \rho_{mak} x_{mak}$$

式中，ρ_{or}、ρ_{om}、ρ_{fw}、ρ_g、ρ_{sh} 以及 ρ_{ma1}、ρ_{ma2}，$\cdots$，ρ_{mak} 分别表示地层中不动油、可动油、自由水、气、泥质以及岩石骨架矿物（$1 \sim k$ 种）的体积密度值。

全部测井仪器的响应方程，可用通式简单表示为

$$\sum_{j=1}^{n} A_{ij} X_j = B_i \quad (i = 1, 2, \cdots, m) \tag{6.1}$$

式中，n 表示组成地层的组分个数，X_j 表示第 j 种组分的相对含量。m 表示测井仪器的个数，B 表示地层对测井仪器的响应值。解以上由 m 个方程组成的方程组，就可以求得 X_j，进而获取地层岩性与流体信息。

地层组分分析作为一种岩性识别方法，其不足是该方法只考虑岩石的组成与含量而不考虑岩石内部结构（颗粒大小、磨圆情况、骨架与填隙物的比例）、沉积构造［层理（包括水平/平行/交错等）、层面构造、滑动变形；生物扰动或者快速堆积等特征］以及因此造成的地层组分性质的变化（如碳酸钙以晶粒状方解石和普通块状结构的灰泥两种方式存在时的不同）。单从岩性识别角度来说这明显不够。但考虑到测井解释的目的是更准确更高效地寻找油气层，而地层组分分析能够在求取各矿物的含量的同时，求取出油、气、水等孔隙流体成分含量，因此其仍然不失为一种好的解决复杂岩性问题的方法。

四、多参数模式识别方法

各类常规测井资料岩性识别问题，归根结底属于多参数模式识别范畴。其实现可归纳为：测井资料预处理→岩性分层→特征量提取→建立模式库→模式识别→输出结果。

多参数模式识别常用的方法很多，其中人工神经网络方法（artificial neural network，ANN）是一种模仿动物神经网络的行为特征，进行分布式并行信息处理的算法模型。岩性问题涉及地质问题本身的多样性，测井资料采集处理中的一些信息破坏和损失等诸多变数，是人工神经网络方法的典型应用对象。本次主要以 VB 结合 Matlab 人工神经网络工具箱实现的岩性识别程序为例，介绍人工神经网络模式识别方法在岩性识别中的应用，该方法可设计流程如图 6.2 所示。

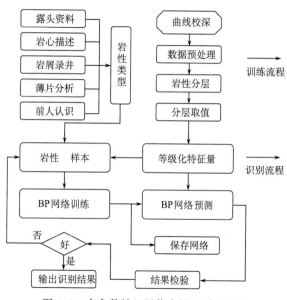

图 6.2　多参数神经网络岩性识别流程图

（一）岩性分层

经过曲线校正、岩性归位和预处理后，进行岩性分层。岩性分层涉及分层参考曲线的选择（主要是三岩性曲线）、分层算法的选择等。岩性分层根据实际岩性识别精度的需要，可设计不同的分层分辨率。

（二）特征量提取

在岩性分层的基础上，可针对单一岩性段的各条曲线进行特征描述。选取适当的特征量，就可表达出各种岩性之间的差别。常见的曲线特征量有平均中位数 AM、相对重心 W、振荡频率（差分变号密度）、方差 S、偏度 $U3$、峰度 $U4$、曲线凹凸性等。这些特征量不同程度地响应于沉积环境和岩性类型，如振荡频率就反映了层内的均质情况；

在动荡水体中形成的岩性和在安静水体中形成的岩性在该特征量上就有不同的响应，如颗粒灰岩和普通无沉积构造的灰岩。

分层取值可选择提取自然伽马、三孔隙度（声波、中子、密度）、深浅电阻率、光电吸收截面指数 PE 等多条曲线的上述任意特征量值，组合起来作为基本输入特征量。

分层取得特征值之后，还有至关重要的一步就是将特征量等级化。等级化的工作是按照特征量的值域，将其划分（线性或者对数）为指定的等级，并把各个层单元的特征量等级特征用维数与指定等级数相等的向量表示出来，如指定等级数为 4，则该特征量的 1～4 级形式可表示为 {(1, 0, 0, 0)；(0, 1, 0, 0)；(0, 0, 1, 0)；(0, 0, 0, 1)}，图 6.3 是某曲线的层均值进行三级等级化的示意图。

等级化处理可分为线性等级化和对数等级化。通常对深浅电阻率曲线的平均中位数采用了多级对数等级化。网络训练和预测效果表明，

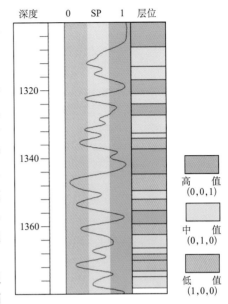

图 6.3 曲线层均值的三级等级化示意图

数据等级化由于更符合人脑思考问题的习惯，在网络训练仿真中可以简化计算，改善收敛情况，网络预测更具合理性。

曲线、曲线对应特征量类型、特征量类型对应等级化次数和方式（线形、对数）等信息，组成了特征量提取模式（图 6.4）。建立并保存这种特征量提取模式，调用该模式进行特征量提取和处理，可以快速提取特征量，提高岩性识别工作的效率。

图 6.4 模式化提取特征量示意图

（三）建立样本库

样本库的建立有以下 5 个步骤（图 6.5）。

1）选取并对比确定关键井中的岩性样本层段：通过选取典型井中的特定层段，对比其岩心、录井、测井等方面资料，确定岩性结论；

2）自动分层并格式化提取特征量，将特征量按照深度与结论确定岩性段对应起来，形成"特征量-岩性"映射信息；

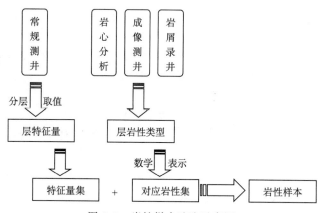

图 6.5　岩性样本选取示意图

3）将上述"特征量-岩性"映射信息中自动提取的特征量作为样本的输入部分；

4）将上述"特征量-岩性"映射信息中岩性信息进行数学处理，作为样本的输出部分，如当得样本中包含砾岩、砂岩、泥岩三种主要岩性时，要表示砾岩、砂岩、泥岩这三个对象，最好的方法是用一个三维的单位向量来表示，而不是三个不同的数，这样可以做到彼此不相关，如砾岩＝（1，0，0）；砂岩＝（0，1，0）；泥岩＝（0，0，1）；

5）将岩性种类记录下来作为样本索引部分，为自动识别后获取岩性名称提供索引。样本选取应在可对比的同区多口井中进行，要做到种类齐全，数量适中。

（四）人工神经网络训练与识别

在样本库建立起来以后，需要建立一个合适的人工神经网络，然后通过训练过程让网络从样本库中获取输入特征量与输出岩性之间的非线性关系。这个过程就是人工神经网络的学习过程。在 Matlab 中提供建立一个 BP 神经网络的函数以及可选择的训练（学习）函数，从而实现样本的训练。

在建立起基于岩性样本的网络模型之后，就可以通过训练好的网络来自动识别岩性。Matlab 神经网络工具箱提供 sim 函数可实现该功能。

利用 VB 程序实现测井常规资料的读取、分层、提取特征量并进行等级化，在此基础上对等级化层数据进行保存，利用此数据建立起样本后，VB 主程序可自动调用 Matlab 引擎读入样本文件并进行训练，最后保存训练好的网络并用于识别，并可在识别中直接调用已训练好的网络。

第二节　岩石物理特性与四性关系

一、油泉子地区

（一）岩石物理研究

油泉子地区共三口井有岩电实验资料，油 15 井、油 8 井、油浅 13-13；对现有资料分析后认为，油 15 井、油浅 13-13 井资料可用。油 8 井资料不可用，主要原因是，虽然其孔隙度适中，但都集中于 15% 左右，且在物性资料上反映的渗透率太低，平均只有 $0.095 \times 10^{-3} \mu m^2$，电阻率指数资料不可靠。所以主要以油 15 井、油浅 13-13 井的资料建立该区岩电模型、求取参数。

1. 地层因素与孔隙度模型

对油 15 井 25 块次岩样、油浅 13-13 井 18 块次岩样进行了常规岩电参数测量，综合拟合得到 $F\text{-}\phi$ 关系模型，回归得到该区的 $F\text{-}\phi$ 关系模型。

定 m 模型（图 6.6）关系式为：$F = 1.7588/\phi^{1.5494}$，相关系数 $R = 0.9650$；变 m 模型（图 6.7）关系式为：$F = 1/\phi^{0.2142\ln(\phi)+2.2854}$，相关系数 $R = 0.9768$。

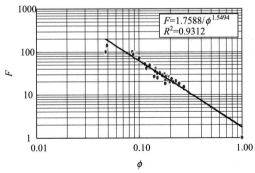
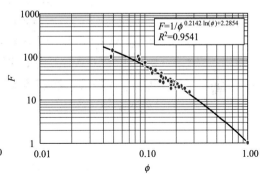

图 6.6　油泉子地区 $F\text{-}\phi$ 定 m 模型图　　　　图 6.7　油泉子地区 $F\text{-}\phi$ 变 m 模型

2. 电阻增大率与含水饱和度模型

通过对油 15 井共计 25 块岩样常规岩电参数测量，得到 25 个系列 173 个有效的 $I\text{-}S_w$ 数据；油浅 13-13 井共计对 18 块次岩样进行了常规岩电参数测量，得到 18 个系列 143 个有效的 $I\text{-}S_w$ 数据。综合两井得到油泉子地区的电阻增大率模型关系式为（图 6.8）：$I = 1.0246/S_w^{2.3986}$，相关系数 $R = 0.9556$。

（二）四性关系研究

1. 岩性特征

本区共计取心 9 口井：油 8、油 15、油 21、油 106、油 109、油 112、油 115、油

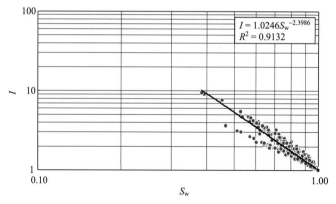

图 6.8　油泉子地区 I-S_w 模型图

116、油浅 13-13，由取心井薄片分析资料统计得到的岩性类型有：灰质粉砂岩、含粉砂泥晶灰岩、泥晶灰岩、泥质泥晶灰岩、泥灰岩、灰质泥岩、泥岩共 7 种。

选取油 15、油 8、油 12、油 16、油 17、油 19、油 21、油 112、油 114、油 115、油 116、油 117 共 12 口井的岩屑录井资料（浅层＜100m）作统计，得到的岩性类型及比例分布情况如图 6.9 所示。

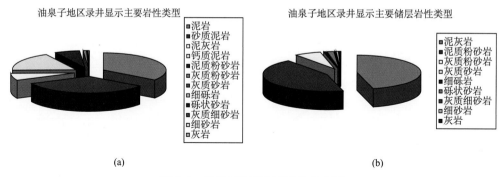

图 6.9　油泉子地区主要岩性分布图
（a）油泉子油田岩性饼状图；（b）油泉子油田主要储层岩性饼状图

2. 物性特征

油泉子油田浅层（$N_2^1 \sim N_2^2$）共分析孔隙度 482 块、渗透率 355 块，储层孔隙度主要分布在 0.7%～28.33%，均值为 14%，峰值分布在 12.5%～20%；储层渗透率主要分布范围在 $0.01 \sim 100 \times 10^{-3} \mu m^2$，平均渗透率为 $2.14 \times 10^{-3} \mu m^2$，属于特低渗透层，如图 6.10 所示。

3. 电性特征

前期试油多以多层合试为主，油水同出，且产量相对较低，没有典型油层。近期单层试油亦未见较好的纯油层，但是综合考虑到试油日产量、试油工艺等对试油结果的影响，故而对本区典型油层、油水同层、水层、干层的测井响应特征描述如下。

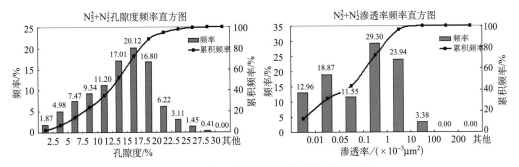

图 6.10　$N_2^1+N_2^2$ 储层物性数据分布直方图

（1）典型油层特征

本区没有严格意义上的纯油层。油 112 井 548.3～551.4m 的 72 号层解释为油层，下部 73 号层测井解释为水层，72 号层压裂试油日产油 1.72 m³，产水 7.23m³。认为压裂沟通了油层下部的水层，导致试油时油水同出，故可将 72 号层作为典型油层，73、74 号层作为该区典型水层（图 6.11）。油 112 井典型油层的测井电阻率一般在 4Ω·m 以上，自然电位明显负异常，自然伽马低值，声波时差与补偿中子孔隙度明显低于围岩，岩性密度值增大，为孔隙度相对较低的渗透性地层。

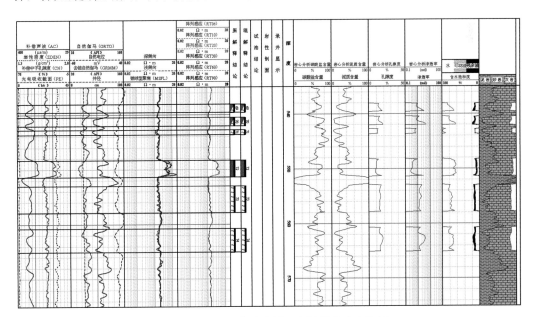

图 6.11　油 112 典型油层、水层测井响应特征

（2）典型油水同层特征

本区油水同层电性特征不明显。油 Q13-13 井 471.5～473.4m 的 53 号层、479.2～

480.7m 的 55 号层、533～538m 的 60 号层三层解释分别为干层、干层、水层，试油证实均为油水同层，其中 53 号层日产油 3.59m³、日产水 1.18m³；55 号层日产油 1.05 m³、日产水 1.46 m³；60 号层日产油 0.98m³、日产水 0.46m³。

孔渗相对较高的储层，受含油饱和度控制，试油以出水为主。孔渗较低储层，受地层压力控制，出纯油可能性很小。故本区油水同层主要表现为孔隙度相对较低、电阻率介于 2～3Ω·m、自然电位负异常、自然伽马相对低值、声波时差略低于围岩（250μs/m 左右），岩性密度值明显高于围岩，如图 6.12 所示。

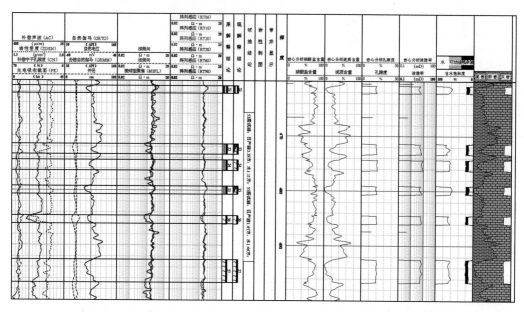

图 6.12　油浅 13-13 典型油水同层测井响应特征

（3）典型水层特征

油泉子油田中浅层地层水矿化度较高，阵列感应测井可以明确认识水层，测井电阻率一般在 2Ω·m 以下。当然对于不同的地层水以及储层高钙质等特殊情况，一些水层电阻率可能会大于 2Ω·m。图 6.11 即油 112 井 73、74 号两个典型水层。

（4）典型干层特征

干层多为岩性细、发育微孔隙为主。自然电位负异常明显、自然伽马明显低值。声波可出现较高值，测井电阻率通常也稍高于围岩，甚至低于围岩。以中子孔隙度增大为明显特征。若以致密碳酸盐岩为主要特征的干层，则主要体现在相对较低的声波时差和较高的电阻上，声波时差值低于 260μs/m。图 6.13 即油 117 井 58 号层典型干层测井特征。

4. 含油性特征

对研究区录井和取心等资料分析认为，研究区储层显示含油级别较低，以油迹为主，累计厚度为 18.96m，占 63.20%；其次为荧光，累计厚度为 9.82m，占 32.73%，油斑累计厚度为 1.22m，占 0.77%，在取心资料中没有见到油浸级别的显示（图 6.14）。

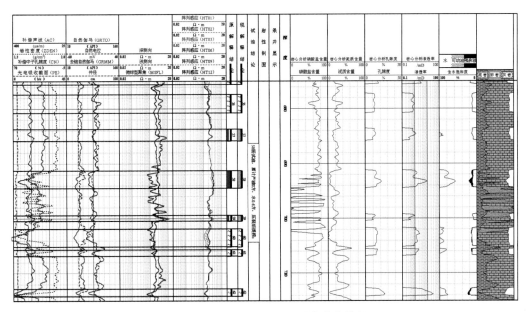

图 6.13　油 117 典型干层测井响应特征

5. 四性关系

（1）含油性与岩性

以本区资料较为集中的油 Q13-13 的资料为主进行含油性与岩性的关系分析，如图 6.15 所示，藻灰岩、泥晶灰岩、泥灰岩、粉砂岩的含油级别相对较高，泥质粉砂岩主要以荧光级别居多。

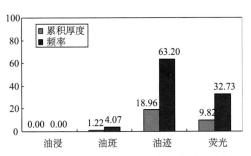

图 6.14　油泉子地区含油性资料统计直方图

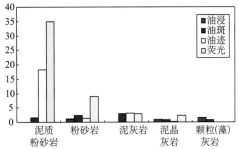

图 6.15　油泉子地区含油性与岩性统计关系

（2）含油性与物性

对本区油 21、油 8、油 109、油 15、油 116 共 5 口井 77 个岩心分析层位物性与含油性资料的统计表明，含油级别与物性好坏关系不明显，但是总体上，含油岩样的物性分布比较集中，由此可将本区含油物性下限定为 $\phi = 12\%$，$K = 0.06 \times 10^{-3} \mu m^2$，如图 6.16 所示。

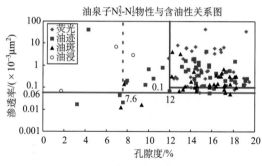

图 6.16　油泉子地区含油性与物性关系图

（3）岩性与物性

收集整理油 8、油 15、油 21、油 109、油 112、油 116、油 Q13-13 岩性与物性对应样品点共 621 个，其中油 109 井 126 个点无渗透率分析资料。

根据岩性与物性对应的关系来看，不同岩性对应不同的物性，其中以泥晶灰岩统计物性最好，多数泥质粉砂岩、泥灰岩样品的物性也相对较好，孔隙度主体分布在 $\phi >$ 12%，$K > 0.1 \times 10^{-3} \mu m^2$ 范围，如图 6.17 所示。图 6.18 是油 Q13-13 井资料为主的不同岩性的物性分布规律图，图中可知泥晶灰岩、泥灰岩、粉砂岩、泥质粉砂岩物性分布范围相差不大。与图 6.17 存在同样的问题是藻灰岩由于样品太少，体现的统计规律不能反映实际情况。

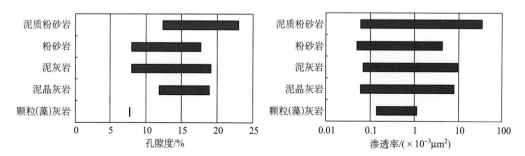

图 6.17　不同岩性的物性分布规律

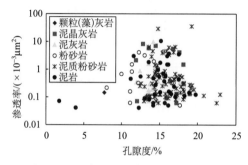

图 6.18　油泉子地区岩性与物性的关系

二、南翼山地区

（一）岩石物理研究

1. 地层因素与孔隙度模型

南翼山岩电资料共有两口井：南浅 3-6、南浅 3-09。

对南浅 3-6 井 6 块岩心、南浅 3-09 井两组数据进行岩电实验分别得到 F-ϕ 数据如图 6.19、图 6.20 所示。

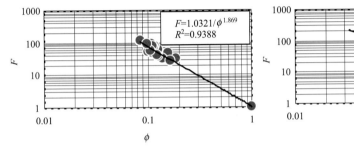

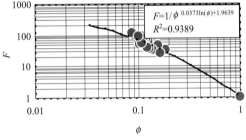

图 6.19　南翼山全区资料 F-ϕ 定 m 模型图　　图 6.20　南翼山全区资料 F-ϕ 变 m 模型图

2. 电阻增大率与含水饱和度模型

南浅 3-6 井 6 块岩心、南浅 3-09 井 101 组数据（去除裂缝）岩电实验得到 I-S_w 数据所建立的 I-S_w 模型（图 6.21），$I = 1.0208 S_w - 1.8259$，$R^2 = 0.975$。

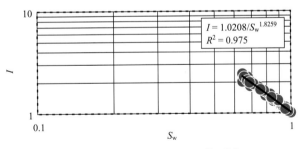

图 6.21　南翼山地区 I-S_w 模型图

（二）四性关系研究

1. 岩性特征

对该区 V 油组 5 口井岩心精细描述的岩性资料（400 个岩性层，累计厚度 339.63m）进行统计，统计显示该区主要发育 8 类岩性，各种岩性分布如图 6.22

（b）所示。

对该区 3 口取心井的 354 块薄片分析岩性资料进行统计，统计表明主要岩性类型包括粉砂岩、泥晶灰（云）岩、普通灰（云）岩、混杂岩、藻灰岩、泥岩 6 种，各种岩性分布如图 6.22（c）所示。

碳酸盐岩含量取心井 1 口：南 105，计 38 数据点。南 105 井 38 块碳酸盐含量数据统计表明，分析层碳酸盐含量最大为 78%，最小为 14.08%，平均为 37%，峰值分布于 25%～35%。表明南翼山地区的碳酸盐普遍发育的特征，如图 6.22（d）。

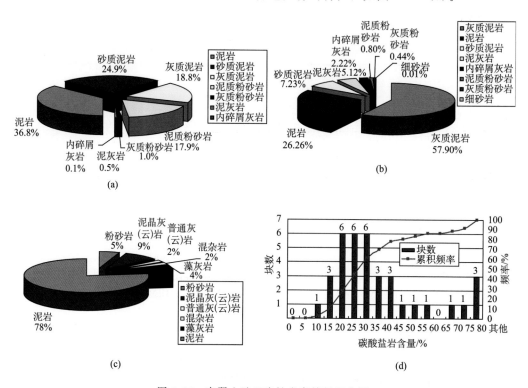

图 6.22　南翼山油田岩性发育特征组合图

（a）南翼山油田录井显示主要岩性饼状图；（b）南翼山油田岩心描述显示主要岩性饼状图；
（c）南翼山油田薄片鉴定显示主要岩性饼状图；（d）南翼山地区碳酸盐含量统计特征

2. 物性特征

南翼山油田中浅层共有岩心分析孔隙度资料 405 块、渗透率 400 块，储层孔隙度主要为 5%～15%，均值为 10%，峰值区间 10%～12.5%；储层渗透率主要分布基本不具备正态分布，1～10×10^{-3} μm^2 范围的概率主峰和 0.01～0.05×10^{-3} μm^2 范围的概率次峰同时存在，平均渗透率 4.58×10^{-3} μm^2，属高非均质性的低渗透地层，见表 6.3。

表 6.3　南翼山油田中浅层物性数据分布统计表

孔隙度/%			渗透率/($10^{-3}\mu m^2$)		
区间/%	频率/%	样品数	区间/%	频率/%	样品数
≤2.5	6.91	28	<0.01	8.50	34
2.5~5	2.22	9	0.01~0.05	22.50	90
5~7.5	10.12	41	0.05~0.1	6.00	24
7.5~10	22.47	91	0.1~1	21.25	85
10~12.5	34.81	141	1~10	26.25	105
12.5~15	18.77	76	10~100	15.50	62
15~17.5	3.70	15			
17.5~20	0.74	3			
20~22.5	0.25	1			
最大值		20.6	最大值		36.90
最小值		0.2	最小值		0.005
平均值		10.0	平均值		4.58
总样品数/块		405	总样品数/块		400

3. 电性特征

Ⅴ油组储层产液量相对较大，但典型油、水、干层在一定程度上受压裂造成的不合理试油结论影响，存在特征不典型乃至与试油表面结论不吻合的现象，需要深入分析。

（1）典型油层特征

南浅 3-6 井 1585~1590.1m 的 71 号层解释为油层（图 6.23），71 号层压裂试油日产油 15.6m³，产水少量，属于典型油层。测井电阻率一般在 4Ω·m 以上，自然电位明显负异常，自然伽马低值，声波时差与补偿中子孔隙度略低于围岩，密度值增大，为泥质含量较低，孔隙度、渗透率中等的渗透性地层。

（2）典型油水同层特征

南浅 3-09 井 1601.7~1604.2m 的 131 号层解释为油水同层（图 6.24），压裂试油日产油 1.79m³，产水 3.44m³，属于油水同层。测井电阻率可高达 3~5Ω·m，自然电位一定程度负异常，自然伽马低值，声波时差与补偿中子孔隙度略低于围岩，密度值增大，为泥质含量、孔隙度、渗透率均相对较低的渗透性地层。该类地层测井解释含水饱和度较低，但残余油饱和度较高，压裂对地层渗透性的大幅改造导致油水同出。

此外，应注意常规油水同层，即含油饱和度较高，测井解释通常表现为油层，但是由于原始孔渗较高，地层即便在不压裂的情况下，试油也容易导致油水同出。这类油水同层通常产能较高。

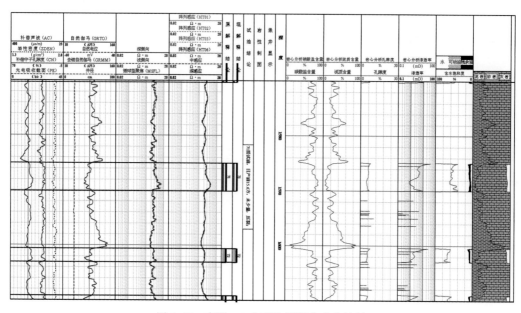

图 6.23　南浅 3-6 典型油层测井响应特征

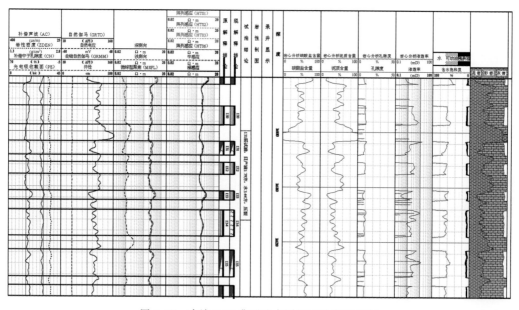

图 6.24　南浅 3-09 典型油水同层测井响应特征

（3）典型水层特征

南 102 井 1536～1539m 的 158、159 号层解释为油水同层，2 层合试压裂日产油 0m³，产水 52.94m³，属于典型水层，如图 6.25 所示。

由于地层水矿化度较高，水层电阻率较低，相对油层、油水同层而言较低，通常在 2Ω·m 以下。部分水层受岩性影响，可能出现高阻的特殊情况。

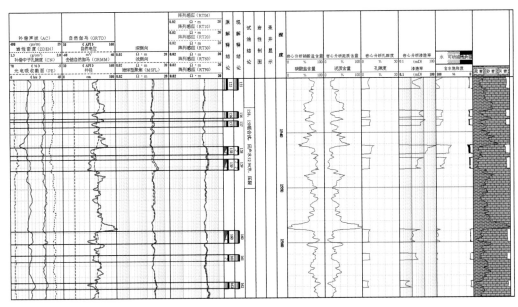

图 6.25 南 102 典型水层测井响应特征

（4）典型干层特征

南 103 井 1529.2～1531.6m 的 158 号层解释为油水同层，压裂试油日产油 0.0m³，产水 0.0m³，属于干层。

如图 6.26 所示，本区干层多为岩性细、相对致密、层薄，声波明显低值，测井电阻率通常也稍高于围岩，在 2～4Ω·m。以致密碳酸盐岩为主要特征的干层，则主要体现在相对较低的声波时差和较高的电阻上，声波时差值低于 250μs/m。

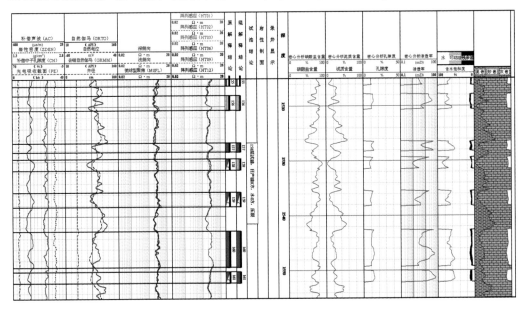

图 6.26 南 103 典型干层测井响应特征

4. 含油性特征

对研究区 5 口井 399.63m 取心段 400 层岩心精细描述资料的统计得到，研究区储层显示含油级别较低，以油迹为主，见表 6.4。

表 6.4　南翼山地区岩心描述含油性资料统计表

井名	油浸		油斑		油迹		荧光	
	累计厚度/m	层数	累计厚度/m	层数	累计厚度/m	层数	累计厚度/m	层数
南浅-09			3.23	7	32.3	19	0	0
南 102					0.73	1	16.55	40
南 104					0.74	1	2.22	13
南 105					2.26	5	0.86	2
南浅 3-6					0.05	1	1.77	3
合计			3.23	7	35.98	27	21.4	58

5. 四性关系

（1）含油性与岩性

以 5 口取心井岩心资料进行含油性与岩性关系分析（图 6.27），由图可知碎屑灰岩含油级别较高，取心段油斑显示均发现于碎屑灰岩，泥灰岩、泥质（灰质）粉砂岩也有一定量荧光显示，泥岩在统计段所占的比例极大，在油气显示统计中也占有一定比例。

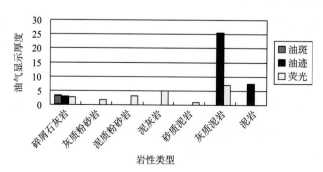

图 6.27　南翼山地区含油性与岩性统计关系图

（2）含油性与物性

物性分析资料中未见油浸、油斑等级别较高的油气显示。岩心精细描述资料与物性资料的对应统计显示，含油级别与物性好坏关系不明显，如图 6.28 所示。

（3）岩性与物性

岩性与物性资料的统计表明，岩性在一定程度上控制着物性好坏，整体上，粉砂岩、碎屑灰岩等具备较好的物性特征，应当为本区主要的储层岩性，如图 6.29 所示。

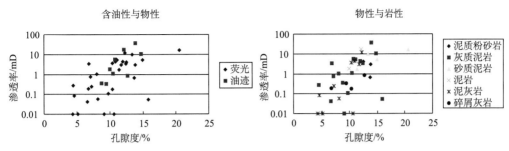

图 6.28 南翼山地区含油性与物性统计关系　　图 6.29 南翼山地区物性与岩性统计关系

第三节　复杂岩性储层的岩性识别技术

一、基于取心刻度的电成像图像模式识别

油泉子油田共有微电阻率扫描成像资料 14 口井，系列包括 FMI、XRMI、Star-Ⅱ三类，其中油 112、油 116、油 15、油 21、油 8、油 Q13-13 多井均对应有取心资料。列出了该地区微电阻率扫描成像资料的详细情况及其对应的取心段信息。

基于油 112、油 116、油 15、油 21、油 8、油 Q13-13 多井电成像、岩心资料的详细对比分析，本次对油泉子电成像图像资料进行了岩心刻度，形成了该区藻灰岩、泥晶灰岩、泥灰岩、粉砂岩等岩性的电成像图像模式，见表 6.5。

表 6.5　油泉子岩心刻度的电成像岩性模式表

岩性	井名	井段/m	成像图像模式	岩心/薄片 照片	岩心描述
藻灰岩	油浅13-13	533.1～533.6			电成像：高阻特征，一定的层理构造；铸体薄片：深灰色藻灰岩，断面凹凸不平
	油 15	598.1～599.2		(50× 单偏光)	电成像：中高阻特征，较强的非均质性，清晰的絮团状图像特征；铸体薄片：微观上仍为泥晶灰质结构，主要由泥晶方解石组成，但均匀混有少量泥质和粉砂级碎屑，少量生物介壳平行分布，见霉球状黄铁矿零星分布

续表

岩性	井名	井段/m	成像图像模式	岩心/薄片 照片	岩心描述
泥晶灰岩	油15	676.5～677		(50× 单偏光)	电成像：中高阻特征，清晰的层理特征，泥晶结构，可见部分细晶、粉晶高阻亮带；铸体薄片：泥晶灰质结构，主要由泥晶方解石组成，较均匀分布粉砂级碎屑和少量黏土。局部见少量球粒，直径多在0.10～0.20mm。零星分布溶蚀孔和少量微孔隙，面孔率约为2%，孔隙连通性差
	油15	699.7～700.1		(50× 单偏光)	电成像：中高阻特征，可分辨的层理特征，泥晶结构，可见部分细晶、粉晶形成的高阻亮点；铸体薄片：泥晶灰质结构，主要由泥晶方解石组成，较均匀分布10%的粉砂级碎屑和少量黏土。零星分布溶蚀孔和少量微孔隙，面孔率约为1%，孔隙连通性差
泥灰岩	油浅13-13	645.08～645.23	645m		电成像：较高阻特征，可见清晰的层理构造，高阻部分成带、成块，显得较致密；岩心：较灰色泥灰岩，性脆、较硬
	油浅13-13	464.7～465.05	465m		电成像：较高阻特征，可见清晰的层理构造，高阻部分成带、成块，显得较致密；岩心：块状较致密，棕灰色泥岩
泥灰岩	油15	696～697			电成像：中高阻特征，能见搅混构造；岩心：较硬，性脆，含泥质不均匀，泥晶结构，搅混构造。距顶13.60～13.79m发育溶蚀孔洞，孔径为1～5mm，50%全充填，50%半充填，充填物泥质及方解石，充填程度85%。有特殊沉积构造

续表

岩性	井名	井段/m	成像图像模式	岩心/薄片 照片	岩心描述
粉砂岩	油 15	605～608	605m	（100×单偏光）	电成像：中高阻特征，可见颗粒结构，层理特征相对不明显；岩心：泥质胶结，较致密。含油试验：岩心荧光灯下呈亮黄色，CCl₄浸泡液灯下乳白色。岩心出筒时可闻到油香味，滴水实验微渗。HCl⁺⁺
泥岩	油 15	662～664	663m		电成像：较低阻特征，含高阻条带，180°相位差的垂直垮塌低阻带。水平层理；岩心：较硬，微含钙质，含砂不均匀。距顶 11.65～13.52m 夹厚 1～3mm 的钙质粉砂岩薄层，分布不均，发育水平层理。HCl⁺
泥岩	油 15	593～605	600m		电成像：较低阻特征，含高阻条带，水平层理特征清晰；岩心：较软，质不纯，微含钙质及砂质。发育水平层理，断面见云母片。HCl⁺
	油 Q13-13	576～578.5			本区发育的非典型泥岩，表现为高阻、破碎的特征

南翼山油田中、浅层共收集到微电阻率扫描成像资料 4 口井，主要系列为 LogIQ。其中南 102、南 105、南浅 3-6 共 3 口井对应有取心。

二、基于常规图版的岩性识别

油泉子油田取心井段 3 口井、南翼山油田 V 油组及其以下取心井段 3 口井有薄片岩性鉴定资料。通过对取心资料进行归位（参考地面伽马与测井自然伽马），按深度取多个测井值，探索不同岩性在不同测井资料上的响应情况，从而找出对不同岩性响应特征最明显的测井资料及对应的响应规律。

基于上述资料，本次对南翼山电成像图像资料进行了岩心刻度，形成了该区藻灰岩、泥晶灰岩、泥灰岩、粉砂岩的电成像图像模式，见表 6.6。

表 6.6　南翼山岩心刻度的电成像岩性模式表

岩性	井名	井段/m	成像图像模式	岩心/薄片 照片	岩心描述
藻灰岩	南 105	1707.76~ 1708.64	 （XRMI 图像）		电成像：高阻絮状图像特征，无可见的层理特征，发育较大的溶孔，图像上显示为低阻暗色孤立点。 岩心：灰色油迹内碎屑藻灰岩。硬，脆，可见不规则的缝洞分布，直径为 1~3mm，平均直径为 1mm，内碎屑成分有灰色泥岩、钙质泥岩及藻屑，断裂面及缝洞见油迹显示。含油试验：湿干照淡黄色，正己烷浸泡淡黄色，荧光灯下乳白色。无油脂感，敲开新鲜面有油味，不污手，滴水实验呈半珠状，微渗。距顶 1.05~1.12m 夹灰色灰质泥岩条带，并见冲刷面。见藻叠层构造和生物扰动构造。
藻灰岩	南 105	1727.90~ 1728.09	 （XRMI 图像）		电成像：在层理特征清晰协调的围岩中，表现出薄层状絮状高阻带，亦可见孔洞发育。 岩心：灰色油迹藻灰岩。硬，脆，可见不规则的缝洞分布，直径为 1~3mm，平均直径为 1mm，内碎屑成分有灰色泥岩、钙质泥岩、泥灰岩及藻屑，断裂面及缝洞见油迹显示。含油试验：湿干照淡黄色，正己烷浸泡淡黄色，荧光灯下乳白色。滴水实验呈馒头状，微渗。
白云岩	南 105	1737.03~ 1737.42	 （XRMI 图像）		电成像：发育较清晰的层理特征（高阻条带），异常高阻，底部围岩接触处可见溶蚀孔。 岩心：灰色荧光内碎屑藻灰岩。硬，脆，可见直径为 1~3mm 不规则的缝洞分布，内碎屑成分有灰质泥岩、泥灰岩及藻屑，发育藻架孔和溶蚀孔，方解石、石膏、砂质充填，叠层构造发育，断裂面及缝洞见荧光显示。含油试验：湿干照淡黄色，正己烷浸泡无色，荧光灯下乳白色。无油味，滴水实验速渗。HCL^{++}。

岩性	井名	井段/m	成像图像模式	岩心/薄片 照片	岩心描述
白云岩	南105	2345.99～2346.31	（XRMI 图像）		电成像：高阻，无典型特殊沉积构造特征，能见充填裂缝（非反映岩性的重点所在）。 岩心：浅黄色荧光含泥灰质白云岩。硬，脆，夹泥灰岩条带，层理发育，距顶 11.52～11.7m 处见两条近水平方向裂缝，缝面见擦痕，方解石及石膏充填，含油试验：湿干照淡黄色，正己烷浸泡无色，荧光灯下乳白色。
泥灰岩	南105	1723.7～1724.6	（XRMI 图像）		电成像：可见近水平的层理发育特征，层理较清晰，图像显示层间过渡缓和，沉积构造发育少，体现出层状、块状致密沉积特征。 岩心：灰色泥灰岩。见垂向充填缝。硬，脆，含少量砂质，HCL+++。
泥灰岩	南105	2329.98～2330.35	（XRMI 图像）		电成像：高阻、块状，裂缝发育，图像基础特征被复杂的高阻充填缝图像特征掩盖。可见半充填的低阻缝图像特征（岩性特征较弱）。 岩心：灰色泥灰岩。构造缝发育，断面见水平方向擦痕，方解石全充填－半充填，缝洞发育。

常规图版法的岩性识别中用到的测井特征值，包括 AC、DEN、CN、RD、RS、RILD、RILM、GR、PE、CAL、M、N，在此基础上通过蛛网图来定性描述各类岩性的分布规律，借此筛选能够较好地区分各类储层岩性测井值，如图 6.30 所示。各类岩性在多参数描述蛛网图上表现出不同的形态特征和聚集规律。

根据基础资料整理，本次基于在蛛网图的基础上，进行二维图版描述，共计制作交会图版 8 张。分析认为油泉子浅层 RD-CN 交会图版能够较好地将粉砂岩类与灰岩类区分开来，而灰岩类中的泥晶灰岩与泥灰岩之间，在 CN 值上也有一定的分布规律，如图 6.31 所示；南翼山的 PE-N 交会图版能够较好地将粉砂岩类、藻灰岩与普通灰岩区分开来，效果较好，如图 6.32 所示。

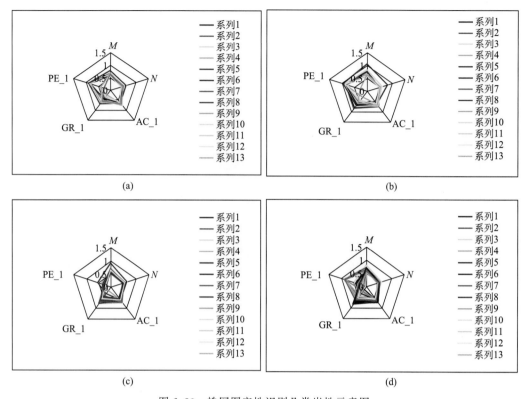

图 6.30　蛛网图定性识别几类岩性示意图

（a）泥晶灰岩蜘蛛网图；（b）泥灰岩蜘蛛网图；（c）粉砂岩蜘蛛网图；（d）泥岩蜘蛛网图

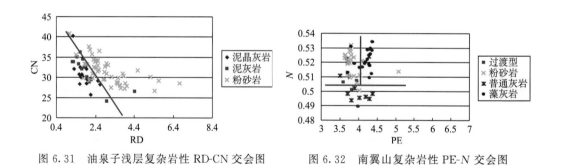

图 6.31　油泉子浅层复杂岩性 RD-CN 交会图　　图 6.32　南翼山复杂岩性 PE-N 交会图

三、地层组分分析

利用 LEAD2.1 测井评价与应用平台中的地层组分分析模块对油浅 13-13、油 15、油 112、油 116、油 109、南 102、南 104、南 05、南 106、南浅 3-6、南浅 3-09 等取心井进行了处理，将对比处理结果与岩心分析资料（物性分析资料、碳酸盐含量、泥质含量分析等资料）和试油结论进行对比分析。通过对组分响应参数的核实与编辑，对参数卡中骨架组分控制参数、孔隙流体计算开关的选取，发现地层组分分析处理结果与岩心分析资料、试油结果吻合较好，认为该方法能够较好地揭示以高灰质为特征的复杂岩性发育地区的矿物成分、孔渗、含油气情况，如图 6.33、图 6.34 所示。

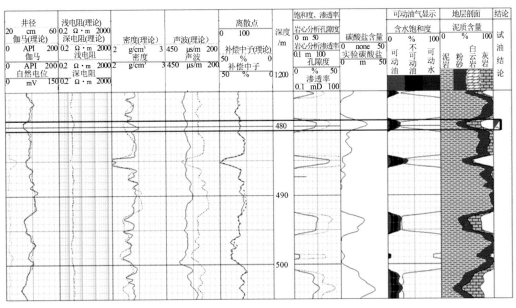

图 6.33　油浅 13-13 地层组分分析成果图（475～505m）

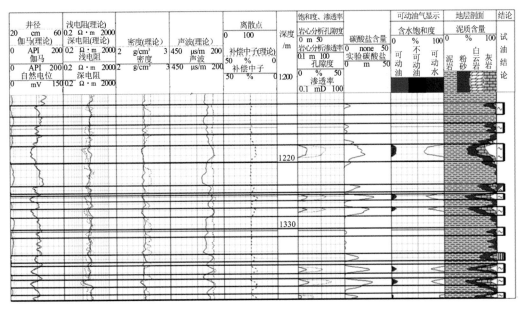

图 6.34　南 102 地层组分分析成果图（1310～1340m）

从图中可以看出，地层组分分析模块处理得到的孔渗数据，在试油层油气测井响应上解释结果可靠，但在碳酸盐含量、泥质含量数据上与岩心分析数据符合性则相对较差。分析测井解释碳酸盐含量不准确的原因，应为岩心碳酸盐含量分析中取样为相对碳酸盐含量较高者，而粉砂质条带往往未纳入分析取心考虑中，故测井响应比岩心分析结果低。

四、基于人工神经网络的岩性识别

（一）特征量提取

以油泉子为例，结合本区测井资料和岩性类型的特征，本次选取三孔隙度（分层取值时至少从 150m 开始，以消除浅层、井眼等影响）、自然伽马、深浅电阻率以及 PE 值共 7 条曲线进行分层和取值。特征值类型主要为测井层的平均中位数，最后对平均中位数进行分布区间上的 5 级等级化变换处理（包括线性和对数两种）。

自动分层取值并作等级化处理之后，对分层取值之后的特征量作检查分析，对其分布特征进行考查，确定分布特征合理，方可用于选取样本，建立样本库。如图 6.35 所示，对油 112 的 200～800m 井段进行自动分层，并按照上述格式取值，在对等级化后特征量的各级分布频率统计分析后，发现 AC、GR、LLD（对数等级化）、LLS（对数等级化）、PE、CNL 等曲线的平均中位数在 5 级等级化后各级的分布合理，基本表现出正态分布的形态，而 DEN 资料则有悖于这一规律。究其原因为本井浅层两处井径异常小（扩径导致）造成等级化时统计区间拉伸（区间数一定，值分布区间扩大引起统计区间拉伸），集中的密度值落入最后一个区间，从而不能很好地反映分布规律，也就对岩性识别的合理性和准确性造成伤害。在发现这一原因后，即需考虑对扩径处密度值进行校正（也可考虑不用密度值），从而消除密度值的异常无效值带来的不良影响。

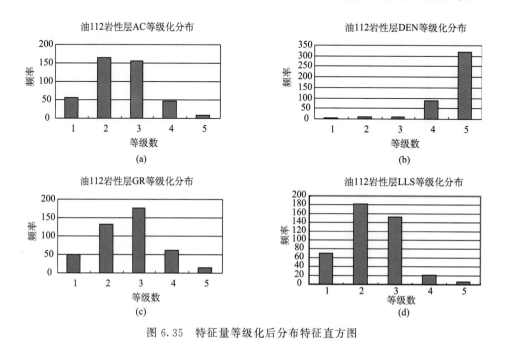

图 6.35　特征量等级化后分布特征直方图

(二) 样本的选取

分别采取岩心薄片、岩屑录井两项资料进行了岩性样本库的建立识别尝试。

油泉子薄片鉴定岩性样本库共选取来自油 15、油 112 井的岩性样本 21 个点,其中灰质粉砂岩 2 个、含粉砂泥晶灰岩 2 个、泥晶灰岩 4 个、泥质泥晶灰岩 2 个、泥灰岩 4 个、灰质泥岩 5 个、泥岩 2 个;岩屑录井岩性样本库共取来自油 15、油 112 井等 6 口井的岩性样本 271 个样本点,其中泥岩 69 个、砂质泥岩 70 个、泥灰岩 62 个、钙(灰)质泥岩 50 个、泥质粉砂岩 17 个、灰质粉砂岩 1 个、细砂岩 2 个。

南翼山地区样本选取,考虑到两种不同识别目的和基础资料特征,在南 102、南 104、南 105、南浅 3-6、南浅 3-09 这 5 口取心井岩心资料的基础上,进行了基于岩心描述资料的以典型藻灰岩等主要储层岩性为主的岩性识别。本次采取岩心描述资料进行了岩性样本库建立和识别尝试。基于岩心描述资料,岩性样本库共选取来自南 102、南 104、南 105 井的岩性样本 60 个,累计层厚 72.525m,其中泥质粉砂岩 3 个、藻灰岩 5 个、泥灰岩 12 个、粉砂质泥岩 7 个、灰质泥岩 18 个、泥岩 15 个。

(三) 训练与识别效果

油泉子地区本次分别利用基于岩心薄片、岩屑录井资料建立起来的样本库对相关井

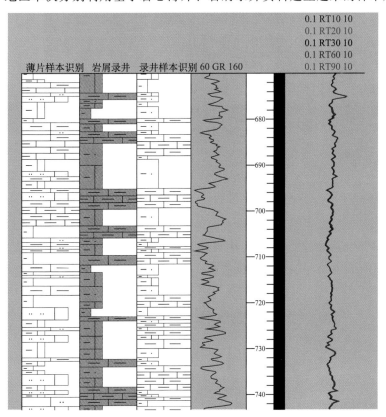

图 6.36　油 112 井录井样本和薄片样本识别效果比较

非样本段进行了岩性识别，识别效果如图 6.36、图 6.37 所示。由图 6.36 可知，基于薄片样本的岩性识别效果与岩屑录井剖面的比较不理想，而基于录井样本的岩性识别中，分层情况与录井显示吻合较好，效果相对薄片样本稍好，但对泥岩、粉砂质泥岩和钙质泥岩的区别上不够理想，泥灰岩的识别效果相对最不可靠。考虑到岩屑录井本身在深度、岩性定名准确率上存在的问题，可以认为该方法在提高准确率上应该还有较大空间。

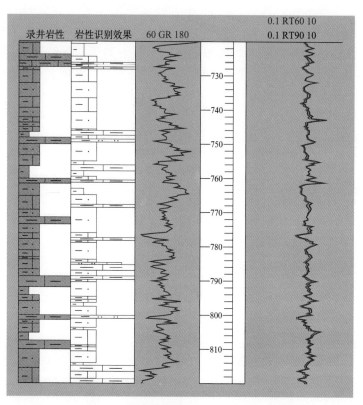

图 6.37　岩屑录井库对油 116 井岩性识别效果图

南翼山地区本次基于岩心描述资料建立起来的样本库对相关井非样本段进行了岩性识别，识别效果如图 6.38 所示；由图可知，自动分层效果基本能够反映岩性层信息，岩性自动识别结果在细节上与岩心描述有一些出入，但整体上较为符合实际情况。

第四节　复杂岩性储层定性评价解释

一、油泉子地区定性评价解释

收集核实分析 11 口井 33 个试油层位，在此基础上分层测井取值，经数学计算后建立各类测井解释图版 23 张，效果比较明显的是侧向、泥质校正后的声波测井组合的各类图版，如图 6.39 所示。

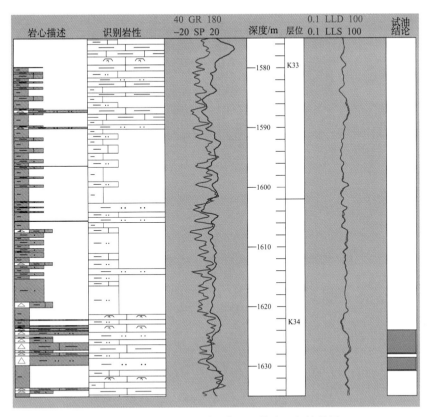

图 6.38 岩性自动识别在南 102 井取心段效果图

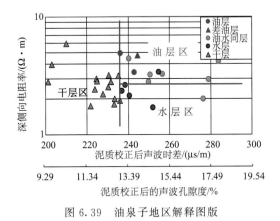

图 6.39 油泉子地区解释图版

二、南翼山地区定性评价解释

共统计 V 油组试油井 15 口 45 层,编制各类测井解释图版 12 张,其中效果比较明显的是侧向或感应电阻率、声波曲线组合的各类图版,如图 6.40 所示。

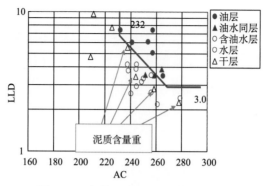

图 6.40 南翼山地区 V 油组解释图版

第五节 复杂岩性储层定量评价

下面分别建立油泉子、南翼山两个地区的储层定量评价模型和解释标准。

一、油泉子复杂储层定量评价方法

(一) 定量解释模型

1. 泥质含量模型

油浅 13-13 井总共进行 X 衍射实验分析黏土含量 33 块岩心，其中建交会图用 29 块（图 6.41）。删点原则：有 1 块岩心分析数据有误（$V_{sh}=59.3$，$V_{ca}=48.1$），1 个孤立点；2 个点：实验分析数据间距小于 0.2m。

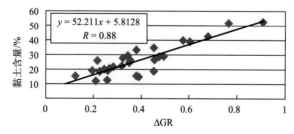

图 6.41 基于 X 衍射实验分析资料的泥质含量模型

确定本区黏土含量模型为：$V_{sh}=52.211\times\Delta GR+5.813$。

2. 孔隙度模型

油泉子上盘孔隙度资料（6 口）所建模型如图 6.42 所示；下盘孔隙度资料（2 口）所建模型如图 6.43 所示。

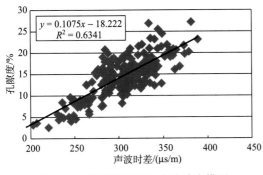

图 6.42 油泉子地区上盘孔隙度模型　　　　图 6.43 油泉子地区下盘孔隙度模型

3. 渗透率模型

油泉子归位后渗透率资料（4 口井），上盘 2 口井，下盘 2 口井。回归得到该区孔渗关系为 $k = 0.0253 \mathrm{e}^{0.2746\phi}$，$R = 0.81$，如图 6.44 所示。

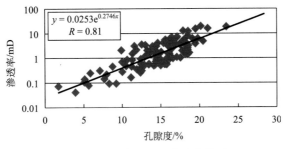

图 6.44 油泉子油田渗透率模型

4. 地层水模型

利用 6 口井 17 个资料点数据，建立油泉子地区地层温度与井深关系为：$T_\mathrm{f} = -0.0434 \times H + 6.4035$，如图 6.45 所示。

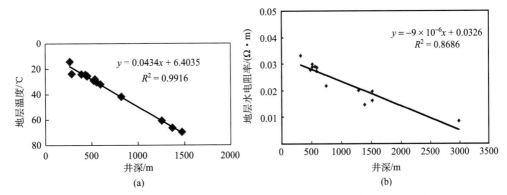

(a)　　　　　　　　　　　　　　(b)

图 6.45 油泉子地区地层温度与深度、地层水电阻率与深度关系图

利用 6 口井 14 个资料点数据，建立油泉子地区地层水电阻率与井深关系为：$R_w = -0.000009 \times H + 0.0326$，如图 6.45 所示。

根据收集到的资料，分析得到地层水矿化度为 $10 \times 10^4 \sim 34 \times 10^4 \mathrm{mg/L}$，平均为 $20.49 \times 10^4 \mathrm{mg/L}$，水型为 $CaCl_2$，等效 NaCl 分布范围为 $11 \times 10^4 \sim 20 \times 10^4 \mathrm{mg/L}$，平均为 $16.96 \times 10^4 \mathrm{mg/L}$；地层水电阻率分布范围为 $0.01 \sim 0.04 \Omega \cdot m$，其中，中浅层可取 $R_w = 0.0326 \Omega \cdot m$；

5. 碳酸盐模型

总共实验分析碳酸盐含量 109 块，其中建交会图用 95 块，建立碳酸盐含量模型如图 6.46 所示。

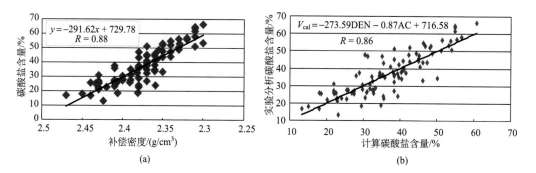

图 6.46　油泉子地区碳酸盐含量模型

(a) 基于密度测井的碳酸盐模型；(b) 基于多参数回归的碳酸盐含量模型

（二）定量解释标准

采用 $a = 1.713$、$b = 1.018$、$m = 1.625$、$n = 1.781$、$R_w = 0.0258 \Omega \cdot m$，对试油试采点进行孔隙度、含油饱和度计算，绘制含油饱和度与孔隙度交会图，建立含油饱和度标准（图 6.47、表 6.5）。

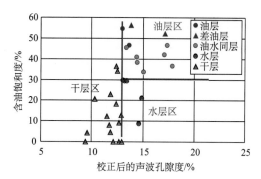

图 6.47　油泉子油田试油层饱和度-孔隙度交会图

表 6.7　油泉子地区油气定量解释标准

测井类别	油层	油水层	水层	干层
深侧向电阻率	$\geq 4.5\Omega\cdot m$	$4.5 > R_t \geq 2.8\Omega\cdot m$	$< 2.8\Omega\cdot m$	
校正后声波时差	$\geq 235\mu s/m$	$\geq 235\mu s/m$	$\geq 235\mu s/m$	$< 235\mu s/m$
孔隙度	$\geq 13\%$	$\geq 13\%$	$\geq 13\%$	$< 13\%$
含油饱和度	$\geq 46\%$	$46\% > S_o \geq 30\%$	$< 30\%$	

二、南翼山复杂储层定量评价方法

(一) 定量解释模型

1. 泥质含量模型

南翼山 V 油组共有 X 衍射实验分析黏土含量 50 块，本次研究采用南 102 井、南 104 井的 47 块岩样数据，利用 X 衍射分析资料与自然伽马建立模型（图 6.48）。得到计算泥质公式为

$$V_{sh} = 107.42\Delta GR - 9.7991,\ R^2 = 0.7245 \tag{6.2}$$

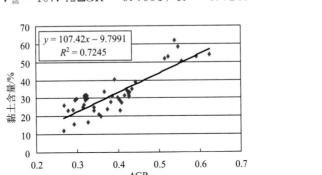

图 6.48　自然伽马相对值与泥质含量关系图

2. 孔隙度模型

本区共有五口井岩心分析孔隙度数据，但部分井数据不可用，本次研究采用南 102 井 365 块岩样建立孔隙度模型。

南翼山油田是一套处于碳酸盐岩沉积阶段的盐湖相沉积，其岩性含化学沉积和碎屑沉积，储层属于复杂岩性，用单一测井信息很难区分岩性对物性的影响，通过对 AC、DEN、CNL 三元回归统计计算孔隙度模型，其回归公式为

$$\phi = 0.34CNL + 0.054AC - 32.42DEN + 73.48,\ R^2 = 0.6889 \tag{6.3}$$

利用该公式计算南翼山油田 N_2^1 油藏 V 油组各孔隙度，分析测井计算孔隙度和岩心分析孔隙度，从图 6.49 中可以看出利用该公式计算孔隙度最大绝对误差为 1.0258，小于 1.5，最大相对误差 7.81%，小于 8%，满足储量计算标准的要求。

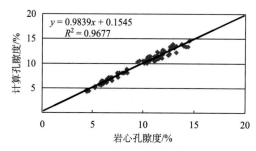

图 6.49　南翼山油田 N_2^1 油藏 V 油组岩心分析孔隙度与测井曲线计算孔隙度关系图

3. 渗透率模型

渗透率的确定采用以岩心渗透率与孔隙度交会方法进行计算。图 6.50 是归位后岩心渗透率与岩心孔隙度关系图，统计岩样 270 块，岩心孔隙度最大 17.43%，最小 3.676%；岩心渗透率最大 $36.9×10^{-3}\mu m^2$，岩心渗透率最小 $0.01×10^{-3}\mu m^2$。

回归方程为

$$K = 0.0003e^{0.7114\phi}，R^2 = 0.6431 \tag{6.4}$$

或

$$\ln K = 0.7114\phi - 5.81，R^2 = 0.6431 \tag{6.5}$$

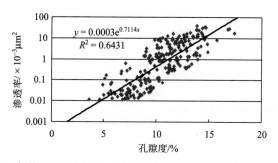

图 6.50　南翼山油田 N_2^1 油藏 V 油组岩心渗透率与岩心孔隙度关系图

4. 地层水模型

南翼山地区共收集 34 井 90 层水分析资料，其中 V 油组共 17 口井 26 层，建立南翼山地区地层温度与井深、地层压力与井深关系（图 6.51）为

$$T_f = -0.0415 × H + 11.911，R^2 = 0.9833 \tag{6.6}$$

建立南翼山地区地层压力与井深关系（图 6.51）为

$$P = 0.0113 \times H + 1.9737, \quad R^2 = 0.9183 \qquad (6.7)$$

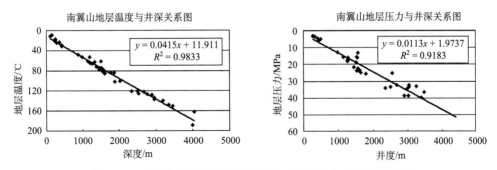

图 6.51 南翼山地区地层温度与深度、地层压力与井深关系图

南翼山地区西部收集资料 5 口井 11 层，矿化度变化比较平缓，分布在 158410～177626mg/L，平均为 167762mg/L，水型为 $CaCl_2$，计算地层水电阻率 R_w 分布为 0.0126～0.0153Ω・m，且与井深有较好线性关系，其平均值为 0.0143Ω・m，

$$R_w = -6 \times 10^{-6} \times H + 0.0240, \quad R^2 = 0.815 \qquad (6.8)$$

南翼山地区中部收集资料 10 口 14 层，矿化度变化比较快，159775～216618mg/L，平均为 194014mg/L，水型为 $CaCl_2$，计算地层水电阻率 R_w 分布在 0.0114～0.0149Ω・m，平均为 0.0131Ω・m。

南翼山地区东部收集资料 2 口 2 层，矿化度分布在 202664～220655mg/L，平均为 211659mg/L，水型为 $CaCl_2$，计算地层水电阻率 R_w 分布在 0.0124～0.0131Ω・m，平均为 0.0127Ω・m。

总体上，地层水矿化度从西向东逐渐变高，地层水电阻率逐渐变小。

5. 碳酸盐模型

南翼山油田Ⅴ油组共分析碳酸盐含量样品 440 块，岩心分析碳酸盐含量与声波时差、补偿中子、自然伽马相对值都有较好的相关性好，通过对 AC、CNL、GR 三元回归统计计算碳酸盐模型，其回归公式为

$$V_{cal} = -0.94 \times CNL - 0.07 \times AC - 49.58 \times GR + 80.18, \quad R^2 = 0.656 \qquad (6.9)$$

(二) 定量解释标准

采用此前研究中建立的岩电关系模型和地层水电阻率关系（$a = 1.0321$，$b = 1.0208$，$m = 1.869$，$n = 1.8259$，$R_w = 0.0143Ω・m$），由传统阿尔奇公式，计算含油饱和度。通过对试油、试采的层点进行孔隙度、含油饱和度计算，绘制含油饱和度与孔隙度交会图，建立含油饱和度标准（图 6.52）。

可以看出，当 $\phi > 8.6\%$、$S_o \geq 52\%$ 时，测井解释为油层；当 $\phi > 8.6$，$S_o < 52\%$ 时，测井解释为水层；当 $\phi \leq 8.6\%$ 时，测井解释为干层。有四个干层点落于水层区，是由于泥质含量相对较高造成的。

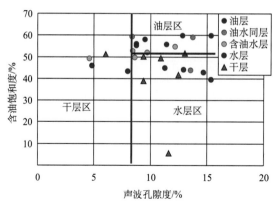

图 6.52　南翼山油田试油层饱和度-孔隙度交会图

第六节　资料处理及综合应用效果评价

本次资料处理与应用效果评价共采用岩心刻度模型法、地区模型约束的 CRA 法、地层组分分析方法共 3 种方法对各个地区的重点井进行了处理与解释，并对解释结果进行了比较和评价。

一、油泉子地区复杂储层评价技术应用效果评价

（一）新井、重点井解释情况

对本区新探井、取心井、试油井共 12 口进行基于岩心刻度模型法、模型约束 CRA 法、地层组分分析方法的处理解释，其中地区模型刻度 CRA 方法反映本地区地层中岩石及油气发育情况最优；岩心刻度模型法对储层参数计算上相对较合理，但对地层岩性确定相对较差；地层组分分析方法在本区岩性剖面的处理上效果较好，但由于利用内置的储层参数模型，在储层参数计算和油气层判断上效果不理想。

将油泉子 6 口重点取心井进行岩性处理，其中图 6.53 为油 8 井取心段应用地区模型刻度 CRA 岩性处理成果图，由图可知，各取心井段孔、渗、碳酸盐处理结果与岩心分析资料吻合情况较好，反映出孔、渗模型较好的地区适应性，以及 CRA 程序在岩性成分处理上在本地区的良好适应性。

进行了 10 口重点试油井综合处理，其中油 11 井处理结果如图 6.54 所示。对于 36、37 号层，36 号层原解释结论为油水同层，37 号层原解释结论为含油水层，从图上可以看出，36 号层岩性较纯，GR 明显低值，平均泥质含量 25%；孔隙度中等，约为 14.4%；深浅电阻率均有明显增大，在 5Ω·m 以上，含油饱和度达 42%，由油泉子地区解释标准可判定该层为油层。在提捞情况下，该层接近于出纯油，说明解释结果与试油结论相符。

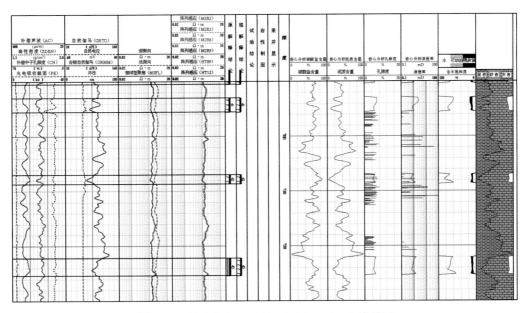

图 6.53 油 8 井模型刻度的 CRA 岩性处理成果图

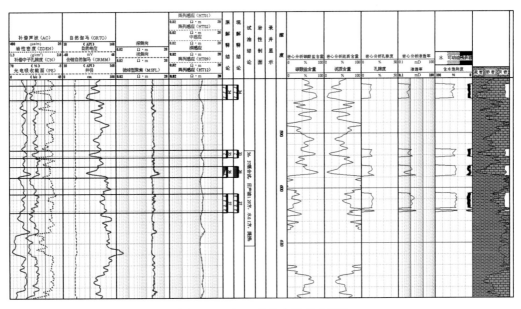

图 6.54 油 11 井综合处理成果图

（二）老井复查结果

开展本区老井资料复查工作，复查油泉子地区老井 20 口，其中 15 口井共计 586 层解释结论有变化。复查上交油层 0 层，差油层 20 层，油水同层 550 层，含油水层 16 层。

二、南翼山地区复杂储层评价技术应用效果评价

（一）新井、重点井解释情况

对南翼山 6 口重点井进行岩性处理，对 9 口重点试油井进行综合处理，其中南浅 3-6 井是本区典型油层，其再解释成果图如图 6.55 所示。南浅 3-6 井 1584.4～1589.8m 71 层原解释为差油层，试油日产油 15.6m³，水少量。从图上可以看出，该层厚达 5m，岩性相对较纯，物性中等偏卜，计算含油饱和度较高；孔隙度为 14.8%；深浅电阻率均有明显增大，达到 6Ω·m 以上，含油饱和度达 63%。由南翼山地区的解释标准可判定，该层为油层。在压裂情况下，该层接近于出纯油，说明该层含油饱和度解释达 60% 以上准确性。该油层再解释结果与试油结论相符。

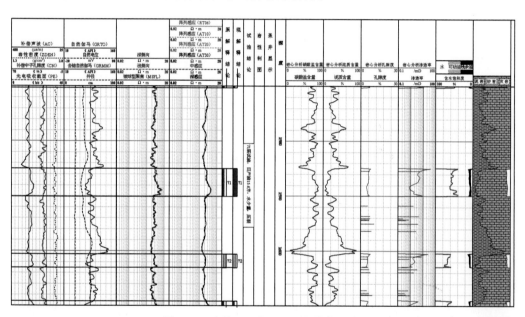

图 6.55　南浅 3-6 井油层再解释成果图

（二）老井复查结果

复查南翼山地区 22 口井，其中 17 口井共计 30 层解释结论有变化。复查上交油层 6 层，差油层 7 层，油水同层 10 层。

第七节　测井新技术在复杂岩性储层评价中的应用

一、微电阻率扫描成像测井

井眼微电阻率成像测井是发展较早、技术较成熟、应用较广的一种成像测井技术。

井眼微电阻率成像测井在岩石内部结构特征明显的特殊岩性及地层中具备较好图像响应，如快速堆积的砂砾岩非均质储层，以及沉积盆地中形成的各类火成岩非均质地层，内部结构和沉积构造特征明显的碳酸盐岩地层上也有较好的效果。一方面由于这类储层内部结构、沉积构造特征明显，图像模式典型可辨，另一方面由于这类岩性岩石结构复杂、储层非均质性强，用常规测井资料判断有效储层及其含油性比较困难，而利用成像资料对该种地层进行测井评价能取得较好的效果。

前已述及基于电成像测井的岩性刻度（表 6.3、表 6.4）基本可以很好判别油泉子、南翼山地区的复杂岩性。

二、元素俘获谱（ECS）测井

元素俘获谱测井（elemental capture spectroscopy，ECS）仪器采用了 Am-Be 中子源，发射高能中子平均能量约为 4 MeV，快中子与地层中的原子核发生非弹性碰撞和弹性碰撞，并逐渐减速为热中子，热中子最终被不同元素的原子核俘获，放出伽马射线。所放出的伽马射线是和俘获中子的特定元素原子核特征相对应的。仪器对不同元素的伽马射线的灵敏度不同，得到的是不同元素的相对含量。

元素俘获谱测井主要应用于评价地层各元素含量和识别岩性，研究沉积环境。由于元素俘获谱测井在沉积岩中可以提供比较准确的岩性剖面，通过新的氧化物闭合模型（MYWAL K）可以得到镁和钙元素的含量，以此区分云岩和灰岩。由于灰岩和白云岩的骨架密度和中子值的不同，可以确定岩性并对孔隙度进行计算；由 ECS 得到的灰岩

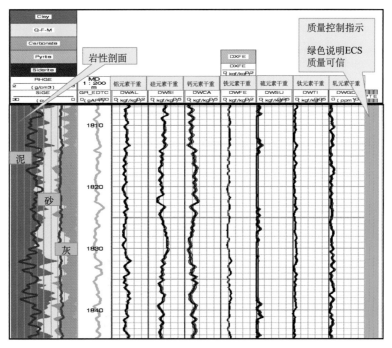

图 6.56 利用 ECS 资料解释岩性剖面

和白云岩的重量百分比曲线，对于储层参数的计算有很大的帮助。

　　油泉子地区油 21 井进行了 ECS 测井，通过对其资料的波谱、氧闭合等处理，最后得到铝、硅、钙、铁、硫、钛、钆等元素的干重百分含量以及地层岩性信息，如图 6.56 所示。

　　通过对常规曲线的分析和 ECS 数据的特殊处理，得到不同矿物的重量百分比。该测井方法提供了一种不受流体影响的判断岩性的手段，并能为含气碳酸盐岩地层中孔隙度的准确计算提供不可缺少的资料。

第七章　低阻储层测井评价技术研究

低阻油气层没有统一的电阻率界定标准，一般认为，属于在相同沉积环境下，相同测井仪器测量的油层电阻率与邻近水层电阻率之比（电阻增大率）小于 2 的油层。由于这一概念考虑了地质和测井因素，所以是目前比较合适的低阻油层概念。

一般来说，低阻油气层可以分为以下两种：第一，油气层电阻率与邻近泥岩层相当，甚至小于泥岩电阻率；第二，油气层电阻率与水层接近，油水层难以区分。本研究工作中，乌南油田的低阻油层属于第一种情况，而花土沟油田则属于第二种。

第一节　低阻油层成因机理分析

砂泥岩地层中的低电阻率油层大多由沉积因素引起，主要与多种因素有关，如地层水导电、细岩性的束缚水导电、泥质中的附加阳离子导电、储层中的重矿物导电及特殊孔隙结构，主要从以下几方面进行分析。

1. 孔隙结构复杂

低阻油层孔隙结构复杂，主要表现为孔喉半径小，微孔隙发育，导致储层高束缚水饱和度，这是花土沟和乌南油田低阻油层的主要原因。

花土沟低阻油层主要以粉砂岩、泥质粉砂岩为主，夹少量细砂岩、砾岩、含砾砂岩。储层颗粒较细，而细小颗粒储层一般孔隙结构复杂，孔喉直径偏小，储层孔隙主要以小孔和微孔为主。花土沟低阻油层孔喉半径分布图中存在两组主要孔隙系统（图 7.1）：一是以孔隙半径小于 $0.1\mu m$ 的微孔隙系统，流体在其中不能流动，它们在储层总孔隙系统中占有相当大的比例，并且有明显峰值，因而组成以束缚水为主要成分的导电网络，导致油气层含油饱和度变小和电阻率的降低。二是主要的渗流系统，孔喉半径分布在 $0.1\sim2\mu m$，表明主要以小孔隙为主，大于 $0.1\mu m$ 的孔喉分布带窄且没有明显峰值。这说明有效孔喉分选性较差，致使喉管曲度增加，造成孔隙结构复杂，从而降低了储层有效储集空间和渗流能力。花土沟油田毛管压力曲线表明储层分选差、排驱压力大。排替压力加大，成藏过程中岩石滞留地层水的能力增强，毛管中地层水被驱替补充而滞留在微小孔喉中，造成高束缚水饱和度。孔隙结构越差，储层的排替压力就越大，成藏过程中油气驱替毛管中的地层水也越困难，因此易于形成高束缚水饱和度的低阻油气层。

乌南油田 N_2^1 储层孔隙主要是原生粒间孔隙和次生孔隙，其次是基质内微孔隙和裂缝孔隙。由于成岩与构造双重作用导致次生孔隙发育，孔隙类型多样，非均质性强，孔隙结构十分复杂。油田压汞资料曲线表现出产层存在两组主要的孔隙系统：微孔隙和渗流孔隙系统。微孔隙系统孔隙半径小于 $0.01\mu m$，流体不能在其中渗流，面孔率比较高，因而组成以高束缚水为主要成分的导电网络，导致油气层电阻率降低。在渗流孔隙系统的储集空间孔隙半径也相对较小，峰值主要分布在 $0.063\mu m$ 左右，且分布带窄，说明主要以小孔隙为主，导致储层具有高束缚水饱和度特点（图 7.2）。

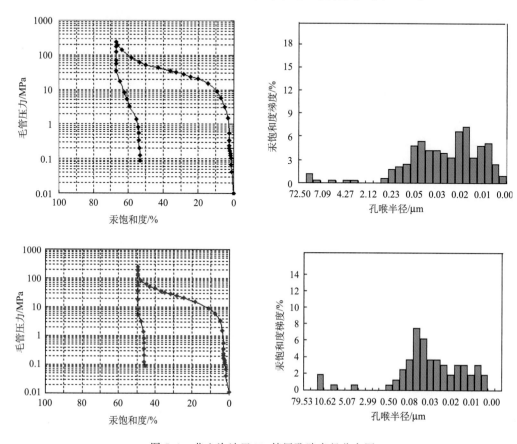

图 7.1 花土沟油田 N_1 储层孔隙半径分布图

乌南油田储层排驱压力主要分布在 $0.1 \sim 2.5MPa$，中值压力主要分布在 $0.1 \sim 5MPa$；主流喉道半径分布在 $0.02 \sim 4.63\mu m$，平均 $0.55\mu m$；储层岩性细，比表面积大，储层束缚水饱和度分布范围大（图 7.3）。

孔隙结构参数整体反映出储层孔隙喉道以细喉道、小孔隙为主，具有退汞效率低、束缚水饱和度高的特征，高的束缚水饱和度形成了较好的导电网络，降低油层电阻率值。

同时，乌南发育大量由构造应力或溶解作用在砂岩储层中产生裂缝而形成的孔隙。本区断裂发育，铸体薄片中可见垂直和基本平行层面的两组裂缝，且垂直层面的一组被平行层面的一组错开，所以前者形成早于后者。但作为孔隙来说，基本以平行层面的裂缝为主。这种作用使储层把部分大孔隙分割成相对发育的微孔隙网络，具有双孔隙系统特征，增加储层导电网络，是形成低电阻率油层一个主要原因。

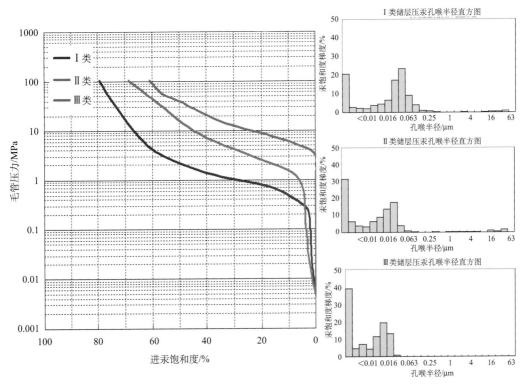

图 7.2　乌南油田 N_2^1 储层孔隙半径分布图

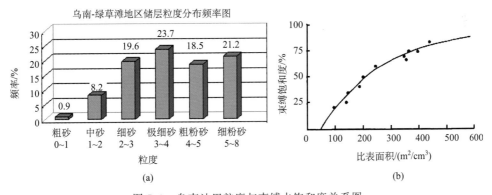

(a)　　　　　　　　　　　　　　　　　　　　(b)

图 7.3　乌南油田粒度与束缚水饱和度关系图

2. 砂岩颗粒吸附水作用

赛尔和 W. V. 安琪哈尔特指出，任何颗粒都有吸附地层水的能力。储层颗粒一般互相连通，保证了束缚水的较好连通性，能构成完善的导电网络，从而降低储层电导率。许多低阻油气层岩石颗粒都比较细，一般为细砂岩和粉砂岩。砂岩颗粒吸附地层水能力与其颗粒大小有关，颗粒较细时，岩石颗粒比表面积变大，吸附能力较强。大多数情况下原始地层亲水，可以吸附大量地层水使之成为束缚水，两者之间为正相关非线性关系，这就造成高束缚水饱和度导致低阻油气层发育。由此可见，水膜厚度越大、束缚水饱和度越高时，导电能力越强。由于颗粒吸附作用是吸附水中的离子，颗粒表面附近的离子浓度相对集中，束缚水矿化度较同一母体的自由水矿化度高。

花土沟油田储层岩性细，孔隙结构复杂，造成微孔发育，渗透率变小，束缚水含量增加，高含量束缚水在油层中可形成离子导电网络，使得油层电阻率降低。在相同成藏压力下，低渗透率储层束缚水饱和度高，造成该类储层束缚水含量高，易形成强导电网络，从而使地层导电能力增强，形成低含油饱和度的油层。

3. 高矿化度地层水

岩石孔隙中地层水的性质、含量以及岩石性质决定了其电阻率的高低。在储层岩性和物性相似的前提下，含油气储层地层水矿化度与水层的基本一致时，必然是油气层的电阻率高于水层，差异一般在 3～5 倍，甚至更大，此时油气层容易识别。但是，由于储层沉积、成藏过程中或成藏后地层水的活动往往导致油气层与水层中地层水矿化度出现较大不同，因此造成油气层识别的困难。地层水矿化度的变化必然模糊油气层和水层的电阻率差异，可能形成低阻油气层而导致识别困难。在地层水活动活跃、孔隙结构复杂的储层，油气层与水层的矿化度差异是形成低阻油气层的另一主要原因。

地层水矿化度高是花土沟和乌南油田共有的特征。花土沟油田 55 个水分析样品进行统计分析表明，花土沟油田水型均为封闭性较好的 $CaCl_2$，总矿化度为 $104627\sim256752mg/L$，平均为 $190945mg/L$。由于地层水矿化度高，导电离子浓度大，高离子浓度的地层水在地层岩石孔隙通道内形成了发达的导电网络，致使油气层电阻率降低（表 7.1）。

当油气层不动水矿化度明显高于水层矿化度时，均会导致水层电阻率相对升高和油气层电阻率的相对降低，形成低阻油气层。

4. 黏土颗粒的吸附水作用

黏土颗粒直径一般小于 $2\mu m$。根据花土沟黏土矿物分析报告（X 射线衍射），低阻油层黏土矿物主要类型有伊利石、高岭石、绿泥石、伊蒙混层。地层条件下，黏土矿物质点间吸附大量的水分子（不动水），使束缚水增加。

伊利石是一种原生黏土矿物，本身为极细的黏土颗粒。在扫描镜下观察，黏土主要矿物都呈片状结构，伊利石呈不规则鳞片状晶体，高岭石呈鳞片状晶体（图 7.4）。伊利石自身可以形成蜂窝状微孔隙，呈网状分布于岩石孔隙中，或包裹在岩石颗粒表面，本身呈絮状、玫瑰花状、蜂窝状、发丝状，为疏松性胶结物；同时，伊利石黏土质点小，表面凹凸不平，比表面积大，内部发育大量小孔隙，其产状呈薄膜状或鳞片状分布，这些产状特点决定了它吸水能力强。伊利石吸附大量的水，油气运移过程中很难克服毛管阻力，使岩石束缚水含量增大。伊利石多孔性与微孔性导致很大一部分地层水与其伴生而导致束缚水饱和度增高。

表 7.1　花土沟油田地层水分析资料

井号	地层水分析											地层水电阻率 /(Ω·m)
	水型	pH	阳离子/(mg/L)			阴离子/(mg/L)					总矿化度	
			K+Na	Mg	Ca	Cl	SO₄	HCO₃	CO₃	H	校正前	校正后	

井号	水型	pH	K+Na	Mg	Ca	Cl	SO₄	HCO₃	CO₃	H	校正前	校正后	/(Ω·m)
花 28	CaCl₂	6.9	70152	1274	3471	117722	339	75	0	0	193033	193049	0.039
花 48	CaCl₂	8.1	73113	776	2482	117086	2832	348	0	0	196637	195453	0.032
花南 8-1	CaCl₂	8.5	73592	1348	3282	122879	0	357	100	0	201559	201633	0.031
花 40	CaCl₂	7.6	75558	1227	2587	124523	43	165	0	0	204103	204365	0.031
花 56	CaCl₂	7.6	71220	2163	5556	125843	29	140	0	0	204951	204686	0.033
花中 60	CaCl₂	7.7	78237	534	1389	204789	19	0	171	0	204789	285388	0.026

(a)　　　　　　　　　　　　　　　(b)

(c)　　　　　　　　　　　　　　　(d)

图 7.4　花土沟油田黏土矿物显微电镜扫描照片图
(a) 伊利石；(b) 高岭石；(c) 绿泥石；(d) 伊蒙混层

　　伊蒙混层也容易形成微孔隙，其间能吸附大量的地层水形成束缚水，导致束缚水饱和度高。尽管各类黏土矿物形成束缚水的机理不同，但是黏土矿物的增高都可以导致束缚水饱和度增大。

　　需要指出的是，虽然有时黏土矿物含量不太高，但是有伊利石、高岭石等某种黏土矿物相对局部富集成层状分布时，以分散的形式充填孔隙空间，往往使孔隙结构变得复杂，也可造成束缚水饱和度增高，从而降低地层的导电率。

　　水云母质点的吸附水（一种束缚水）与小孔隙的隙间水（另一种束缚水）相连通，成为地层条件下电解质离子导电系统的通道，导致大量水被吸附在颗粒和黏土表面，造成低阻储层的束缚水含量更高，从而使油层电阻率降低。

5. 特殊矿物

通过重矿物鉴定及沉积薄片分析，花土沟油田浅层以石榴石、锆石、磁铁矿为主，深层以黄铁矿为主。由于缺乏可靠的实验，只能参考国内外经验定性地考察黄铁矿对电阻率的影响。根据希尔契（1989）的研究成果：①对于高频感应测井，黄铁矿影响增大；②在含高矿化度地层水的地层中，黄铁矿影响增大；③层状黄铁矿比分散状黄铁矿对感应测井有更大影响。Clavier 等做出了分散黄铁矿对电测井的影响图版，并且参考轮南 JⅣ 油组的标准，得到了在地层水电阻率 $R_w = 0.015\Omega \cdot m$ 条件下的影响结果：当黄铁矿含量为 0.5% 时，感应电阻率下降 14%；当含量为 1% 时，下降 23%，若黄铁矿局部富集，影响将会更大。

通过对花土沟油田重矿物鉴定的统计结果表明，平均黄铁矿含量高达 40.2%，说明导电矿物（黄铁矿或磁铁矿）对储层的电阻率有比较大的影响，特别是当导电矿物在储层段富集的时候，电阻率呈现明显的低值。表 7.2 为花土沟油田重矿物鉴定统计表。

表 7.2 花土沟油田重矿物鉴定统计表

类别	锆石	电气石	石榴石	赤铁矿	磁铁矿	黄铁矿	绿帘石	黝帘石	角闪石	辉石	屑石	重晶石	十字石	其他
平均	2.6	0.7	20.9	6.7	9.2	40.2	6.9	1.4	8.9	3.0	3.5	2.1	1.1	2.6
最大	28.1	1.9	50.4	25.0	28.6	83.9	37.3	3.9	22.1	8.9	9.5	20.6	3.7	26.6
最小	0.1	0.1	0.9	0.3	1.2	0.1	0.1	0.1	1.4	0.3	0.6	0.1	0.1	0.1

6. 泥浆侵入

一般来说，淡水泥浆侵入（$C_m < C_w$）可使油层形成低侵剖面，水层形成高侵剖面；但当含油饱和度较低（$S_o < 50\%$），地层水矿化度较高时，油层的感应和侧向均表现为高侵特征，并且随钻井液浸泡时间增加，侵入带内高侵的电阻率剖面往地层深处推移，深侧向下降不大，深感应却下降相对明显。

乌 101 井低阻油层实际测井标定的数值模拟钻井液侵入测井响应结果表明（图 7.5）：

由于受低阻环带影响，泥浆浸泡 30 天后深感应测井为 $3\Omega \cdot m$，深侧向测井为 $9\Omega \cdot m$。

水层随浸泡时间增加，侵入带的电阻率剖面往地层深处推移，双侧向数值升高反应为高侵，而双感应缓慢升高也反映为高侵，但增幅较小，绿 11 井经实际测井标定的数值模拟钻井液侵入测井响应结果表明：水层泥浆浸泡 30 天后深感应测井为 $2.1\Omega \cdot m$，深侧向测井为 $3.2\Omega \cdot m$（图 7.6）。

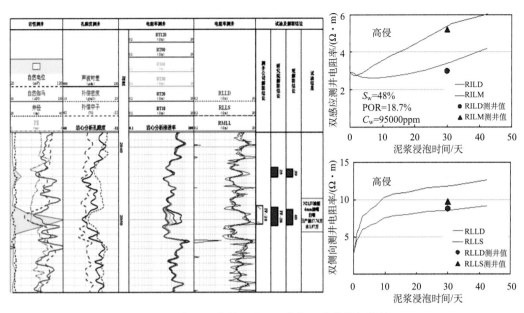

图 7.5　乌 101 井低阻油层泥浆侵入数值模拟结果

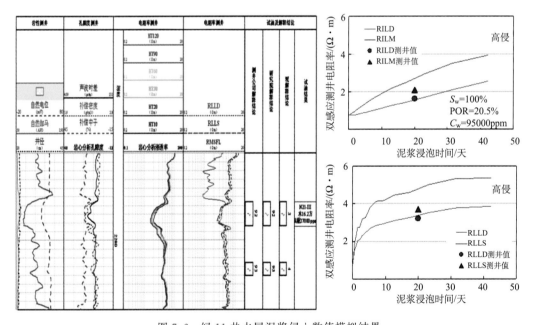

图 7.6　绿 11 井水层泥浆侵入数值模拟结果

综上所述，花土沟油田储层岩性细、孔隙结构复杂是形成低阻的主要原因；其次高束缚水饱和度是形成低阻的又一重要原因；同时，低阻储层中存在特殊矿物也是低阻储层形成的因素之一。而乌南油田孔隙结构复杂和泥浆侵入是形成低阻油层的主要因素。

第二节　四性关系研究

一、花土沟油田四性关系研究

1. 储层岩性特征

对储层沉积相研究成果及对 N_2^1 层所取得的岩心资料进行分析研究（图 7.7）。该层主要为碎屑岩砂岩储层，其中粉砂岩占总量的 39％，其次为细砂岩，占 36％，还有少量的含砾砂岩、中砂岩和粗砂岩。岩石成分以长石、石英和岩屑为主，长石风化程中等。据粒度分析资料统计，泥质含量最大为 28.9％，最小为 6.58％，平均泥质含量12.11％。高泥质含量造成储层束缚水含量较高，容易形成低阻油层。

N_1 主要为碎屑岩和少量的藻灰岩储层（图 7.8）。砂岩储层为主要碎屑岩储层，其中粉砂岩 62％，其次为中砂岩、细砂岩，粗砂岩含量最少，约占 3％。据粒度分析资料统计，泥质含量最大为 31.98％，最小为 1.06％，平均泥质含量 11.25％。胶结类型以充填-孔隙为主，接触和基底胶结次之，接触方式为点状和漂浮状，胶结疏松。藻灰岩主要是溶孔藻纹层灰岩，为 8％，从整个井段来说，其埋深集中于 800～1400m 的范围内，其厚度不等，但分布范围较广，厚度较大。

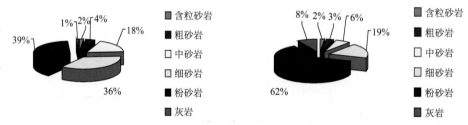

图 7.7　花土沟油田 N_2^1 层岩性结构饼图　　　图 7.8　花土沟油田 N_1 层位岩性结构饼图

2. 储层物性特征

电镜和铸体薄片资料表明，该区储层孔隙主要以原生孔隙为主，次生粒间孔次之；藻灰岩储层孔隙以粒间孔为主。

在 N_2^1 层位通过对岩心分析资料统计含油级以上岩心孔隙度样品 503 块，平均值为 20.5％；渗透率样品 484 块，平均值为 $262.2×10^{-3}μm^2$（图 7.9）。粉砂岩、细砂岩、中砂岩、粗砂岩的孔隙度和渗透率分布表明，储层岩性越粗，物性越好（表7.3）。

N_1 层位通过对岩心分析资料统计含油级以上岩心孔隙度样品 252 块，平均值为18.0％；渗透率样品 242 块，平均值为 $99.1×10^{-3}μm^2$（图 7.10）。粉砂岩、细砂岩、中砂岩、粗砂岩的孔隙度和渗透率分布同样具有岩性越粗，物性越好的特征（表 7.4）。

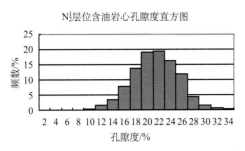
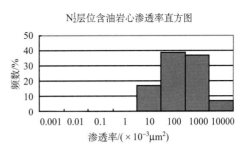

图 7.9 N_2^1 层位含油岩心孔隙度、渗透率直方图

表 7.3 N_2^1 层各砂岩构成物性表

岩性	平均孔隙度 /%	孔隙度主要区间 /%	平均渗透率 /($\times 10^{-3}\mu m^2$)	渗透率主要区间 /($\times 10^{-3}\mu m^2$)
粉砂岩	18.2	10~28	47.7	1~100
细砂岩	20.8	16~26	237.5	10~1000
中砂岩	20.2	16~26	478.5	100~1000
粗砂岩	20.9	18~28	703.4	100~1000

表 7.4 N_1 层各砂岩构成物性表

岩性	平均孔隙度 /%	孔隙度主要区间 /%	平均渗透率 /($\times 10^{-3}\mu m^2$)	渗透率主要区间 /($\times 10^{-3}\mu m^2$)
粉砂岩	13.1	10~18	10.9	0.1~100
细砂岩	18.2	8~21.2	233	100~1000
中砂岩	19.6	13.6~23.4	322	100~1000
粗砂岩	17.3	14.7~20.8	402	100~1000

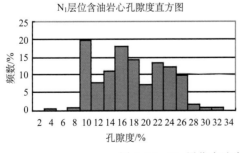
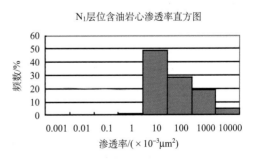

图 7.10 N_1 层位含油岩心孔隙度、渗透率直方图

3. 储层含油性特征

依据取心和试油证实：含油岩心多为粉砂岩、细砂岩、含砾砂岩，也有部分藻灰岩含油；砂岩含油级别一般由油浸到荧光，多为油浸级和油斑级。

4. 储层电性特征

在淡水泥浆测井中，自然电位出现明显负异常，井径为缩径，自然伽马低值，中子孔隙度低值，双感应电阻率接近或低于围岩值，双侧向电阻率与围岩值接近，大多数小于 $2\Omega \cdot m$，呈明显的低阻储层特征。

储层随着含水饱和度逐渐增加，深电阻率呈逐渐降低趋势，直至低于围岩电阻率，图 7.11～图 7.13 是细砂岩含油-油水-水的典型电性特征。

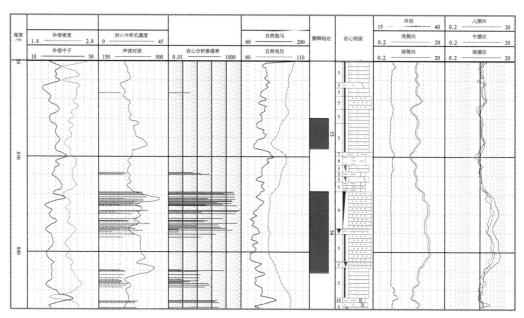

图 7.11　XN3-21-3 井电性与含油性关系图（油层）

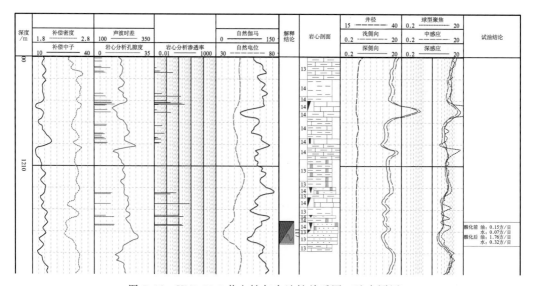

图 7.12　XN3-21-3 井电性与含油性关系图（油水同层）

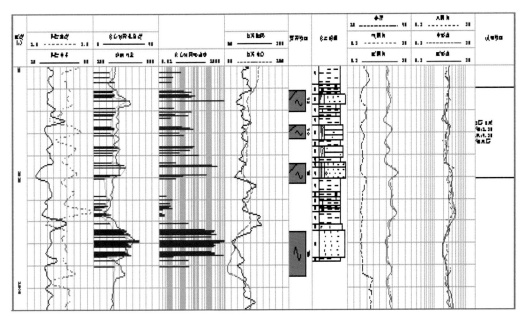

图 7.13 XN3-21-3 井电性与含油性关系图（水层）

5. 四性关系

（1）岩性与物性的关系

N_2^1 层位：由 N_2^1 层位岩性与物性关系图分析得知，粉砂级以上的砂岩储层孔隙度在 $11\%\sim33\%$，渗透率在 $1.0\sim1000\times10^{-3}\mu m^2$；泥岩孔隙度在 $5\%\sim19\%$，渗透率小于 $1\times10^{-3}\mu m^2$；总体上碎屑岩随着岩性变粗，物性呈线性变好。

N_1 层位：据岩心物性分析资料统计，粉砂级以上的砂岩储层孔隙度在 10% 以上，渗透率在 $0.8\times10^{-3}\mu m^2$ 以上；泥岩渗透率在 $0.8\times10^{-3}\mu m^2$ 以下。具有常规储层的特点即岩性越粗相应的物性也就越好（图 7.14）。

（2）岩性与含油性的关系

粉砂岩储层的含油级别主要为油迹和油斑，少量为油浸，而油斑以上的含油级别主要分布在细砂岩和含砾砂岩储层，说明岩性越粗，含油级别越高（图 7.15）。

（3）电性与含油性的关系

根据 XN3-21-3 井取心资料将含油岩心与电性资料进行交会，作出 N_2^1、N_1 层位的声波、感应与岩心含油级别的交会图（图 7.16）。从图中可以看出，N_2^1 层位储层含油岩心的声波时差 $>270\mu s/m$，电阻率 $>2.0\Omega\cdot m$；对 N_1 层位，含油岩心的声波时差 $>240\mu s/m$，电阻率 $>2.5\Omega\cdot m$。

（4）物性与含油性的关系

N_2^1 层位：根据含油岩心物性分析资料统计，物性与含油级别呈正相关，孔隙下限 11%，渗透率下限 $1\times10^{-3}\mu m^2$。

N_1 层位：物性与含油级别呈线形正相关，渗透率与 N_2^1 层位相似，孔隙度下限 10%，渗透率下限 $0.8\times10^{-3}\mu m^2$（图 7.17）。

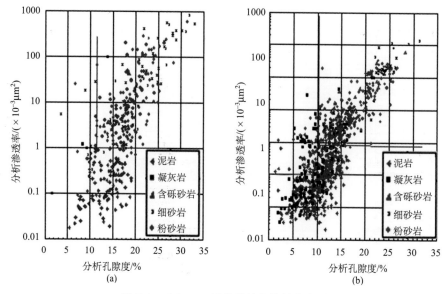

图 7.14 N_2^1、N_1 层位岩性与物性交会图

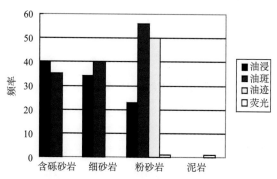

图 7.15 N_2^1、N_1 层位岩性与含油性交会图

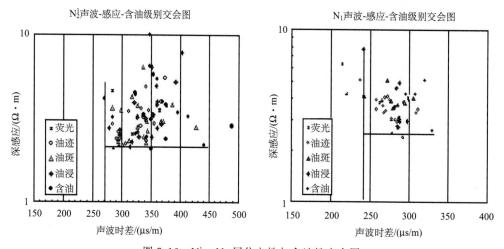

图 7.16 N_2^1、N_1 层位电性与含油性交会图

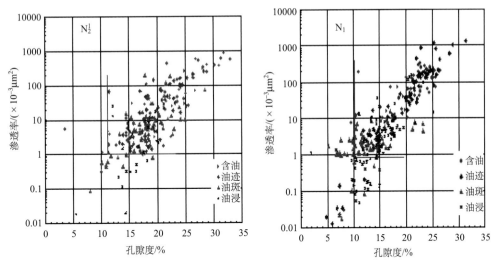

图 7.17　N_2^1、N_1 层位物性与含油性交会图

二、乌南油田低阻油层特征

前面已经介绍了乌南油田常规储层四性关系，乌南油田电性特征总体表明，有效储层与非储层、油层与水层的测井响应差异比较小，流体识别与评价难度大。乌南油田低阻油层具有以下特征（图 7.18）：①油层电阻率明显低于或近似于水层数值，侧向和感应电阻率比值小于 3；②具有低含油气饱和度；③储层的渗透性相对较好；④录井气测异常显示一般。

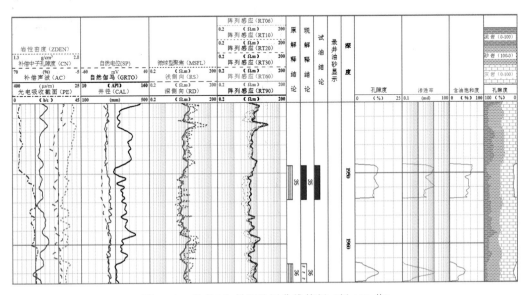

图 7.18　乌南 N_2^1 低阻油层曲线特征（绿 103 井）

第三节　低阻油层定性识别技术

一、花土沟油田低阻油层识别

花土沟油田围岩电阻值在 2～3Ω·m，淡水泥浆中低阻油层双感应电阻率值在 1.5～3Ω·m，深中感应曲线基本重合，并且表现为三种形态：略高于围岩、接近于围岩和低于围岩。常规砂岩储层中含水时电性特征表现为在淡水泥浆中双感应电阻率明显低于围岩值在 1.0～1.5Ω·m，并且具有高侵特征；自然电位异常幅度较大，自然伽马低值，井径缩径明显，三孔隙为高值，表明储层物性较好。

低阻油层与水层电性特征两者区别在于：第一，虽然数值都相对低于围岩，但水层电阻率绝对值在 1.0～2Ω·m，双感应-八侧向之间有侵入特征，而低阻油层电阻率的绝对值基本在 2～3Ω·m，略高于水层数值，三条曲线基本重合无侵入特征；第二，水层自然电位负异常幅度大，并且形态饱满比较对称，而低阻油层自然电位负异常幅度较小，对称性差；第三，水层井径曲线缩径明显，低阻油层缩径不明显（图 7.19 和图 7.20）。

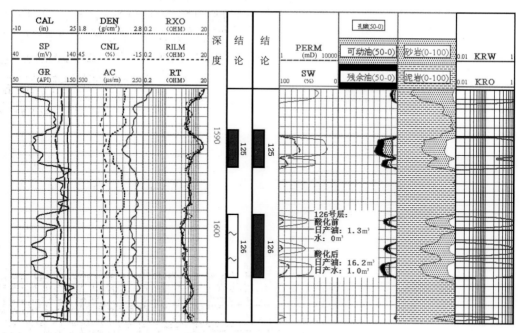

图 7.19　低阻油层电性特征

二、乌南油田低阻油层识别

乌南油田低阻油层具有岩性复杂以及孔隙结构复杂的特点，测井评价一直很困难。

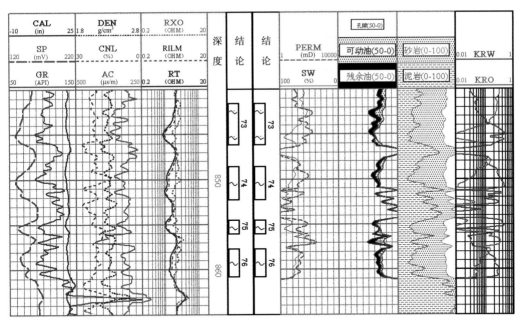

图 7.20　典型水层电性特征

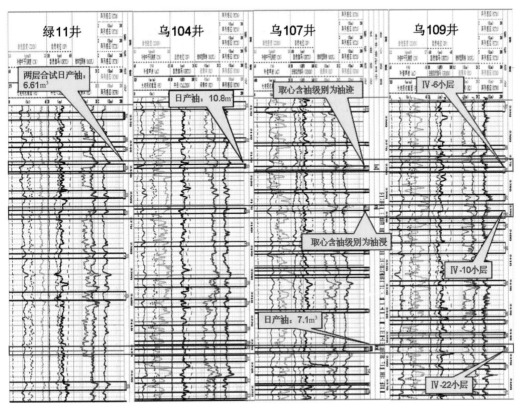

图 7.21　乌 109 井与邻井的横向对比剖面图

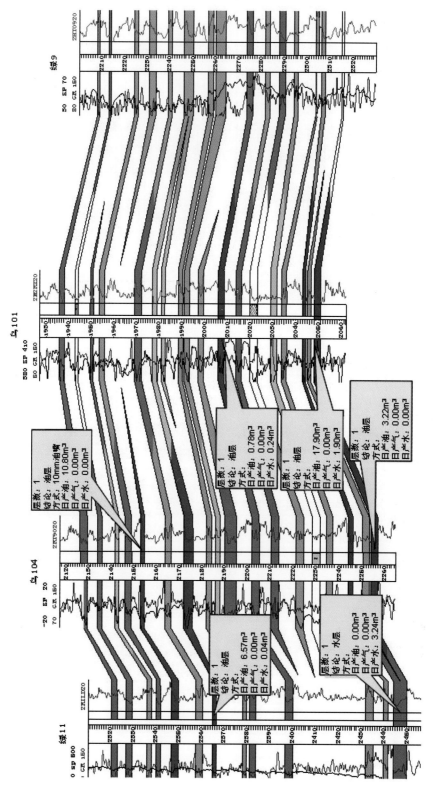

图 7.22　乌101井区低阻油层精细对比

近两年利用测井曲线多参数综合评价来定量解释取得较好成效，识别技术主要体现在三方面：一是重视相近物性条件下储层间的电性差异；二是重视相近电性条件下储层间的岩性和水性差异；三是重视低阻储层的测井特征和各种油气显示的匹配关系。

乌 109 井是 2009 年年初所钻一口扩边探井，该井在单井综合解释基础上进行多井评价，通过油藏对比表明，Ⅳ10 小层和 Ⅳ22 小层在相邻乌 107 井、乌 104 井以及绿 11 井都证实为低阻油层（图 7.21）；而本井电性特征和录井显示均表明两层含油性变差，主要是由于到构造边部砂体厚度变薄，物性变差，因此将两层综合分别解释为含油水层和油水同层，其中 Ⅳ10 小层压裂后证实为含油水层，与解释结论相符。

2009 年在乌南外围区块乌 101 井区、绿 10 井区，针对部分井在 Ⅳ 油组底部证实存在低阻油层后，通过油藏的横向追踪及时开展了老井复查，主要是复查 Ⅳ 油组储层。通过精细对比，在乌南乌 101 井区对 Ⅳ 油组复查 12 口井，增加油层 22.4m/12 层，差油层 8.2m/5 层，油水同层 15.2m/8 层（图 7.22）。

第四节 低阻油层定量评价方法

一、花土沟低阻油层定量评价方法

储层参数研究针对不同测井系列运用不同测井参数进行计算。因密度与储层孔隙度相关性较好，数控测井系列采用密度计算孔隙度，非数控系列采用声波时差计算孔隙度。

（一）定量解释模型

1. 泥质含量模型

选取代表井 N4-52-3 和 N2-38-3 井 33 层共 259 个样品岩心分析泥质含量（铁土质含量）V_{sh} 与自然电位相对比值 I_{sh} 建立关系。样品中泥质含量最大值为 35.4%，平均为 8.9%。

以经过层厚校正的自然电位数值与该层泥质含量平均值建立关系（图 7.23），即

$$V_{sh} = 29.747 \times I_{sh}1.1268 \quad (R = 0.845) \tag{7.1}$$

2. 孔隙度解释模型

如图 7.24 所示，声波时差与孔隙度的关系为

$$\phi = 0.0881 \times \Delta t - 10.274 \quad (R = 0.81) \tag{7.2}$$

密度与孔隙度的关系为

$$\phi = -33.391 \times DEN + 91.131 \quad (R = 0.9419) \tag{7.3}$$

3. 渗透率解释模型

如图 7.25 所示，关系式为

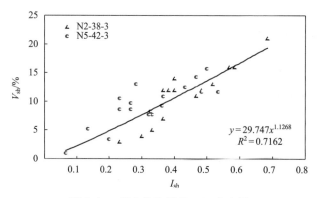

图 7.23　花土沟地区 V_{sh}-I_{sh} 交会图

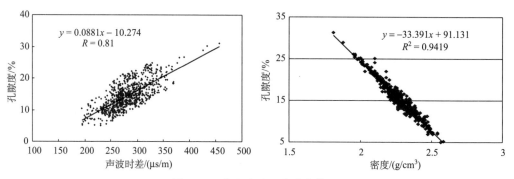

图 7.24　花土沟地区孔隙度模型

$$\lg k = 0.1896 \times \phi - 2.6408 \quad (R = 0.85) \tag{7.4}$$

4. 含油饱和度模型

　　由于本区地层水电阻率仅与深度有一定的关系，选用水分析资料与深度，建立关系图版来计算地层水电阻率（图 7.26）。

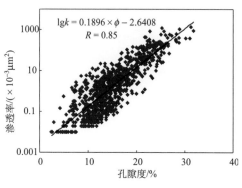

图 7.25　花土沟地区渗透率模型

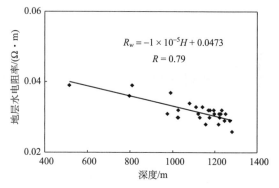

图 7.26　花土沟地区地层水与深度关系图

由实验数据确定 m、n、a、b 值。$a=1$；$b=1.0177$；$n=1.6839$；$m=5.4439\times\phi+0.9253$。根据上述参数和公式，含水饱和度公式为

$$S_w=[1.0177\times R_w/\phi(5.4439\times\phi+0.92537)R_t]\,1.6839 \tag{7.5}$$

（二）油水层定量识别标准及图版

通过所有具有单层试油资料储层的油、水相对渗透率的计算结果再结合试油结论，建立了低阻油层的电阻率与声波时差交会图版、孔隙度与含油饱和度交会图版以及油、水相对渗透率交会图版，根据交会图版得出低阻油层定性及定量解释标准（表7.5）。

定量解释标准表明，低阻油层的油、水相对渗透率与典型油层的油、水相对渗透率数值是有一定差距的，即当 K_{ro} 在 $0.25\sim0.6$，$K_{rw}\leqslant0.2$，同时满足感应电阻率值在 $2\sim3\Omega\cdot m$ 就满足低阻油层的标准了，而对于常规的高阻油层则感应电阻率值 $\geqslant3.0\Omega\cdot m$，$K_{ro}$ 在 $0.6\sim1$，$K_{rw}\leqslant0.2$，所以二者油、水相对渗透率的差别比较大。该解释标准建立后，为了检验标准的适应性和可信度，利用新的解释标准对 2005 年花土沟油田 8 口井进行重新解释，将解释结论与试油结论进行对比分析，新标准解释符合率达到了 95% 以上。现在根据孔隙度、含油饱和度和油、水相对渗透率双定量解释图版，有效地解决了花土沟油田低阻油层给定性、定量解释造成的难题，应用效果比较明显（图7.27和图7.28）。

表 7.5　花土沟油田定量解释标准

评价参数	典型油层	低阻油层	油水同层	水层
油相对渗透率 K_{ro}	$0.6\sim1$	$0.25\sim0.6$	$0.15\sim0.25$	<0.15
水相对渗透率 K_{rw}	$\leqslant0.2$	$\leqslant0.2$	$\leqslant0.2$	>0.2
感应电阻率/($\Omega\cdot m$)	$\geqslant3.0$	$2.0\sim3.0$	$2.0\sim3.0$	<2.0
补偿声波/($\mu s/m$)	$\geqslant275$	$\geqslant275$	$\geqslant275$	$\geqslant275$
含油饱和度/%	$\geqslant50\%$	$35\%\leqslant S_O<50\%$	$35\%\leqslant S_O<50\%$	$<35\%$

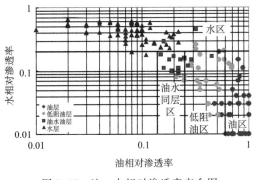

图 7.27　油、水相对渗透率交会图

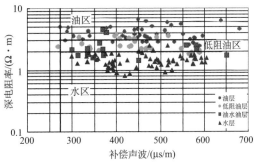

图 7.28　深电阻率与声波时差交会图

二、乌南低阻油层定量评价

由于乌南油田岩性复杂导致储层的物性差别很大，同一层位不同油组的油层都具有不同的电性特征，图版的适用性很差，因此必须分层位、分层组建立精细解释图版。分层组后解释图版的符合率明显提高（图 7.29 和图 7.30）。

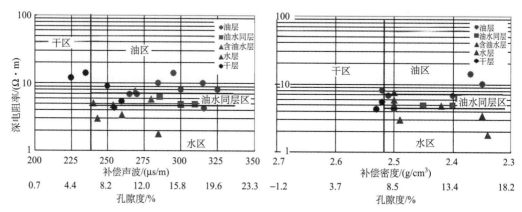

图 7.29　乌南油田外围区块油藏 N_2^1 Ⅲ 油组解释图版

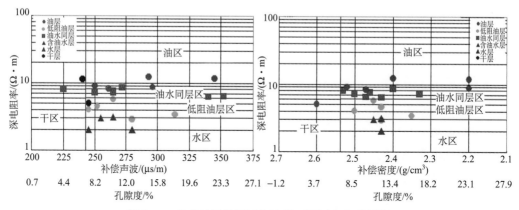

图 7.30　乌南油田外围区块油藏 N_2^1 Ⅳ 油组解释图版

通过对试油、试采的层点进行孔隙度、含油饱和度计算，绘制含油饱和度与孔隙度交会图（图 7.31），建立定量解释标准：油层，$\phi \geqslant 8\%$，$S_o \geqslant 46\%$；油水同层，$\phi \geqslant 8\%$，$35\% \leqslant S_o < 46\%$；水层：$\phi \geqslant 8\%$，$S_o < 35\%$；干层：$\phi < 8\%$。

由于精细解释图版是针对不同区块、不同层位以及不同层组储层的岩性、物性、电性以及水性等特征建立的，因此图版的适用性增强，尤其是划小地质单元后可以明显的指示出低阻油层主要分布在外围区块 N_2^1 油藏的 Ⅳ 油组，对低阻油层的综合解释与评价具有指导意义。

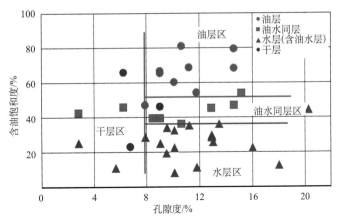

图 7.31 乌南地区含油饱和度与孔隙度交会图

第五节 测井新技术在低阻油层评价中的应用

与传统的双感应和双侧向测井相比，阵列感应成像测井具有测量信息大、分辨率高、探测深度深、反映侵入直观等优点，因此适用于某些低阻储层（如相对较薄的砂泥岩互层、钻井液侵入储层等）的识别与评价。随着阵列感应电阻率测井的大力推广，逐步显示出阵列感应测井新技术的优势。经过不断总结研究认识到，与常规双感应-八侧向相比，除了含油饱和度计算精度高以外，阵列感应测井在表征储层电阻率径向侵入特征方面有着显著的优势，其径向特征细微的变化对油水层的指示十分敏感，可以有效区分油水层。在一般水基钻井液中，阵列感应测井受邻层影响小，对低电阻层反应灵敏，所以在区分低阻油水层和油水过渡带等方面能发挥很大的作用。通过对阵列感应测井探测特性、径向侵入特征的仔细分析以及与试油结果的对比，建立径向电阻率变化图版、不同探测深度电阻率差异变化图版、电阻率差异与孔隙度关系图版等阵列感应测井特征描述图版，作为油气水层识别的有效解释方法。

一、阵列感应测井流体性质识别研究

乌南油田由于平面上地层水矿化度变化较大，具有高电阻率与低电阻率油层并存特征。不同油层反映在阵列感应电阻率曲线上的径向特征有别，各种类型的油层及油水同层、水层电阻率径向特征存在一定规律（图 7.32）。

高阻油层：R_t 相对高值，径向电阻率曲线基本重合，物性好，典型油层的 120in 电阻率高，$R120 > 7\Omega \cdot m$，阵列感应电阻率径向特征是 120in、90in、60in 电阻率曲线与 30in 呈正差异，与 20in、10in 电阻率呈负差异。对于中高电阻率油层（高含油饱和度层），径向特征是 $R10 > R20 > R30 \approx R60 \approx R90 \approx R120$。由此看出，典型油层探测范围 30in 以上的 4 条感应曲线基本呈正差异或基本重合（图 7.33），主要存在于Ⅳ油组中上部。

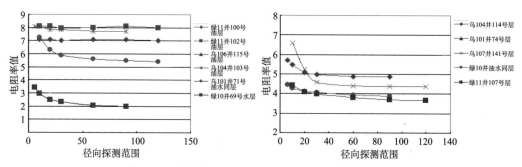

图 7.32　乌南外围区 Ⅳ 油组阵列感应径向倾入特征图

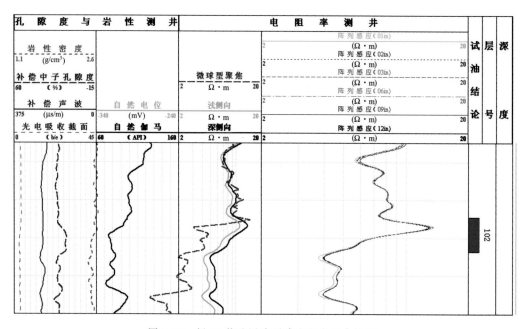

图 7.33　绿 11 井油层阵列感应基本重合特征

低阻油层：R_t 低，物性好。深探测电阻率低，$R120 < 5.0 Ω \cdot m$，与水层电阻率值比较接近，但各条电阻率曲线的径向特征与水层明显不同，120in、90in、60in 电阻率曲线基本重合，即 $R10 > R20 > R30 > R60 \approx R90 \approx R120$。乌 106 井阵列感应测井曲线能够充分说明这一特点（图 7.34）。从另一方面分析，此类储层物性好，井壁泥饼保护得好，且泥浆浸泡时间短（浸泡 6～7d），侵入半径小，油层径向 30in 以外区域受泥浆侵入影响小，主要存在于 Ⅳ 油组下部。

油水同层：R_t 比油层稍低，物性好，径向关系为负差异，深探测电阻率值低于区域油层值，高于区域水层值，阵列感应由浅探测到深探测电阻率数值依次降低，即深、浅电阻率（30in）呈负差异，径向特征为 $R10 > R20 > R30 > R60 > R90 > R120$。差异幅度与地层水矿化度有关，地层水矿化度越高，负差异幅度越大，地层水矿化度越

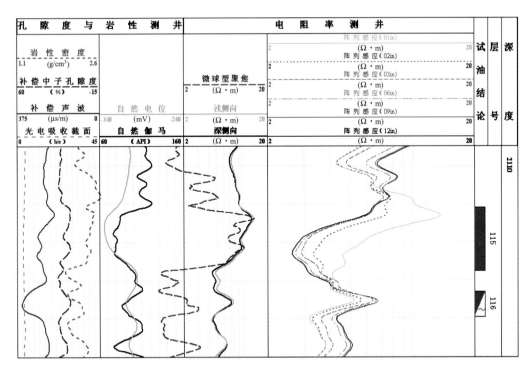

图 7.34　乌 106 井低阻油层负差异特征

低，负差异幅度越小或基本重合。

水层：R_t 低，物性好，径向关系为负差异特征，深探测电阻率值低，$R120 < 5.0\Omega \cdot m$，阵列感应由浅探测到深探测电阻率数值依次降低，即深、浅电阻率呈明显负差异，径向特征为 $R10 > R20 > R30 > R60 > R90 > R120$。地层水矿化度越高，负差异幅度越大，地层水矿化度越低，负差异幅度越小或重合（图 7.35）。

二、阵列感应电阻率径向特征反映物性规律

阵列感应电阻率各曲线之间的关系变化，一方面反映储层流体性质，另一方面也能指示储层物性特征，深、浅电阻率差异幅度与储层孔隙度有一定关系。

乌南油田一般油层阵列感应深、浅电阻率（30in）为正差异或重合，即 $R120 \approx R90 \approx R60 \approx R30 < R20 < R10$ 或 $R120 > R90 > R60 > R30 > R20 < R10$。当泥浆浸泡时间长，受泥浆侵入的影响，深、浅电阻率为负差异。但是深、浅电阻率差异幅度（$R120-R30$）有别，从电阻率差异幅度（120~30in）-孔隙度关系图上看出，孔隙度越大，深、浅电阻率正（负）差异幅度（120~30in）越大，孔隙度小，电阻率正（负）差异幅度（120~30in）小。水层一般阵列感应深、浅电阻率为明显负差异，且差异幅度大。乌南油田低阻油层的电阻率差异幅度较大，物性相对比较好，阵列感应电阻率曲线差异幅度大小同时也反映了储层物性好坏（图 7.36）。

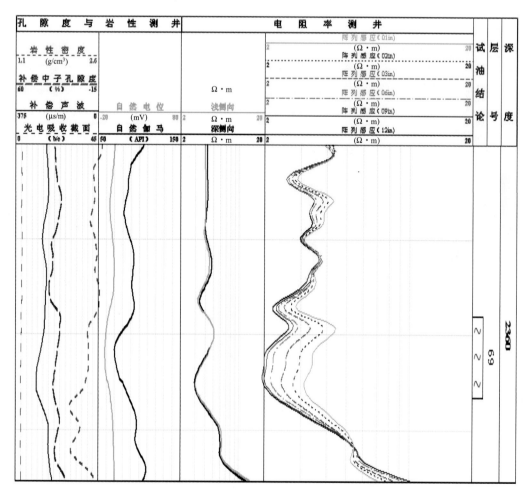

图 7.35　绿 10 井水层负差异特征图

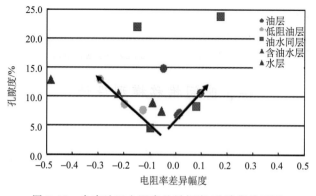

图 7.36　乌南油田电阻率差异幅度-孔隙度关系图

三、阵列感应区域解释标准建立

通过对阵列感应电阻率特征研究，结合试油层资料，初步建立了电阻率幅度差（120～10in）-深侧向（RD）和深侧向（RD）-深探测电阻率（RT90）关系，建立了油层解释标准（图 7.37）。

N_2^1 油藏 IV 油组上：油层 $R120 \geqslant 7\Omega \cdot m$，$RD > 9\Omega \cdot m$；

N_2^1 油藏 IV 油组下：油层 $R120 \geqslant 2.5\Omega \cdot m$，$R120 - R10 < -2.25\Omega \cdot m$，$RD > 7.5\Omega \cdot m$。

第六节 阵列感应时间推移数值模拟探索

对油水层电阻率测井径向响应特征多样化特征的认识是开展阵列感应数值模拟研究的目的，根据地质特点建立地层模型，研究不同条件下储层径向侵入特征，为阵列感应测井资料解释油水层提供理论依据。

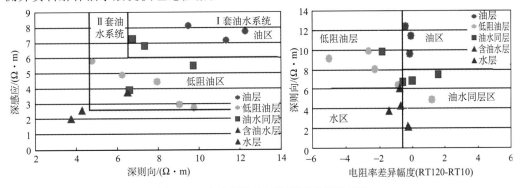

图 7.37 乌南低阻油区阵列感应解释标准

电阻率测井由于受环境因素（围岩、井眼、泥浆侵入等）的影响，测井响应将偏离地层电阻率真值。其中侵入影响较为复杂，实际侵入过程中泥浆滤液对地层可动烃的驱替是一个多相渗流过程，地层流体和电性参数的径向分布随时间而变化。为了充分认识阵列感应测井仪器的动态侵入响应规律和特征，利用动态侵入理论，建立了阵列感应测井仪器的侵入响应模型，分析了阵列感应测井的侵入响应特征。

一、时间推移模型设计

时间推移模拟主要包括以下参数：孔隙度、渗透率、含水饱和度、束缚水饱和度、残余油饱和度、地层水矿化度、泥浆电阻率和原油黏度。

针对青海油田的实际地质特点选择两种类型参数进行模拟，一种是以绿 103 井砂泥岩薄互层为代表的低阻油层；另一种是以乌 101 井物性相对较好为代表的典型低阻油层。下面分别对两种模拟结果进行分析。

二、泥浆侵入地层动态特征分析

例1：绿103井泥浆侵入地层动态特征分析

绿103井加1号层试油后日产油4.89m³，试油证实为低阻油层（图7.38）。

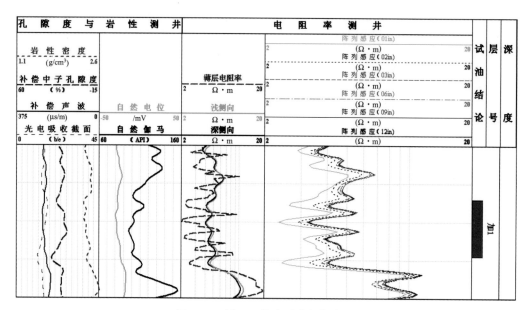

图7.38　绿103井阵列感应曲线图

表7.6和表7.7是绿103井加1号层的时间推移测井模拟参数卡和模拟结果与测井响应误差，图7.39是时间推移模拟结果，图中给出了测井响应模拟比较、径向电阻率分布和测井动态响应。从表和图知：

表7.6　绿103井加1号层时间推移模拟参数卡

地层绝对渗透率 K	8.35	mD	泥饼渗透率 K_{mc}	0.002	mD
油相最大相对渗透率 K_{ro}	0.7		水相最大相对渗透率 K_{rw}	0.06	
地层孔隙度	0.116		地层温度 T	74.97	℃
胶结指数 m	1.56		饱和度指数 n	1.684	
阿尔奇公式常数 a	1		阿尔奇公式常数 b	1.018	
井眼压力 P_w	24.62	MPa	地层原始压力 P_f	20.67	MPa
地层原始水饱和度 S_w	0.42		束缚水饱和度 S_{wi}	0.25	
残余油饱和度 S_{or}	0.02		泥浆滤液矿化度 C_{mf}	18.0	g/L
地层水矿化度 C_w	103.814	g/L	地层油黏度	3.74	cp
毛管压力（$S_w = S_{wi}$处）	0	MPa	目的层厚度	3	m

表 7.7　绿 103 井加 1 号层时间推移模拟与测井响应误差比较

	$R10$	$R20$	$R30$	$R60$	$R90$	$R120$
现场记录	3.37	3.99	4.39	4.54	4.53	4.47
模拟	3.43	4.03	4.34	4.48	4.51	4.51
误差/%	1.77	0.99	−1.09	−1.32	−0.52	0.96

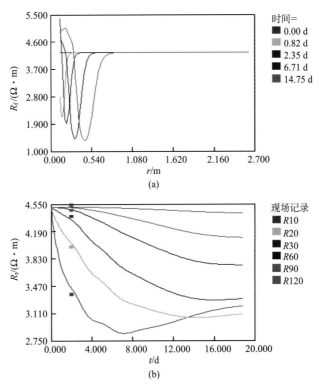

图 7.39　绿 103 井加 1 号层时间推移模拟结果

（a）不同时间的径向电阻率分布；（b）不同时间的测井动态响应

（1）时间推移模拟结果表明，泥浆浸泡 2d 时，所有探测深度与测井结果的相对误差绝对值均小于 2%，说明模拟与测井吻合很好。

（2）径向电阻率分布存在明显的低阻环带，大部分区域数值低于地层电阻率。泥浆浸泡 2.35d 时，低阻环带峰值在 0.2m。随浸泡时间增加，侵入缓慢向地层深处移动，14.75d 时，峰值接近 0.5m。

（3）在测井动态响应图中，从地层钻开时，不同探测深度曲线就分离，是正差异特征，10in 下降较快，其次是 20in、30in、60in、90in 和 120in。120in 受侵入影响很小，泥浆浸泡 10d 之内，基本读到地层真电阻率 4.51Ω·m。

　　分析：时间推移测井模拟得到该层的水相相对渗透率很小（0.06），此时 $S_{or}=0.02$，$S_{wi}=0.25$，明显油层特征。

例 2：乌 101 井泥浆侵入地层动态特征分析

乌 101 井 74 号层试油后日产油 17.9m³，试油结果为低阻油层。下面进行时间推移测井模拟分析（图 7.40）。

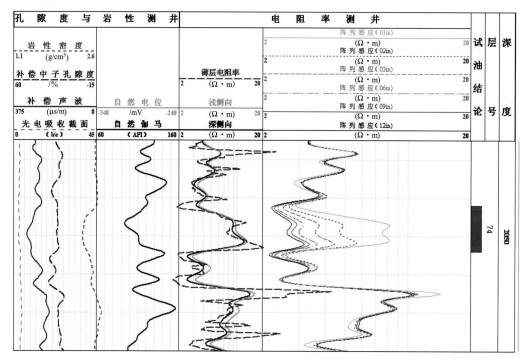

图 7.40　乌 101 井阵列感应曲线图

表 7.8 和表 7.9 是乌 101 井 74 号层的时间推移测井模拟参数卡和模拟结果与测井响应误差；图 7.41 是时间推移模拟结果，图中给出了测井响应模拟比较、径向电阻率分布和测井动态响应。从表和图形知：

表 7.8　乌 101 井 74 号层时间推移模拟参数卡

地层绝对渗透率 K	49.75	mD	泥饼渗透率 K_{mc}	0.002	mD
油相最大相对渗透率 K_{ro}	0.7		水相最大相对渗透率 K_{rw}	0.27	
地层孔隙度	0.135		地层温度 T	76.95	℃
胶结指数 m	1.659		饱和度指数 n	1.684	
阿尔奇公式常数 a	1		阿尔奇公式常数 b	1.018	
井眼压力 P_w	24.9	MPa	地层原始压力 P_f	20.94	MPa
地层原始水饱和度 S_w	0.55		束缚水饱和度 S_{wi}	0.16	
残余油饱和度 S_{or}	0.25		泥浆滤液矿化度 C_{mf}	28.620	g/L
地层水矿化度 C_w	100.592	g/L	地层油黏度	3.74	cp
毛管压力（$S_w=S_{wi}$处）	0	MPa	目的层厚度	4.6	m

表 7.9　乌 101 井 74 号层时间推移模拟与测井响应误差比较

	$R10$	$R20$	$R30$	$R60$	$R90$	$R120$
现场记录	4.88	3.87	3.37	3.02	2.89	2.78
模拟	5.11	3.87	3.35	3.01	2.88	2.81
误差/%	4.71	−0.02	−0.73	−0.23	−0.26	0.96

（1）时间推移模拟结果表明，泥浆浸泡 6d 时，10in 的模拟误差为 4.71%，其余探测深度与测井结果的相对误差小于 1%。

（2）径向电阻率分布中，井眼附近是高阻环带，随浸泡时间增加，侵入较快向地层深处移动，5d 时，前沿到达 0.8 m，12.74d 时，到达 1.3 m。

（3）在测井动态响应图中，从地层钻开时，不同探测深度曲线就分离，10in 升高较快，20in、30in、60in、90in 和 120in 依次减缓。120in 受侵入影响很小，10d 内，基本读到地层真电阻率 $2.79\Omega\cdot m$。

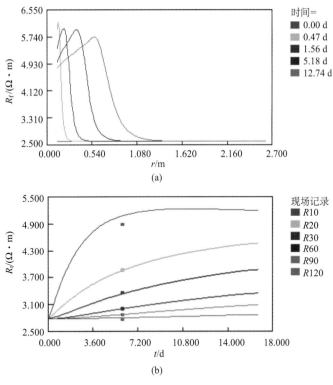

图 7.41　乌 101 井 74 号层的时间推移模拟结果
（a）不同时间的径向电阻率分布；（b）不同时间的测井动态响应

分析：时间推移测井模拟得到水相相对渗透率 $K_{rw}=0.27$，残余油饱和度 $S_{or}=0.25$，束缚水饱和度 $S_{wi}=0.16$，油层特征，与试油结论一致。如果增大泥饼渗透率为 $K_{mc}=0.003mD$ 时，$K_{rw}=0.20$，残余油饱和度 $S_{or}=0.25$，束缚水饱和度 $S_{wi}=0.16$，仍是油层特征。

通过这两口井的模拟，认识到同样是油层，但阵列感应所反映出不同的径向关系，认为主要原因是这两类储层的润湿性不同所造成的，对于第一类储层物性相对较差，储层以亲油为主，反映在模拟过程中油相渗透率相对较高，水相渗透率相对较低（$K_{rw} = 0.06$）；而第二类储层物性相对较好，储层以亲水为主，反映在模拟过程中水相渗透率相对第一类储层明显增大（$K_{rw} = 0.27$），因此造成储层电阻率明显低于围岩，形成典型的低阻油层。

第七节　资料处理及应用效果评价

一、花土沟应用效果

运用新解释模型对花土沟油田低阻油层进行解释后取得良好效果，能够比较准确将低阻油层和水层识别出来，试油结果也证明这一点，使该油田测井解释符合率上升了将近 5 个百分点。

效果评价 1：图 7.42 是 2005 年 5 月所测的 S1-7-2（上）井，射孔井段为 671.1～738.9m，射孔层数为 15.8m/7 层，日产油 9.8m³，含水小于 10%，试油结论为油层。用相渗透率解释模型重新计算后原解释为油层的 K_{ro} 都大于 0.3，K_{rw} 小于 0.1，落在定量解释图版的油区，符合油层的定量解释标准，因此二次解释结论仍然为油层，这与试油结论也是一致的。另外 79、80、81 原解释结论为干层，重新计算后 80 号层落在图版的油水同层区，其余两层落在油区，说明三层具有含油性，从自然电位和自然伽马曲线分析三层的泥质含量高、物性相对较差，从而造成电阻率值降低，认为是一组低阻油层。现将 79、81 号层解释为油层，80 号解释为油水同层，解释图版如图 7.43 所示。

效果评价 2：图 7.44 是 2005 年 4 月所测的 S4-3-4 井，射孔井段为 1055.2～1111.1m，射孔层数为 9.7m/4 层，日产油 3.7m³，含水 7%，试油结论为油层。在处理成果图上可以看到所试四个层 100、101、106、107 的 K_{ro} 都趋近于 1.0，电性特征也反映出是典型的高阻油层，计算结果与试油结论一致。中间 102～105 号层电阻值与围岩数值近似，自然电位异常幅度较小，无论是自然电位还是自然伽马都反映出储层中泥质含量较高，由于电阻率值低，原解释为油水同层。但重新计算后这几层的 K_{ro} 都在 0.3 以上，在解释图版中均落在了油区，认为属于典型的低阻油层。低电阻不是储层中含可动水造成的，而是由于物性变差所致，因此二次解释为油层。解释图版如图 7.45 所示。

二、乌南低阻油层应用效果

通过应用阵列感应识别流体性质的方法在乌南乌 101 井区对 Ⅳ 油组复查 12 口井，增加油层 22.4m/12 层，差油层 8.2m/5 层，油水同层 15.2m/8 层，复查成果如表 7.10 所示。2009 年运用新解释模型对乌南油田低阻油层进行解释后也取得了良好的效果，与试油结果基本吻合。

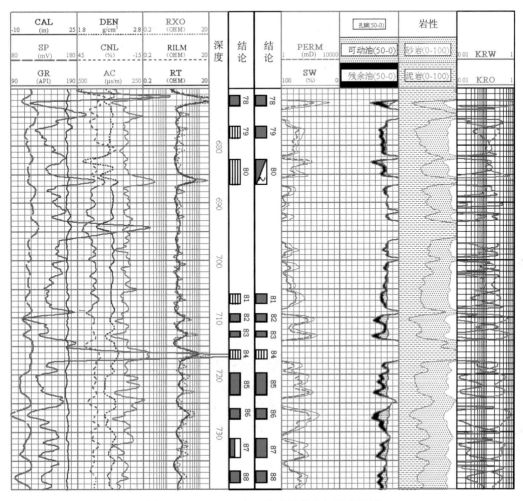

图 7.42　S1-7-2（上）井油层综合解释成果图

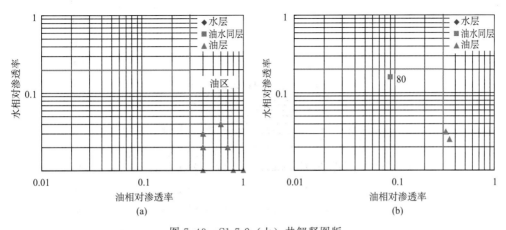

图 7.43　S1-7-2（上）井解释图版

（a）油相对渗透率交会图版；（b）油水相对渗透率交会图版

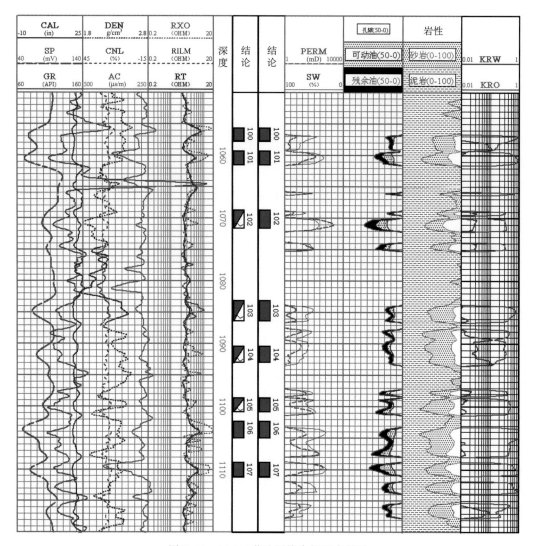

图 7.44　S4-3-4 井油层综合解释成果图

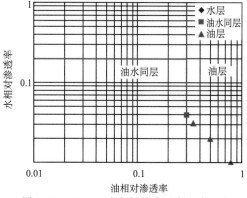

图 7.45　S4-3-4 油水相对渗透率交会图版

表 7.10　乌南外围区块低阻油层复查解释成果表

井名	解释层号	起始深度	终止深度	厚度	声波	密度	补中	深侧向	深感应	侧向/感应	孔隙度	原解释结论	复查结论
乌106	113	2090.3	2091.6	1.3	262	2.47	17.4	9.3	6	1.550	10.04	差油层	油层
	115	2112.2	2115.5	3.3	280	2.43	13	10.2	2.9	3.517	12.76	含油水层	油层
	116	2116.6	2117.9	1.3	352	2.45	11.8	7.76	6.4	1.213	23.64	油层	油水同层
	122	2155.5	2157.4	1.9	278	2.44	18.2	10.8	4.4	2.455	12.45	油水同层	油层
	123	2174.3	2176	1.7	245	2.41	14.3	5.1	3.9	1.308	7.47	含油水层	油水同层
	加1	2177.6	2179.3	1.7	237	2.3	13.6	8	6.4	1.250	6.26		差油层
	124	2181.3	2183.2	1.9	263	2.36	13.5	6.2	4	1.550	10.19	油水同层	油层
绿10	69	2359.6	2361.3	1.7	271	2.43	19	5.1	2.8	1.821	11.40	水层	油水同层
	74	2427.3	2428.4	1.1	246	2.42	13.8	4.8	3.6	1.333	7.62	水层	油水同层
	75	2440.3	2442.2	1.9	226	2.4	11.8	7.5	8	0.938	4.60	干层	差油层
绿103	加	2016	2018.2	2.2	260	2.52	15.3	5.9	6.3	0.937	9.73		油层
乌108	144	2252.2	2255	2.8	260	2.5	17.3	5	2.6	1.923	9.73	水层	油水同层
乌104	102	2141.7	2143.4	1.7	247	2.48	15	6.5	4.5	1.444	7.77	含油水层	油水同层
	104	2172	2174	2	265	2.53	15	7.5	4.8	1.563	10.49	油水同层	油层
	105	2185.8	2188	2.2	255	2.48	17	6.5	5.1	1.275	8.98	含油水层	油水同层
	109	2228.4	2230	1.6	230	2.48	20	5.6	6	0.933	5.20	干层	差油层
乌101	70	1976.8	1979	2.2	315	2.4	15	5.5	1.9	2.895	18.04	水层	油水同层
	加	1981	1982.8	1.8	285	2.45	18	4	2.8	1.429	13.51		油层
	加	2043	2044.2	1.2	270	2.45	18	6.8	3.6	1.889	11.25		油层
乌107	132	2278.4	2280.4	2	250	2.45	7	13	5.2	2.500	8.22	油水同层	油层
	134	2295	2297.2	2.2	250	2.47	10	14	4.5	3.111	8.22	油水同层	油层
	135	2310	2311.8	1.8	235	2.52	13	7.8	5	1.560	5.96	油水同层	差油层
	136	2314	2315.2	1.2	235	2.52	6	20	6.8	2.941	5.96	油水同层	差油层
绿9	130	2253.2	2254.4	1.2	275	2.5	15	7	6	1.167	12.00	含油水层	油层
	136	2315.2	2317.4	2.2	250	2.43	16	5.4	5	1.080	8.22	可能油层	油水同层
乌105	107	1918	1919.4	1.4	285	2.53	17	12	7	1.714	13.51	油水同层	油层

　　乌 107 井是 2008 年乌南油田的一口重要探井，该井用 2007 年解释标准解释出油层 1.3m/1 层，差油层 2.1m/2 层，可能油层 5.4m/4 层，油水同层 9.4m/5 层。2009 年用低阻油层解释图版精细解释后在 Ⅳ 油组共解释低阻油层 8.5m/5 层，差油层 2.7m/2 层。其中 141 号层为试油证实的低阻油层，与解释图版相吻合（图 7.46）。

　　绿 11 井是 2008 年的一口重点探井，该井 100 号层自然伽马数值高、自然电位异常幅度小，储层物性差，感应电阻率值近似于围岩，该层在阵列感应解释图版中落在油区，根据图版综合解释为油层，压裂后日产油 6.55m³，获得了比较高的工业油流。其综合解释成果如图 7.47 所示，解释图版如图 7.48 所示。

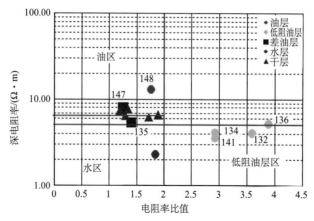

图 7.46　乌 107 井解释成果图版

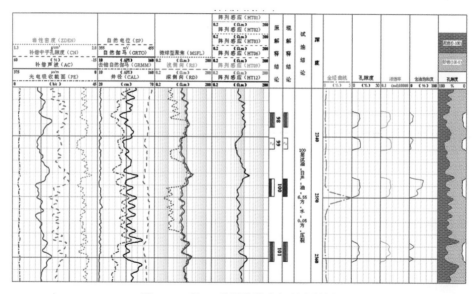

图 7.47　绿 11 井测井综合解释成果图

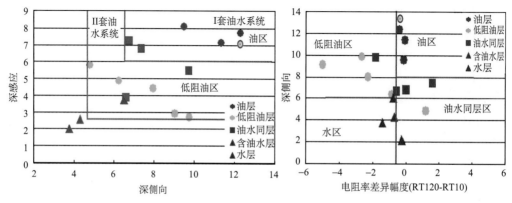

图 7.48　绿 11 井解释成果图版

第八章　裂缝性储层测井评价技术研究

柴达木盆地裂缝性油气藏的勘探历史悠久，具有双重孔隙结构、非均质性强、各向异性、较低的基质孔隙度等特点，而青海油田又缺乏针对这些特点的有效的勘探技术和手段，因此裂缝性油气藏的评价成为测井解释攻关的一只拦路虎。

裂缝型油气藏主要分布在柴西中区西部、北区南部及南区北部，从 N_2^2 到 E_{1+2} 都有分布，集中分布在 E_3、N_1 和 N_2 滨湖相沉积的生物碎屑灰岩、泥灰岩、泥云岩和深湖-半深湖相泥岩及泥灰岩中。本章对狮子沟古近系下干柴沟组 E_3 进行裂缝型储层的解释与评价研究。

第一节　裂缝性储层地质概况

1. 油藏地质概况

狮子沟地区位于青海省柴达木盆地西部拗陷区茫崖拗陷狮子沟地区。狮子沟-油砂山构造带构造总体都呈双层结构。浅层为英雄岭南侧的表皮冲断层，该冲断层是一个薄皮的小规模冲断片，滑脱面位于古近系上部层序中。深层为受到 XI 断裂控制的独立的冲断系统，该系统是一个以南倾的 XI 逆冲断裂为主，以一系列与之相伴生的反向冲断为辅的正花状构造组合而成的复杂构造带。与浅层构造在空间上不完全重叠，从相关的剖面上可以发现不同构造层构造高点偏移，说明了它们虽然处于同一个构造应力场之中，但是边界条件并不完全相同。另外深浅层的构造样式也不一致，以 XI 断裂为主，其他反向的断裂构造系统组成了深层的正花状构造，在平面图的构造组合方面是大量的辫状逆冲断层。深层的逆冲断层组合同样为挤压背景下的右旋剪切。

2. 区域沉积特征

柴达木盆地中新生代沉积构造演化经历了早中侏罗世（J_1-J_2）断陷沉积、中侏罗世末-白垩纪（J_2末-K）局部抬升剥蚀、古近纪古新世-新近纪中新世（E_1-N_1）整体沉降拗陷和新近纪上新世-第四纪（N_2-Q）强烈逆冲褶皱四个阶段。其中第三个阶段即整体沉降拗陷阶段是柴达木盆地发育的重要时期，该期湖盆扩大至最大范围，沉积了巨厚的沉积层，而此阶段茫崖拗陷是柴达木盆地西部的沉降、沉积中心。从时间顺序上，古近纪该区主体为一湖进沉积体系，晚期开始湖退。E_3^1 早期为古近纪湖盆演化早期的冲积-河流及三角洲沉积；E_3^1 晚期为三角洲前缘及湖泊沉积；E_3^2 早期湖面持续上升，湖盆范围扩大，陆源碎屑供给减少；E_3^2 晚期湖面开始下降，陆源碎屑供给增加；上新世早期（N_2^1）湖盆的沉降、沉积中心由西向东明显迁移。从平面上看，E_3 时为一个常年性封闭水域为主体的湖泊，狮子沟地区 E_3 时位于此湖泊半深湖的西北部边缘，其外围依次是浅湖、滨湖及河流泛滥平原区。狮子沟地区的狮 20 井、狮 23 井、狮 25 井和狮 29 井等 E_3 时位于半深湖环境中，以深灰色泥质岩、泥灰岩和灰岩沉积为主，砂质岩不发育，个别井可见到薄层的砂砾岩和粉砂岩，为浊积扇成因所致；而构造西部狮 35 井区的狮 35 井位于滨浅湖向半深湖-深湖的过渡区域，其沉积岩类与狮 20 井区基本上可以对比，差别不大，以钙质泥岩、泥灰岩及白云岩、石膏等为主要沉积，局部夹薄层不等的粒砂岩。

3. 储集空间类型

狮子沟地区 E_3 储层储集空间较多，大小分布不均，孔隙组合类型多样，具有典型的陆相储集层储集空间发育的非均质性强的特征，归纳起来，E_3 储层储集空间可分为孔、洞和缝三大类及组合型（图 8.1、图 8.2）。

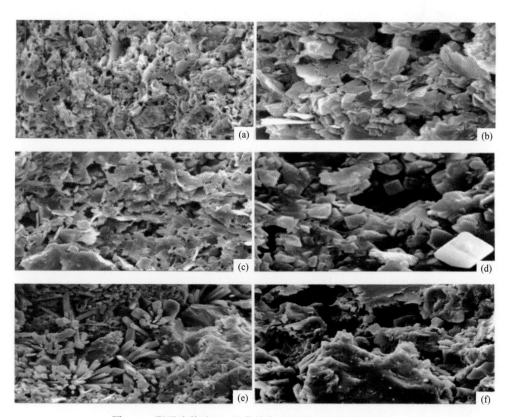

图 8.1　狮子沟构造 E_3 油藏储集空间类型电镜扫描照片

（a）晶间孔隙，白云石方解石晶间产生的晶间孔，孔径极小，狮 32 斜井，4119.76m E_3^1 ×1000 扫描电镜；

（b）晶间溶孔，白云石间晶溶蚀不但溶孔多，且连通性也好，狮 28 井，4011.08m E_3^1 ×2000 扫描电镜；

（c）晶间溶孔，粉砂间的方解石晶溶蚀，产生多量细小溶孔，狮 32 斜井，4075.35m E_3^1 ×1000 扫描电镜；

（d）晶间溶孔，半百晶、自晶型白云石间溶蚀成发育的溶孔，狮 32 斜井，4119.54m E_3^1 ×4500 扫描电镜；

（e）粒间溶孔，中粒岩屑间溶蚀成孔，并有柱状石膏半充填，狮 32 斜井，4102.83m E_3^1 ×800 扫描电镜；

（f）粒间溶孔，陆源砂砾间，溶蚀成发育的大小孔隙，狮 32 斜井，4111.8m E_3^1 ×860 扫描电镜

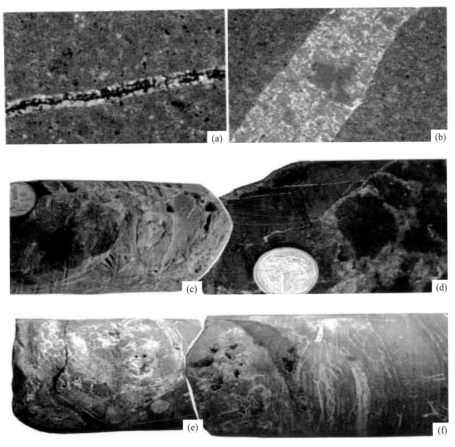

图 8.2　狮子沟构造 E_3 油藏储集空间类型岩心照片

（a）缝内溶缝，方解石、硬石膏缝内溶蚀，形成缝中有缝狮新 28 井，4174.356m E_3^1 ×50 正交偏光；

（b）缝内溶孔，硬石膏充填的构造缝内溶蚀成孔（紫红色）狮 32 斜井，4146.32m E_3^1 ×20 正交偏光；

（c）缝内溶洞，硬石膏充填的缝内，溶蚀成发育的大小溶洞狮 32 斜井，4137.33m E_3^1 岩心柱面；

（d）缝内油斑，高角度半填充的构造缝内，油斑满布狮 28 井，4175.35m E_3^1 岩心断面；

（e）缝斑溶洞，硬石膏充填的裂缝和溶斑内，被溶蚀成洞狮 32 斜井，4137.55m E_3^1 岩心柱面；

（f）缝斑油浸，膏质充填的缝斑被溶成洞，洞壁全被油浸狮 32 斜井，4174.356m E_3^1 岩心柱面

　　1）孔隙类型：E_3 储层孔隙以溶蚀孔隙为主，主要为晶间溶孔和晶内溶孔，其次为缝内溶孔，此外还有少量的粒间溶孔、铸模孔、晶间孔和晶间微孔，其中对储集油气有意义的还是晶间溶孔和晶内溶孔。

　　2）溶洞类型：主要为发育于裂缝充填物中的溶蚀孔洞，由石膏、钙芒硝、方解石等充填物被溶蚀后形成；其次为发育于基质膏斑中的溶蚀孔洞。其中裂缝型溶蚀孔洞发育范围广、连通性好，对油气储集意义较大；而膏斑型溶蚀孔洞一般发育规模小，较孤立、连通性差，若与裂缝连通，则也具有一定的储集意义。

　　3）裂缝类型：主要为高角度缝，其次为低角度缝、水平缝和不规则缝。

　　4）组合类型可分为：晶间溶孔-缝内溶蚀孔洞-裂缝、晶间溶孔-膏斑型溶蚀孔洞-缝内溶蚀孔洞、晶间溶孔-膏斑型溶蚀孔洞。

第二节　四性关系研究

1. 岩性特征

狮子沟储层岩性为灰色、深灰色钙质泥岩、泥灰岩、泥云岩，含云泥岩，云质灰岩、泥晶、微晶云岩及泥晶灰岩，还有少量泥质粉砂岩、粉砂质泥岩。岩性不纯及白云岩化现象普遍是该段地层的主要特点。

从狮20、狮24、狮23井三口井的薄片分析资料表明，狮子沟深层 E_3 为一复杂岩性储集层，其矿物成分复杂，既无纯碎屑岩，又无纯碳酸岩，是碎屑岩、泥岩、碳酸岩、蒸发岩按不同比例混杂的，岩性从碎屑岩到泥质岩过渡到碳酸盐岩，各类岩性比例如图 8.3 所示。

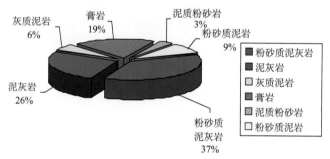

图 8.3　狮子沟 E_3 地层岩性饼状图

2. 物性特征

狮子沟 E_3 储层孔隙度、渗透率分析表明：孔隙度分布一般在 $0.2\%\sim14.73\%$，主要集中在 $2\%\sim8\%$，平均 4.4%，变异系数为 0.68。渗透率一般在 $0.001\sim10\times10^{-3}\,\mu m^2$，平均 $12.0\times10^{-3}\,\mu m^2$，变异系数为 5.66（图 8.4）。由此可见，储层特点为低孔、低渗、非均质性。大裂缝及孔洞能明显改变储层渗透率，同时也加剧了物性的非均质性，但总体来看，发育大裂缝及孔洞的样品并不普遍，加之真正取在解释层上的样品很少，又有相当数量的样品（约 44%）并非主要含油岩性。因此，真正储层孔、渗性能可能要比上述情况好。

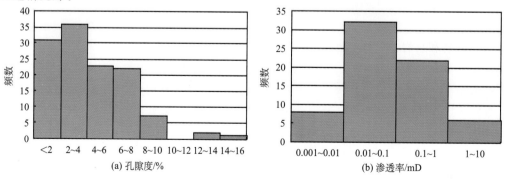

图 8.4　狮子沟 E_3^1 储层孔隙度（a）、渗透率（b）直方图

3. 含油性特征

狮子沟共有取心井 13 口，主要为泥岩、泥灰岩裂缝发育处含油。定量荧光分析表明：狮子沟地区含油岩性含油级别很低，只有荧光级别，表明含油性主要集中在裂缝含油和孔洞含油上，进一步证实了狮子沟地区孔洞及裂缝是该地区的主要储油空间。图 8.5 为狮子沟地区岩屑含油性饼状图。从图中看见泥质粉砂岩和钙质泥岩占较大比例，含油级别最高为油迹，这和裂缝的特殊性有关系，主要为泥质粉砂岩、钙质泥岩、粉砂岩、钙质泥岩及白云岩、泥灰岩等含油。

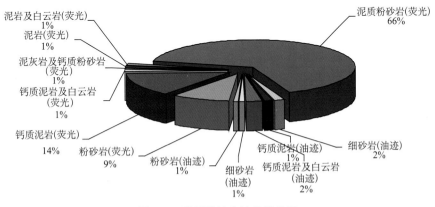

图 8.5　岩屑统计含油性饼状图

4. 电性特征

储层测井曲线具有明显的三低一高特征，即低自然伽马、低中子伽马、低电阻率、高声波时差（图 8.6）。

5. 四性关系

（1）岩性与电性的关系

碳酸盐岩：自然伽马低值，中子伽马中值或低值。裂缝发育时声波时差大，甚至出现周波跳跃，井径不规则或扩径，自然电位曲线平直。电阻率在好渗透层段为相对低值。泥质岩普遍含较高碳酸钙等，其中多为钙质泥岩。与渗透层的区别主要反映为高自然伽马（图 8.7）。

白云岩和灰岩：白云岩和灰岩是狮子沟 E_3 地层的主要岩性，也是重要储集岩，因此白云岩和灰岩识别是储层及储层参数解释的关键。图 8.8 为灰岩段，自然伽马低值，密度为 2.74g/cm^3，补偿声波时差值为 $154\sim158\mu s/m$，补偿中子为 5～7 P.U。如图 8.8 所示的灰岩段的测井响应值与理论值有一定偏差，这是由于该段受含有一定云质及泥质的影响。

图 8.9 为岩屑描述云岩段的测井响应特征，其自然伽马低值，声波时差 $204\mu s/m$，测井响应值与理论值偏差较大，这一方面受泥质影响，另一方面是受测井曲线品质影响。

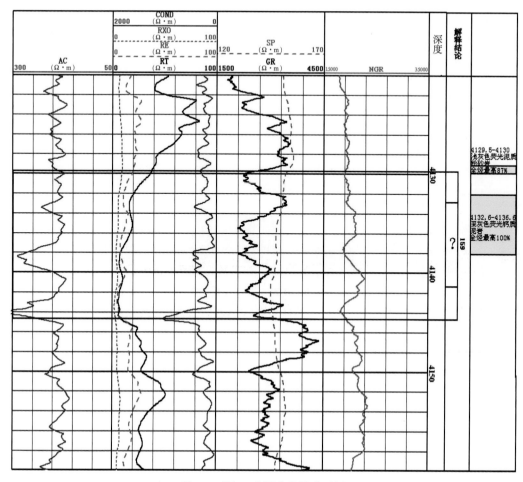

图 8.6　狮 20 井测井曲线典型图

其他岩性还有岩盐、芒硝、膏岩等。

（2）岩性与物性的关系

碳酸盐岩类与泥岩类孔隙度相近，说明泥岩不纯，并且同样具有裂缝。渗透率也呈类似特点。砂岩的孔隙度和渗透率值都表明具有非储层的特征。膏、盐（以钙芒硝为主）岩类的孔隙度和渗透率数值较高，说明它也是一种储集层，花 79 井、狮 23 井、狮 25 井均在这种储集层中获得油气流，但产能不稳定。从表 8.1、表 8.2 看，具有以下特点：

1）碳酸盐岩类产生缝洞的几率为 38.6%，比其他盐类高；

2）碳酸盐岩类中，产生缝洞的几率是泥云岩＞灰岩＞泥灰岩；

3）云岩、泥云岩产生缝洞几率（50%）大于灰岩和泥灰岩（38.2%）。

（3）岩性与含油性的关系

根据现场岩心观察，碳酸盐岩类含油性最好，钙芒硝晶间溶孔次之，钙质泥岩少见。经狮 25 井 3986.40～4041.20m 中途测试，管柱回收折算产油 22.5m³/d，说明大

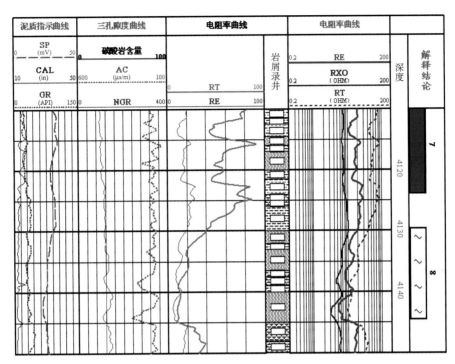

图 8.7 狮 20 井碳酸盐岩测井响应特征图

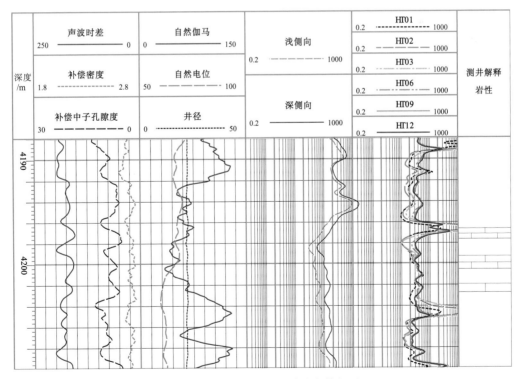

图 8.8 狮 35 井灰岩测井响应特征图

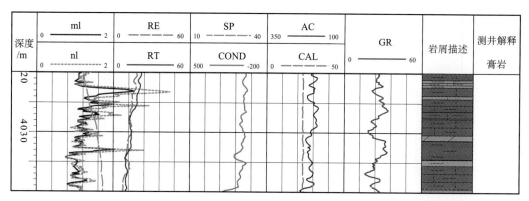

图 8.9　狮 25 井云岩测井响应特征图

段钙芒硝晶间孔隙和泥岩裂缝也能获得油气流，但不是高产油气流。狮 23 井 3844.11～4149.24m 中途测试和花 79 井钻至井深 3103m 井喷，也有类似产能。

图 8.10 中，狮 36 井 118 号层 ECS 反映岩性为泥灰岩，常规测井对岩性反应不敏感，但在该层段中途测试折算日产原油 9.8m³，表明泥灰岩储层具有一定的含油性。

表 8.1　岩性与物性关系统计表

岩性分类	孔隙度/%				渗透率/($10^{-3}\mu m^2$)							
					水平				垂直			
	个数	最大	最小	平均	个数	最大	最小	平均	个数	最大	最小	平均
碳酸盐岩类	60	12.90	0.20	4.68	43	98.05	<0.01	8.64	15	19.54	<0.1	2.01
砂岩类	13	6.00	1.14	3.07	6	0.68	<0.01	0.20				
泥岩类	21	14.73	1.48	4.81	14	4.34	<0.01	0.93	3	0.49	<0.1	0.23
膏、盐岩类	13	8.00	1.08	3.54	12	642.54	0.02	57.20	4	11.35	<0.1	0.23

表 8.2　溶洞、微裂缝与岩性关系统计

岩性分类	碳酸盐岩类							泥岩类	砂岩类	膏、盐岩类
	石灰岩			白云岩			合计			
项目	灰岩	泥灰岩	小计	云岩	泥云岩	小计				
裂缝　张开缝	9	56	65		4	4	69	20		6
充填缝	27	11	38		1	1	39	10		1
溶洞	3	10	13		1	1	14	4		
薄片总数	75	229	304	3	9	12	316	114	46	40
百分比	52.0	33.6	38.2	0.0	66.7	50.0	38.6	29.8	0.0	17.5

本区勘探实践证实，钻井过程中的油气显示与地层中碳酸盐岩含量具有密切关系，83% 的油气显示均发生在 $CaCO_3$ 含量大于 50% 的地层中，而 $CaCO_3$ 含量低于 40% 的

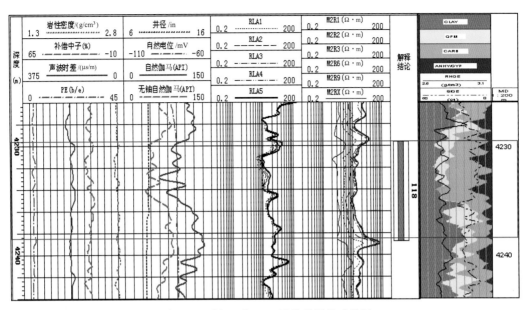

图 8.10　狮 36 井 ECS 及常规测井成果图

地层，其油气显示频率仅为 3%。受测井分辨率限制，测井只能识别有限的几种岩性，如灰岩、白云岩、石膏、盐岩，不能识别钙芒硝岩，为了分析方便，将灰岩、白云岩、钙芒硝统称为碳酸盐岩。

根据试油层段分析表明：含有碳酸盐的储层只要物性好都具有含油性的可能。

（4）物性与含油性的关系

狮 25 井 4022.90～4030.33m 取得的油浸泥晶灰岩，肉眼未见溶洞，镜下见裂缝，分析 3 块样孔隙度值为 4.7%～12.3%，平均为 11.1%。钻井过程中未见放空现象，表明没有大溶洞，储集类型应为孔隙-裂缝型，为目前最好的物性和含油性。

第三节　裂缝性储层测井特征分析及评价方法

测井评价储层裂缝最有效的方法步骤为：先用常规测井（主要是双侧向测井）定性划分裂缝发育段或半定量评价裂缝参数，再用偶极声波测井资料评价裂缝的有效性，最后岩心标定成像测井、评价裂缝的产状和裂缝参数等。用常规测井方法评价裂缝只能定性划分裂缝发育段或半定量评价裂缝参数，其评价结果的可靠性与精度也远低于用成像测井、偶极声波测井等资料的评价结果。目前，通常采用多方法结合综合判断裂缝。

一、裂缝测井识别

对裂缝进行预测、识别，包括对裂缝发育强度及裂缝延伸方向进行预测、识别，前人已经做了大量而有益的工作，积累了不少经验。目前主要通过露头、岩心、测井、地震、试井、试油试采、钻井、录井等资料，借助于地质学定性分析法、岩心室内测定法、试井分析法、裂缝数理统计法和测井资料法等综合分析，寻找裂缝的控制因素。主要评价技术大致可分为三大类，即裂缝识别的常规测井技术、裂缝识别的测井新技术和基于常规测井响应的多参数评价技术。

（一）常规测井曲线上的裂缝响应特征

裂缝在常规测井曲线上表现出与其他储集层完全不同的响应特征，具体如下。

1）井径：由于岩石易沿裂缝破裂成块脱落，造成井筒局部不规则扩大，使井径曲线出现扩径特征。

2）双侧向：裂缝在钻井过程中的泥浆侵入会造成地层电阻率的降低，但下降幅度大小与裂缝张开度及裂缝产状有密切而复杂的关系。裂缝张开度越大、角度越低，电阻率下降幅度越大。

3）声波时差：声波时差对高角度裂缝反映较差，但是，当地层中存在低角度裂缝、网状裂缝时，声波时差值极高并伴随周期性跳跃现象，即周波跳跃现象。

4）补偿密度：由于贴井壁测量，密度测井对低角度裂缝和网状裂缝在某种程度上有所显示，密度测井值减小，且显示为呈正向的窄尖峰状异常，对高角度裂缝的识别则取决于极板与裂缝的相对位置关系。

5）补偿中子：裂缝发育岩石的总孔隙空间增大，使测得的中子孔隙度高于非裂缝段的中子值，不过中子测井孔隙度值同时与孔隙中的流体性质有关，裂缝发育带中残留的天然气，会使中子孔隙度值降低。

6）自然伽马：由于地层水通过裂缝时，所携带的吸附有大量放射性的物质充填于裂缝之中，自然伽马值突然高出上、下围岩数倍（大大超过本段纯泥岩值）。

7）地层倾角：当地层中出现与层面斜交的裂缝组系时，所测得倾向、倾角值，已不代表地层产状，因受裂缝面干扰而出现杂乱分布。

（二）电成像测井识别裂缝

FMI、STAR 及 EMI 成像测井仪采集多条电阻率曲线，经处理后能得到反应井壁的各种地质现象的电性特征，可以通过颜色的深浅来反映其变化的细微特征。

1）钻井诱导缝：钻井诱导缝系钻井过程中产生的裂缝，常呈直立状或羽状，最大特点是沿井壁的对称方向出现。钻井诱导缝倾角均很大，在 $40°\sim60°$，倾向以北西方向为主，走向为北东-南西方向 ［图 8.11（a）］。

2）斜交缝：斜交缝在成像图像上表现为深色（黑色）与层理面斜交的正弦曲线 ［图 8.11（b）和图 8.11（c）］，为钻井泥浆侵入或泥质充填所致。狮子沟地区 E_3 地层储层斜交缝在各井成像测量井段均有不同程度发育，其倾角大小变化较大，可在 $50°\sim70°$ 变化。总体上讲斜交缝倾角大于层间缝。

3）充填缝：充填缝也叫高阻缝，成像图上表现为高阻（浅色～白色）正弦曲线

[图 8.11（d）]，系高阻物质，如由方解石石膏等充填裂缝而成，高阻缝是早期形成裂缝，在后期沉积中又被方解石充填，这种裂缝都是无效裂缝。值得指出的是，部分斜交缝有切割早期形成充填缝现象，若充填缝又被溶蚀，而且溶蚀孔洞比较发育，有时也能够形成有效储集空间。

4）网状缝：网状缝是水平缝或低角度缝或斜缝与高角度缝同时出现而形成的交叉缝，形似网状，因而称为网状缝。在成像图中可见纵横交错深色正弦波曲线。在常规测井曲线上可见明显的孔隙度测井值增大（密度测井值减小）和电阻率降低现象，且自然伽马测井值低。其在成像图上反映的特征如图 8.11（e）所示。

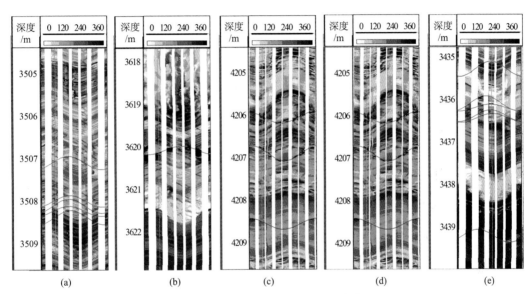

图 8.11　电成像测井图上的裂缝发育特征

（a）诱导缝（狮 35 井）；（b）斜交缝（狮 35 井）；（c）斜交缝（狮 36 井）；
（d）石膏充填缝（狮 36 井）；（e）网状缝（狮 35 井）

5）溶蚀孔洞：狮子沟地区 E_3 碳酸盐岩储集空间主要有孔隙、裂缝、溶孔（溶洞）三部分组成。根据岩心观察及统计，该地区溶孔、溶洞较发育，但溶洞的规模较小。

根据大量测井资料综合分析，结合国内其他油田溶洞识别经验，狮子沟地区 E_3 段溶蚀孔洞具有如下测井特征：双侧向为正差异且深、浅侧向电阻率大幅度降低，声波时差明显增高或跳波，自然伽马一般低值（个别大的溶洞因沉淀有高放射性物质，自然伽马为高值），大的溶洞井径为明显的扩径特征。根据井漏分析，可能发育溶孔（溶洞），如图 8.12 所示。

溶蚀孔洞是由于地层水对岩石溶解作用而形成孔洞，在成像图上表现为高导异常体，多为分散星点状或沿层面呈串珠状分布（图 8.13）。溶孔一般周边不规则，具有侵染状边缘，若溶洞与层间缝或裂缝同时发育，则在测井曲线上有明显的响应，表现为较低电阻率测井值和密度测井值，较高补偿声波和补偿中子测井值。

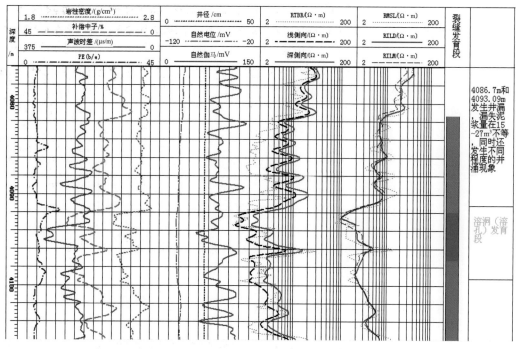

图 8.12　狮新 28 井典型的溶洞测井响应特征

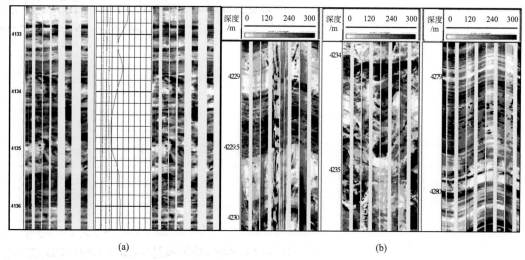

图 8.13　溶蚀溶孔发育的成像特征图

（a）狮新 28 井；（b）狮 36 井

（三）声成像测井识别裂缝

裂缝尤其是高角度裂缝在常规测井曲线上特征不明显，所以利用常规测井一般很难发现裂缝。而成像测井可以弥补常规测井的不足，较可靠识别出裂缝。在 CBIL 图像上，裂缝一般对应于低回波幅度，颜色较暗，而非裂缝段的回波幅度较强，颜色较亮（图 8.14）。偶极横波测井可准确提取地层纵、横波和斯通滤波进行储层裂缝的综合评价。

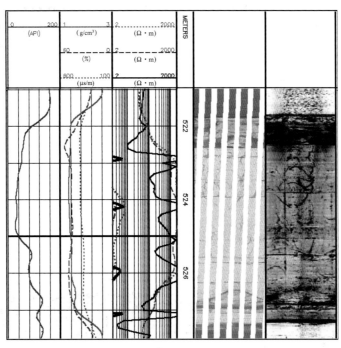

图 8.14　实测声成像裂缝响应特征图

（四）偶极横波成像测井识别裂缝

1. 利用横波各向异性识别裂缝

其原理是利用两个交叉偶极发射器，向地层沿两个垂直方向定向发射信号。如果地层是均匀的，则两个信号同时到达。反之，具有一定的时间差和相位差。根据这些差异可以判断地层的各向异性，并评价裂缝和应力状态。

构造性裂缝通常有很好的方向性，通常其走向相互平行。走向一致的裂缝会引起横波分裂，形成快、慢横波。由于裂缝中流体影响，平行裂缝走向偏振的横波的传播速度要大于垂直于裂缝走向偏振的横波的传播速度。如果横波偏振的方向与裂缝走向成一定的交角，横波将分裂成偏振平行于裂缝走向的快速高能横波分量和垂直于裂缝走向的低能慢速分量。快、慢横波的能量差异和速度差异通常用百分各向异性来表示。

2. 体波识别裂缝

声波体波（纵、横波）对裂缝反应敏感。裂缝虽然开度很小，但其径向延伸较大，并且被流体所充填，而流体和固体的弹性特征有着较大的差异，因此裂缝对声波的传播产生巨大的影响。这是张开裂缝的情况，同时体波对闭合裂缝也有反映。总的说来，裂缝对体波的影响可归纳为：①各种波相时差增大；②各种波相出现程度不同的能量衰减，波形的幅度降低；③模式转换出现杂乱的显示；④出现反射现象；⑤扩径引起幅度突变。

3. 斯通利波识别裂缝

斯通利波是沿井壁的表面传播的，其能量从井壁开始向两侧呈指数衰减。在井眼中，低频的斯通利波传播类似于活塞运动，使得井壁在井径上膨胀和压缩，由于裂缝的存在会导致斯通利波传播速度的变化，产生斯通利波的反射，导致斯通利波能量的衰减。同时，裂缝的倾角对斯通利波的能量衰减也有重要影响，裂缝倾角增加引起斯通利波幅度变化的数值大约正比于裂缝与井壁切割面值的增加。当裂缝的倾角是 45°时，它对斯通利波衰减的影响将增加 20%；当裂缝的倾角是 70°时，这种影响将增加一倍。也就是说，在裂缝开度恒定的情况下，斯通利波的衰减程度随着裂缝倾角的增加而增加。裂缝对斯通利波的影响归纳为：①斯通利波的能量减小，时差增大；②出现斯通利波的反射；③出现斯通利波的模式转换。

裂缝对斯通利波的影响是由流体在裂缝中的流动引起的，因此，斯通利波识别的仅仅是张开裂缝。

4. 流体移动指数识别裂缝

用纵/横波时差和密度资料计算出理论上的斯通利波时差（DTSTE，即地层零渗透率时的斯通利波时差），实测的斯通利波时差（DTST）与理论斯通利波时差的差值 $S-S_e$ 即为流体移动指数。它是一种半定量的渗透性指示标志。在裂缝发育段，裂缝的存在，造成地层渗透率增加，因此，应用流体移动指数，可以大致来判别裂缝段。同时注意，流体移动指数大，不一定就有裂缝存在；但有裂缝存在，流体移动指数数值一定变大。

5. 纵/横波、斯通利波时差、V_P/V_S 比值和泊松比重叠识别裂缝

对张开裂缝来说，由于裂缝内充满流体，各种波相的传播速度降低，因此在裂缝发育段，纵、横波和斯通利波的时差增大，而且横波时差增大的幅度通常大于纵波；同时在裂缝发育段，V_P/V_S 比值和泊松比重叠时，异常小。

（五）基于常规测井响应的多参数评价技术

常规测井方法，在裂缝测井识别中均有其自身局限性，从而造成基于常规测井资料识别裂缝存在主观不确定性及多解性。成像测井识别裂缝具有直观、准确、高效的特点，但其成本较高。故寻找基于常规测井响应裂缝识别方法具有重要意义。常见的有灰色综合评判法、神经网络法和综合裂缝概率法等。

1. 灰色综合评判法识别裂缝

灰色系统指内涵明确而外延不明确的系统，是由若干相互关联、相互制约任意种类

元素组成的具有某种功能的整体，其内部一部分特征信息已知。

实际地质情况往往复杂多变，也总会受到各种因素的干扰，因此裂缝的识别具有多解性。某地层内的裂缝系统往往由大大小小的裂缝子系统组成，由于它们在同一地质条件下形成，各子系统之间相互关联、相互制约，因此裂缝是一个多因素、多层次、多目标的复杂系统。系统中一部分子系统是已被钻探及地震勘探所揭示的白色信息，又有尚未被人们发现的黑色信息，而更多的则是人们既知道一些又不很清楚的灰色信息，因此裂缝的识别是一个典型的灰色系统，这样为利用灰色系统理论对裂缝的识别提供了前提。根据灰色系统理论，通过合理选取已知井的各评价参数特征值，利用灰色关联分析的方法去白化未知裂缝系统发展态势，通过未知子系统与已知模式的系统化关联，评判未知子系统的裂缝特征。

实践证明，灰色系统理论在裂缝的识别中具有广泛的适用性，该方法能够简便、客观、有效、准确、定性地判别裂缝子系统的特征，也在定量预测裂缝方面进行了初步的探索。

2. ANN 技术识别裂缝

近年来，人工神经网络技术 ANN（artificial neural network）已取得了很大的进展，它在数据处理、模式识别等方面得到一定的应用。其中，比较普遍的是 BP 网络。

BP 神经网络广泛应用于地质学中，它以分布式储存信息，采用并行处理方法，这决定了其非区域性，对信息处理体现了以动力学网络运行的过程。

实际处理表明，BP 神经网络进行裂缝预测，不仅能够采用常规测井资料以及加强显示方法将可以识别的裂缝全部识别出来，而且还能够大致判断裂缝倾角的范围，同时对 MSFL 变化率法和深侧向与微球形聚焦电阻率差值法中经常出现的多数裂缝假象也能够很好地剔除。

3. 综合概率指数法识别裂缝

将各种特征参数曲线，同钻井取心段的岩心观测资料对比，分析其反映裂缝能力，确定其加权系数，然后将所有特征参数进行综合，得出能够反映是否存在裂缝及其发育程度的综合指标，最后根据综合指标的大小进行裂缝发育级别分类。其中比较关键的是加权系数的确定，确定加权系数的步骤如下。

1）根据所提取裂缝特征参数的异常，确定各种特征参数反映裂缝层段的有效厚度 h_i，其中 $i = 1, 2, 3, \cdots, m$（m 为反映裂缝的特征参数个数）；

2）计算裂缝层段中各种参数反映裂缝厚度的百分比 p_i：$p_i = \dfrac{h_i}{H}$（H 为关键层段的厚度）；

3）计算出各种参数反映裂缝的权系数 w_i，即 $w_i = \dfrac{p_i}{\sum\limits_{j=1}^{m} p_j}$；

4）对所提取特征参数按式（8.1）进行综合，得出综合反映裂缝的发育程度的综合指数 COMP

$$\mathrm{COMP} = \sum_{i=1}^{m} w_i x_i \tag{8.1}$$

式中，x_i 为第 i 种反映裂缝的特征参数值；w_i 为第 i 种反映裂缝的特征参数值的加权系数。

显然，COMP 越大，裂缝越发育，再结合地质资料和录井资料可以对裂缝发育程度作出合理的分类。

确定反映裂缝的权系数 w_i 时，注意选取不扩径的微裂缝发育段，因为一旦发生扩径，通常各种方法都只是裂缝发育。

二、裂缝有效性评价

裂缝的有效性是指裂缝内充填物的充填程度和相互间连通状况及径向长度。从理论上讲，张开度大于 $0.1\mu m$ 的裂缝均有效，但是根据格里菲斯（Griffith）破裂理论，裂缝的张开度越大，延伸就越短。因此，不能说裂缝张开度越大，有效性越好，必须同时兼顾裂缝的纵、横延伸，裂缝密度大小。评价裂缝有效与否，主要在于它的张开程度、径向延伸和连通情况。

1. 从裂缝的张开程度评价裂缝的有效性

有效的张开裂缝在成像图上总会有较大的宽度，缝壁一般不平整，但要注意裂缝是否被充填。评价裂缝是否被充填可分为三种情况：一是泥质充填，这种情况在成像图上很容易与未被充填的裂缝混淆，识别的方法有看对应的 GR 值是否有所增高，增高者为泥质充填缝；二是与相同宽度的裂缝比较电阻率曲线的下降程度，电阻率下降幅度大者是未充填缝，电阻率下降幅度低或基本未下降者为充填缝；三是裂缝被方解石等高电阻率岩石充填，这种充填缝在成像图上显示为浅色的正弦波条纹［图 8.11（d）］。全充填缝与近全充填缝对储层无贡献，为无效缝，如诱导缝与高阻缝都属于无效缝。

2. 从裂缝的径向延伸特征来判断裂缝的有效性

成像测井中由于声电成像所反映的径向探测深度不同，在两种图像上都有反映的裂缝一般为张开的有效裂缝，仅在声成像上有反映，而在电成像上无反映的裂缝一般为闭合或延伸不远的无效裂缝。

对裂缝径向延伸状况的判别需通过成像资料与径向探测深度较大的常规电阻率资料结合来实现。由于各种测井仪器的径向探测深度不同，所探测到的岩石范围则明显不同，这正是利用常规测井资料这一差异判断裂缝的径向延伸。

由于深、中、浅电阻率测井或感应测井有着明显的探测深度差异，因而对不同延伸长度的裂缝会有不同的测井响应特征。

1) 对于径向延伸小于 $0.5m$ 的高角度裂缝，深、浅侧向主要反映基岩的高电阻率，且电阻率差异也不大，其深、浅双侧向比值小于 5；

2) 当裂缝径向延伸在 $0.5\sim2m$ 时，浅侧向电阻率反映侵入带特征，有明显的下降，而深侧向还受到基岩电阻率的影响，仅略有降低，所以会出现较大幅度的正差异，其比值可达 5～11；

3）对于径向延伸大于 2～3m 的有效高角度缝，深、中、浅三种电阻率都会受到不同程度的影响而降低，但正差异的幅度有所减小；

4）对于低角度缝和斜交缝，当造成深、中、浅电阻率曲线的大幅度下降，并产生较大的差异时，是有效缝的显示。这是因为泥浆沿裂缝侵入地层而造成地层电阻率的径向差异，若深、中、浅电阻率曲线无变化，且未产生明显的差异，则是无效裂缝。

3. 从裂缝的连通性和渗透性来判断裂缝的有效性

多极阵列声波测井所提供的全波列、波形干涉图像，纵波、横波、斯通利波速度和能量衰减能较好地评价裂缝的渗透性。而裂缝的渗透性能综合反映裂缝的宽度、裂缝的延伸以及裂缝的连通情况，因而是评价裂缝有效性的最好的指标。

阵列声波测井获得的全波列波形图，较系统、直观地反映了各种波幅的衰减情况，这些波幅不同程度地反映了裂缝存在及其产状。纵波速度受岩性、岩石结构影响较大，因此，在这些条件发生变化的情况下，其速度和声波阻抗就大，反射波衰减会加剧；而斯通利波受岩性和岩石结构影响较小，主要受渗透性影响，因此在岩性、岩石结构发生变化部位，斯通利波反射却很微弱，而纵波、横波能量衰减主要反映岩石力学性质变化，斯通利波则主要反映了储层渗透性，因而可直接指示出储层或裂缝的有效性。

斯通利波的探测深度比纵、横波大，纵波的探测深度为横波的 1.6～1.9 倍，斯通利波为纵波的 1.3～2.0 倍，因而斯通利波能更好地反映储层的渗透性。

低角度缝造成各种波列到达时间的延迟，纵横波幅度衰减，但横波的衰减更剧烈，且裂缝的张开度越大，衰减的幅度越大；高角度缝使各种波列到达的时间略有延迟，纵波后续部分有明显的衰减现象，斯通利波也有衰减。网状缝或裂缝发育带多造成纵横波在纵向上有较大厚度的、不同程度的衰减。幅度的衰减越大，则渗透性越好。

声波变密度是全波列的另一种图像显示，根据对声波全波列能量衰减情况和各种波形相互干涉程度来综合反映裂缝的特征。由于地层中存在有效的缝洞系统，其间的流体必然会形成声阻抗界面，使得声波发生反射和干涉，但泥质影响较大时，对全波列能量影响非常大，故对裂缝的响应不如纯地层明显，但对于厚度较大的储层，在有一定的孔隙度基础时，并且裂缝较发育的情况下，变密度图像上仍可见到较明显的图像干涉和衰减，特别是对斯通利波图像的干扰更为明显，从而反映了渗透性的变化。

值得注意的是，在斯通利波资料的应用过程中，也存在一些不可忽视的影响因素，如斯通利波的能量受储层流体性质、井眼条件和泥饼等影响，其中泥饼对斯通利波能量衰减的影响较为突出，井壁上一旦有泥饼存在时，将阻止裂缝与井中流体的流动，使得斯通利波不被衰减，从而将有效缝判断为无效缝；受泥质层的影响，斯通利波在塑性泥质地层段传播时，将使地层发生塑性变形而导致自身能量衰减。所以，在资料解释时一定要特别注意泥饼和泥质的影响。

4. 裂缝有效性的测井综合评价

用单一测井方法评价裂缝的有效性，都存在其局限性。资料较为丰富的情况下，尽可能用与裂缝相关测井信息来综合评价裂缝有效性，这样可互为补充，提高评价精度。

自然伽马相对低的井段，成像测井图上有明显裂缝显示，电阻率曲线明显下降或呈低值，波形、变密度有明显衰减和干扰。同时，声波、中子值有所上升，密度值有所下降，反映出不同探测深度测井信息对裂缝都有不同程度响应，并且低频斯通利波幅度明显衰减，说明裂缝不仅张开，而且径向延伸长，这种测井特征反映的裂缝是有效的。

如果只有成像测井图上有裂缝显示，且是在高阻（浅色）背景上的显示，图上反映裂缝的"线条"较浅或细，电阻率曲线没有明显变化，甚至还反向升高，波形、变密度没有衰减和干扰，斯通利波能量基本未衰减，声波、中子值基本不变或显低值，密度值基本不变或显高值，反映出这种裂缝趋于闭合，评价为无效的裂缝。

另外一种情况是：当成像测井图上有一定宽度的裂缝显示，声波、中子值有一定的升高，密度值也有所下降，但深侧向电阻率曲线显示为相对高阻，或反向升高，波形、变密度基本无衰减和干扰，并且斯通利波幅度无衰减，反映出这种裂缝虽在井壁上处于一定的张开状态，但延伸不远即消失，也是一种无效的裂缝。

第四节　　裂缝性储层参数评价方法研究

如何有效的确定储层的参数是储层测井评价的主要任务，但对于裂缝性储层来说，由于裂缝发育的不规则性以及分布的不均匀性和孔隙结构的复杂性，至今还没有一个普遍适用的裂缝性储层参数的计算模型。本次研究借鉴碳酸盐岩裂缝定量评价模型，针对研究区块裂缝发育的特点，在分析总结岩心和成像测井资料、双侧向裂缝响应机理以及影响因素的基础上结合经验公式，建立起适合本地区的裂缝参数的评价模型。

一、常规测井裂缝储层参数评价方法研究

（一）裂缝储层泥质含量

由于狮子沟地区 E_3 储层泥质含量样品分析数据少，采用体积方程求解，即

$$SH = \frac{GR - GR_{min}}{GR_{max} - GR_{min}} \tag{8.2}$$

$$V_{sh} = \frac{2^{GCUR \times SH} - 1}{2^{GCUR} - 1} \tag{8.3}$$

式中，SH 为泥质含量指数；V_{sh} 为地层泥质含量；GR 为地层的自然伽马测井值；GR_{min} 为致密碳酸盐岩地层的自然伽马值；GR_{max} 为泥岩层的自然伽马值；GCUR 为经验系数，可按地层时代在较广泛的地区由岩心分析资料求得。一般来说，对古近纪和新近纪地层，GCUR＝3.7；对老地层，GCUR＝2。GR_{max}、GR_{min} 值的选取采用直方图统

计方法，GR_{max}可以选择 110~120API，GR_{min}可以选择 10~20API。

（二）裂缝储层孔隙度

裂缝性储层最基本的模型是双介质系统模型，它是把岩石分成裂缝系统和基块系统两大部分，它们各自具有不同的物理特性。可由总孔隙度 φ_t、基质孔隙度 φ_b、裂缝孔隙度 φ_{fr} 来描述。

1. 总孔隙度 φ_t

总孔隙度是岩石孔隙和裂缝体积占岩石总体积的百分比，即

$$\phi_t = \frac{V_b + V_{fr}}{V} \tag{8.4}$$

由于裂缝发育的影响，单一的中子、密度测井计算的孔隙度与岩心分析孔隙度误差较大，相关性很差，为了比较准确地求取储层的总孔隙度，通常要用两种或多种孔隙度测井资料的交会处理。

在三孔隙度测井中，密度曲线对碳酸盐岩剖面的岩性响应最为灵敏。因此，当存在密度曲线时，通常可通过密度-中子交会确定地层剖面的岩性，并可进一步以交会图为基础，通过计算机软件计算各种岩石矿物的百分含量和地层总孔隙度（包括基质孔隙度与次生孔隙度）。图 8.15 为狮 35 井 E_3 层段中子-密度交会图，图中有 3 条岩性线：砂岩线、灰岩线、白云岩线；有两个岩性点：硬石膏点、盐岩点；交会点主要集中在白云岩和灰岩两侧，即狮 35 井 E_3 段储层主要由白云岩和灰岩组成。

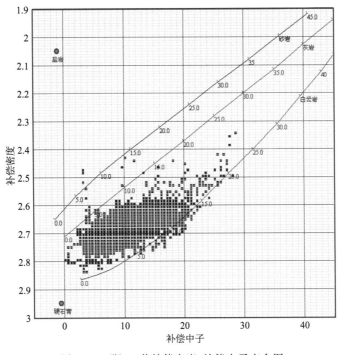

图 8.15　狮 35 井补偿密度-补偿中子交会图

2. 基质孔隙度 φ_b

基质孔隙度是基质孔隙体积占岩石基块体积的百分比，$\phi_b = \dfrac{V_b}{V_r}$，实验室分析结果通常接近于基质孔隙度。由声速测井原理知，声波纵波时差（慢度）主要反映岩石粒间孔隙和水平裂缝，因而由声波计算的孔隙度经泥质校正后，接近于基质孔隙度。

当岩石骨架为岩性单一，ϕ 小于 5％时，可用威利平均时间公式，即

$$\phi_b = \frac{\Delta t - \Delta t_{ma}}{\Delta t_f - \Delta t_{ma}} - \mathrm{SH} \times \frac{\Delta t_{sh} - \Delta t_{ma}}{\Delta t_f - \Delta t_{ma}} \tag{8.5}$$

当 ϕ 在 5％～25％时，可采用 Raymer-Hant 公式

$$\frac{1}{\Delta t} = \frac{(1 - \phi_b)^b}{\Delta t_{ma}} + \frac{\phi_b}{\Delta t_f} \tag{8.6}$$

式中，b 为岩性系数（砂岩取 2，灰岩取 2～2.2）。

3. 裂缝孔隙度 ϕ_{fr}

裂缝孔隙度是裂缝体积占岩石体积的百分比，$\phi_{fr} = \dfrac{V_{fr}}{V}$。一般来说，用间接的测井方法或直接的岩心分析方法评价总孔隙度并没有任何特殊困难，但要把这两种孔隙度分开则相当困难，人们在实践中有这样一条经验（赵良孝，1994；1999）。

当 $\phi_t < 10\%$ 时，$\phi_{fr\,max} < 0.1\phi_t$；当 $\phi_t > 10\%$ 时，$\phi_{fr\,max} > 0.04\varphi_t$。其中 $\phi_{fr\,max}$ 为裂缝孔隙度上限。

从岩石储层空间的观点出发，精确计算 ϕ_{fr} 并无多大意义，因裂缝孔隙度 ϕ_{fr} 与基质孔隙度 ϕ_b 相比可以忽略不计。但从评价渗透率的观点看，精确评价 ϕ_{fr} 是相当重要的。下面提出三种计算裂缝孔隙度的模型。

（1）次生孔隙度方法

计算裂缝孔隙度最简单的方法就是把声波孔隙度作为岩块孔隙度 ϕ_b，它与总孔隙度 ϕ_t 之差为次生孔隙度，即裂缝孔隙度 ϕ_{fr}

$$\phi_{fr} = \phi_t - \phi_b \tag{8.7}$$

（2）根据光电吸收截面确定裂缝孔隙度

如前所述，光电吸收截面严重受重晶石钻井液的影响，可以利用这一特性来估计裂缝孔隙度

$$P_e\rho_e = \phi_{ma}(\rho_e)_f(P_e)_f + \phi_{fr}(\rho_e)_{Ba}(P_e)_{Ba} + (1 - \phi_{ma} - \phi_{fr})(\rho_e)_{ma}(P_e)_{ma} \tag{8.8}$$

式中的下标"Ba"表示重晶石，"fr"表示裂缝，"f"表示孔隙中地层流体，"e"表示电子；ρ_e 为电子密度。

压实裂缝性岩石的骨架孔隙度较低（一般小于 10％），而 $(P_e)_f$ 也很小（如水的 P_e 值为 0.358，油的 P_e 值为 0.48，盐水的 P_e 值为 0.807），所以第一项可以忽略不计，用中子-密度孔隙度代替总有效孔隙度，这样上述方程可以写为

$$P_e\rho_e = \phi_{fr}(\rho_e)_{Ba}(P_e)_{Ba} + (1 - \phi_{ND})(\rho_e)_{ma}(P_e)_{ma} \tag{8.9}$$

求出

$$\phi_{fr} = \frac{P_e\rho_e - (1-\phi_{ND})(\rho_e)_{ma}(P_e)_{ma}}{(\rho_e)_{Ba}(P_e)_{Ba}} \tag{8.10}$$

已知 $(\rho_e)_{Ba}(P_e)_{Ba} = 1070$，并且进一步作一级近似，假定 $\rho_e = \rho_b$，$(\rho_e)_{ma} = (\rho_{ma})_a$，有

$$\phi_{fr} = \frac{P_e\rho_b - (1-\phi_{ND})(\rho_{ma})_a(P_e)_{ma}}{1070} \tag{8.11}$$

式中，ϕ_{ND} 为密度-中子交会孔隙度。

上述方程在假定井壁光滑的情况下成立，这时极板与地层接触紧密，保证探测受井眼影响小。又因具有方向性的仪器所探测的是极板前的一部分，所以所探测的并不是裂缝的总孔隙度。

（3）双侧向求取裂缝孔隙度

对于双侧向测井来说，电流束主要沿裂缝通过，因而其电阻率的高低变化，对裂缝特别敏感，常用双侧向测井计算裂缝孔隙度。通常假定：双侧向测井所探测到的裂缝是一个与压实的、非裂缝性地层并联的电阻率系统；仅裂缝有侵入而基块部分无侵入。这是因为与基块相比，裂缝的渗透率很高，所以钻井液柱的超压部分将优先作用于裂缝网络。

钻井液的侵入使浅侧向测井仅探测到冲洗带部分，而深侧向测井可探测到原状地层。后一假设是否成立取决于钻井液类型及裂缝开度。如果钻井液漏失量小，则可以假定裂缝张开度小，能形成泥饼以限制钻井液进一步侵入，在这种情况下，这一假设是成立的；如果钻井液漏失量大，侵入很深，这时就不能假定深侧向测井能探测到原状地层。

未侵入部分裂缝系统的含水饱和度几乎为 0，受侵入的裂缝系统的滤液饱和度为 100%，即所有油气均被赶走。

在上述约定下有下列不等式

$$\frac{1}{R_D} > \frac{\varphi_{ma}^m S_{wma}^n}{R_w} + \frac{\varphi_{fr}^{m_{fr}} S_{wfr}^{n_{fr}}}{R_w} \tag{8.12}$$

$$\frac{1}{R_S} < \frac{\varphi_{ma}^m S_{wma}^n}{R_w} + \frac{\varphi_{fr}^{m_{fr}} S_{xofr}^{n_{fr}}}{R_{mf}} \tag{8.13}$$

式中，φ_{ma} 为基块孔隙度；φ_{fr} 为裂缝孔隙度；S_{wma} 为非裂缝未污染地层的含水饱和度；m_{fr} 为裂缝孔隙度指数，取 $1.1\sim1.5$；n_{fr} 为裂缝饱和度指数；S_{wfr} 为原始地层裂缝含水饱和度；S_{xofr} 为冲洗带地层裂缝含水饱和度。

根据上面两个不等式，进一步有

$$\frac{1}{R_S} - \frac{1}{R_D} < \varphi_{fr}^{m_{fr}}\left(\frac{S_{xofr}^{n_{fr}}}{R_{mf}} - \frac{S_{wfr}^{n_{fr}}}{R_w}\right) \tag{8.14}$$

设 $S_{xofr}=1$，$S_{wfr}=0$，则得

$$\varphi_{\mathrm{fr}}^{m_{\mathrm{fr}}} > R_{\mathrm{mf}}\left(\frac{1}{R_S} - \frac{1}{R_D}\right) \tag{8.15}$$

$$或\ \varphi_{\mathrm{fr}} > \sqrt[m_{\mathrm{fr}}]{R_{\mathrm{mf}}\left(\frac{1}{R_S} - \frac{1}{R_D}\right)} \tag{8.16}$$

上述假设 $S_{\mathrm{wfr}} = 0$，即裂缝中完全为油气，另外在 $R_w \approx R_m$ 时上面的计算效果较好。实际应用时，考虑到侵入的是泥浆而不是滤液，于是有

$$\varphi_{\mathrm{fr}} = \sqrt[m_{\mathrm{fr}}]{R_m\left(\frac{1}{R_S} - \frac{1}{R_D}\right)} \tag{8.17}$$

进一步考虑深侵入的影响，把 R_D 用 R_T 代替，于是有

$$\varphi_{\mathrm{fr}} = \sqrt[m_{\mathrm{fr}}]{R_{\mathrm{mf}}\left(\frac{1}{R_S} - \frac{1}{R_T}\right)},\ R_T = 2.589 R_D - 1.589 R_S \tag{8.18}$$

在含水地层，若 R_w 与 R_m 差别较大，则用下式计算

$$\varphi_{\mathrm{fr}} = \sqrt[m_{\mathrm{fr}}]{\left(\frac{C_S - C_D}{D_{\mathrm{mf}} - C_w}\right)} \tag{8.19}$$

式中，C_{mf} 和 C_w 为泥浆滤液和地层水电阻率。

据谭廷栋直线网状裂缝模型有

$$m_{\mathrm{fr}} = \lg\left[1 - (1 - \varphi_{\mathrm{fr}})^{\frac{2}{3}}\right] / \lg(\phi_{\mathrm{fr}}) \tag{8.20}$$

进一步，假定裂缝导电长度是裂缝长度的 α 倍

$$m_{\mathrm{fr}} = \lg\left[(1 - (1 - \phi_{\mathrm{fr}})^{\frac{2}{3}})/\alpha\right] / \lg(\varphi_{\mathrm{fr}}) \tag{8.21}$$

一般可取 $m_{\mathrm{fr}} = 1 \sim 1.5$，常取 $m_{\mathrm{fr}} = 1.3$。如果是 JD581，深、浅测向电阻率分别用 6m 和 3m 顶部梯度电阻率代替。

此外，据国内裂缝研究，进行了双侧向测井的三维实体模拟、三维有限元法模拟等计算研究。通过对 220 组正演模型的计算，得到了简化的双侧向测井公式

$$\sigma_D = (D_1 \times \phi_{\mathrm{fr}} \times \sigma_{\mathrm{fr}} + D_2) \times \sigma_b + D_3 \times \sigma_{\mathrm{fr}} \times \phi_{\mathrm{fr}} + D_4 \tag{8.22}$$

$$\sigma_D = (D_1 \times \phi_{\mathrm{fr}} \times \sigma_{\mathrm{fr}} + D_2) \times \sigma_b + D_3 \times \sigma_{\mathrm{fr}} \times \phi_{\mathrm{fr}} + S_4 \tag{8.23}$$

式中，σ_D、σ_S、σ_b 分别为深、浅侧向、基质电导率；σ_{fr} 为裂缝内流体电导率，可近似为泥浆滤液电导率；D_i、S_i 分别为深、浅侧向响应公式的系数。

由于确定基质电导率比较困难，进一步将上面式子简化为

$$\phi_{\mathrm{fr}} = \left(\frac{A_1}{R_S} + \frac{A_2}{R_D} + A_3\right) \times R_{\mathrm{mf}} \tag{8.24}$$

式中，A_1、A_2、A_3 为常数，其值取决于裂缝状态 Y，具体见表 8.3。

表 8.3　裂缝孔隙度解释模型常数取值表

裂缝状态	Y	A_1	A_2	A_3
低角度裂缝	$Y < 0$	−0.992 417	1.972 47	0.000 318 291
倾斜裂缝	$0 \leqslant Y \leqslant 0.1$	−17.633 2	20.364 51	0.000 931 77
高角度裂缝	$Y < 0$	8.522 532	−8.242 788	0.000 712 36

（三）裂缝储层渗透率

裂缝性油藏存在两种渗透系统，即裂缝渗透系统和基块渗透系统。通常裂缝渗透率比基块渗透率高，要计算裂缝的渗透率必须首先求取裂缝宽度。裂缝渗透率通常有两种描述方法：固有裂缝渗透率和岩石裂缝渗透率。

固有裂缝渗透率只与裂缝宽度有关，使用双侧向测井可以确定张开裂缝宽度 b，进而确定 k_{lf}

$$k_{lf} = 0.833\ 3b^2 \tag{8.25}$$

$$b = 2\ 500R_m(\frac{1}{R_S} - \frac{1}{R_D}) \tag{8.26}$$

而岩石裂缝渗透率等于裂缝孔隙度与固有裂缝渗透率的乘积，即

$$K_{fr} = \phi_{fr}k_{lf} \tag{8.27}$$

另外，斯伦贝谢还根据裂缝的产状，提出了下面三种计算岩石裂缝渗透率的模型。

水平缝：$K_{fr} = 8.33 \times 10^{-4}b^2\phi_{fr}$

垂直缝：$K_{fr} = 4.16 \times 10^{-4}b^2\phi_{fr}$

网状缝：$K_{fr} = 5.55 \times 10^{-4}b^2\phi_{fr}$

基块渗透率指的是无裂缝时岩石的渗透率，其求取的经验公式如下

$$K_b = e^{7.47\phi_b + 0.506} \tag{8.28}$$

岩石的总渗透率等于岩石裂缝渗透率与基块渗透率之和，即

$$K_t = K_{fr} + K_b \tag{8.29}$$

（四）裂缝储层含水饱和度

1. 阿尔奇公式的确定

阿尔奇公式中存在几个与地层因素有关的参数，其中 m 值与岩石孔隙结构有关，即与岩石颗粒形状和比面、分选程度、胶结程度、压实程度以及各向异性有关；a 值与岩性有关。将实验岩心测得地层因素 F 与孔隙度 ϕ，在双对数坐标下回归（图 8.16），得到公式如下

$$F = \frac{a}{\phi^m} = \frac{3.8651}{\phi^{1.4895}} \quad (R = 0.9702，N = 20) \tag{8.30}$$

即狮子沟 E_3 地层 $a = 3.8651$，$m = 1.4895$。

电阻增大率是储层电阻率与水层电阻率的比值，在双对数坐标系中，I 与 S_w 呈线性相关。根据测量结果，从图 8.17 可以看出，该地区 E_3^1 储层岩心实验结果与阿尔奇公式吻合得很好，得到公式如下

$$I = \frac{b}{S_w^n} = \frac{1.07}{S_w^{1.9383}} \quad (R = 0.9762，N = 120) \tag{8.31}$$

即狮子沟 E_3 地层 $b = 1.07$，$n = 1.9383$。

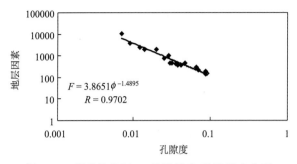

图 8.16 狮子沟地区 E_3 地层因素-孔隙度交会图

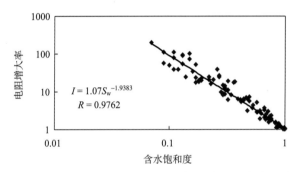

图 8.17 狮子沟地区 E_3 电阻增大率-含水饱和度交会图

2. 地层水电阻率 R_w

当有地层水样品的电阻率测量值时，用本井或邻井相同层位的水分析资料确定地层水电阻率是目前最有效的方法。确定地层水电阻率时，需经过等效 NaCl 离子校正及地层温度校正，实际应用时地层水电阻率 R_w 可参考表 8.4 或应用如下经验公式

$$R_w = 0.0158 - 0.000\ 001\ 5 \times H \tag{8.32}$$

式中，R_w 为地层水电阻率（$\Omega \cdot m$）；H 为钻井垂直深度（m）。

表 8.4 地层水电阻率与井深（温度）关系表

井深/m	3400	3500	3600	3700	3700	3900	4000	4100
$R_w/(\Omega \cdot m)$	0.010 70	0.010 55	0.010 40	0.010 25	0.010 10	0.009 95	0.009 80	0.009 65
井深/m	4200	4300	4400	4500	4600	4700	4800	4900
$R_w/(\Omega \cdot m)$	0.009 50	0.009 35	0.009 20	0.009 05	0.008 90	0.008 75	0.008 60	0.008 45

对于裂缝性储层来说，裂缝分布严重影响电阻率测井响应，有时由于裂缝分布状态不同而完全掩盖了油水层造成的电阻率差异，因此无论使用何种公式，在没有确定裂缝分布状态的条件下，饱和度求取公式都只是经验性和参考性的。

3. 裂缝含水饱和度 S_{wfr}

裂缝含水饱和度是裂缝孔隙内含水体积占裂缝孔隙体积之比

$$S_{wfr} = \frac{V_{wfr}}{V_{fr}} \tag{8.33}$$

假设在侵入影响下，井壁附近裂缝只含泥浆或泥浆滤液，深侧向探测到的深部裂缝由地层水和油气组成，岩石基块未受侵入影响（截割式侵入），则有

$$\frac{1}{R_T} = \frac{\phi_{wb}^{mb}}{R_w} + \frac{\phi_{frw}^{m_{fr}}}{R_w} \tag{8.34}$$

$$\frac{1}{R_S} = \frac{\phi_{wb}^{mb}}{R_w} + \frac{\phi_{fr}^{m_{fr}}}{R_{mf}} \tag{8.35}$$

式中，$R_T = 2.589 R_D - 1.589 R_S$，$mb$ 为地层骨架胶结指数，m_{fr} 为裂缝胶结指数。

上面两式相减得到裂缝含水孔隙度

$$\phi_{frw} = \left[R_w \left(\frac{\phi_{fr}^{m_{fr}}}{R_{mf}} - \frac{R_T - R_S}{R_T R_S} \right) \right]^{1/m_{fr}} \tag{8.36}$$

则裂缝含水饱和度为

$$S_{wfr} = \frac{\phi_{frw}}{\phi_{fr}} \tag{8.37}$$

4. 岩石总含水饱和度 S_{wt}

裂缝性油气藏岩石总含水饱和度等于裂缝孔隙含水饱和度与基块孔隙含水饱和度的算术加权平均值

$$S_{wt} = \frac{S_{wfr} \phi_{fr} + S_{wb} \phi_b}{\iota} \tag{8.38}$$

在冲洗带，认为储层的含水饱和度 $S_{wt} = 100\%$，冲洗带电阻率 R_{XO} 可以利用阵列感应测井得到。利用阿尔奇公式有

$$R_{XO} = \frac{ab R_{mf}}{\phi^m S_{XO}^n} \tag{8.39}$$

$$R_t = \frac{ab R_w}{\phi^m S_w^n} \tag{8.40}$$

利用上式可以有效地进行含水饱和度的计算，对上式进行变化可以得到

$$S_{wt} = \sqrt{\frac{R_{XO} \cdot R_w}{R_t \cdot R_{mf}}} \times R_{XO} \tag{8.41}$$

这种方法根据高分辨率阵列感应测井不同探测深度的电阻率，可以得到地层电阻率 R_t 和冲洗带电阻率 R_{XO}，增强了含水饱和度计算过程中直接测量参数的应用，减少了计算误差，从而可以得到相对准确的含水饱和度。

5. 基块含水饱和度 S_{wb}

对于基块含水饱和度利用下面公式计算求得

$$S_{wb} = \frac{S_{wt}\phi - S_{wfr}\phi_{fr}}{\phi - \phi_{fr}} \tag{8.42}$$

二、成像测井裂缝储层参数评价方法研究

成像测井采用高密度采样、高分辨率成像处理，因此在井眼高覆盖率的情况下，成像测井不仅能够用于识别裂缝、划分裂缝类型、确定裂缝发育层段，还能够用于裂缝的定量分析，计算裂缝参数。在裂缝性储层中，裂缝宽度、裂缝长度、裂缝密度、平均水动力宽度和裂缝孔隙度是储层评价的重要参数。

(一) 裂缝宽度

裂缝宽度是指裂缝视张开度 (FVA)，单位为 mm。裂缝轨迹线上每一点与裂缝走向垂直方向上的裂缝宽度为单点裂缝宽度，裂缝轨迹线上所有单点裂缝宽度的平均值为裂缝宽度。裂缝宽度定量计算结果的准确性，直接影响其他裂缝参数的计算。

1. 斯伦贝谢裂缝宽度计算公式

在斯伦贝谢的 Geoframe 软件中，提供了利用有限元法推导的裂缝宽度定量计算公式。根据有限元法，裂缝处电导率异常与裂缝宽度有关，电导率的异常值可以用曲线表示，该曲线的积分面积 A 由裂缝的张开度 w 和井壁附近侵入带的电阻率 R_{XO} 决定 (Delhomme，1998)。由此，推出下面的裂缝宽度定量计算公式

$$w = C \cdot A \cdot R_m^b \cdot R_{XO}^{(1-b)} \tag{8.43}$$

式中，w 为裂缝宽度 (mm)；R_{XO} 为浅侧向或微球形聚焦电阻率 (Ω·m)；A 为由裂缝造成的电导异常面积值；R_m 为泥浆电阻率 (Ω·m)；C、b 为与仪器有关的常数，$C = 0.004\ 801$，$b = 0.863$。其中，$A = \frac{1}{V_e}\int_{-z_0}^{+z_0} [I_a(z) - I_b] \, dz$，称为异常电流面积，由测井资料计算得到。$z$ 为垂直于裂缝轨迹方向上的位移，z_0 为积分半宽度，一般要大于图上显示的裂缝宽度的一半；V_e 为极板电位值；I_a 为电极电流，是仪器跨越裂缝时垂直位置 z 的函数；I_b 为原状地层或骨架中的电极电流。

2. 阿特拉斯裂缝宽度计算公式

西方阿特拉斯的 EXpress 软件平台中的 Starfrac 处理程序提供了裂缝宽度定量计算公式，应用此公式对 CBIL 测井资料和 STAR 测井资料进行裂缝宽度定量计算。

其中 CBIL 测井资料裂缝宽度定量计算方法是：在 CBIL 回波幅度图像上，如果用亮色表示高幅度值，用暗色表示低幅度值，则裂缝通常是一条不光滑的正弦曲线。在裂缝上某一点的垂直方向切割裂缝，然后将切面上每一点的回波幅度连接成一条曲线就是

裂缝轮廓线。轮廓线的两端幅度值较高代表基岩的回波幅度，称为裂缝基岩的背景值。
轮廓线的中间幅度值较低代表裂缝区的回波幅度，称为裂缝轮廓线的峰值。为了消除噪
声的影响，一般采用在裂缝切面的轮廓线上，划一条背景线，使背景线位于裂缝轮廓线
上部 10％的位置，如图 8.18（b）所示。根据背景线与裂缝轮廓线的回波幅度计算裂缝
宽度，计算公式如下

$$W = \frac{P}{B-P} \int \frac{B-D}{D} \mathrm{d}w \tag{8.44}$$

式中，P 为裂缝轮廓线的峰值；B 为裂缝基岩的背景值；D 为裂缝轮廓线上每点的回
波幅度值；$\mathrm{d}w$ 为裂缝宽度的微分量。

　　阿特拉斯的 Starfrac 处理程序利用公式计算出每条裂缝上的四个特征点（裂缝正弦
线的波峰、波谷、上升段和下降段）的裂缝宽度，如图 8.18（a）所示。

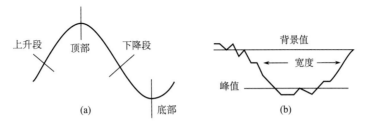

图 8.18　背景线与裂缝轮廓线的回波幅度计算裂缝宽度示意图
（a）裂缝正弦轨迹线；（b）裂缝切面的轮廓线

　　通过对阿特拉斯裂缝宽度计算公式分析发现，该公式中 P 值的选取影响了计算结
果的准确性。为了说明此问题，把式（8.44）用下面求和方式表示

$$W = \frac{P}{B-P} \sum_{i=1}^{N} \frac{B-D}{D} \Delta w = \sum_{i=1}^{N} \left(\frac{p}{B-P} \cdot \frac{B-D_i}{D_i} \cdot \Delta w \right) \tag{8.45}$$

　　由于 D_i 是裂缝轮廓线上每点的回波幅度值，则当 D_i 的幅度值等于 P 时，此点的
W 计算值等于 Δw，因此整条裂缝的 W 值大于等于 Δw 的值，Δw 一般取值为图像数
据的最小采样间隔值 2.17mm，所以 W 的最小值为 2.17mm。在模拟井的声成像资料
中，对于 2mm 的裂缝有多个数据点的回波幅度数值接近 P 值，计算出的裂缝宽度大于
2.17mm 的几倍，因此，P 值选取的不合理是造成计算结果偏大的原因。

　　乔德新通过模型井试验发现，裂缝宽度与回波幅度之间存在着一定的对应关系，在
此基础上提出了改进后的裂缝宽度计算公式

$$W = \frac{F}{B-F} \int \frac{B-D}{D} \mathrm{d}w \tag{8.46}$$

$$\text{或 } W = \int \frac{F}{D} \cdot \frac{B-D}{B-F} \mathrm{d}w = \sum_{i=1}^{N} \left(\frac{F}{D} \cdot \frac{B-D}{B-F} \cdot \Delta w \right) \tag{8.47}$$

式中，F 为裂缝区的理想回波幅度值，一般采用 2mm 裂缝的平均回波幅度值；B 为裂
缝基岩的背景值，采用频率直方图确定基岩的幅度值；D 为裂缝轮廓线上每点的回波

幅度值；dw 为裂缝宽度的微分量，一般为图像数据的最小采样间隔；N 为裂缝区的幅度发生变化的数据点的个数。

（二）裂缝长度

裂缝长度（FVTL）是指每平方米井壁上所见的裂缝长度之和，单位为 m/m^2 或 1/m，计算公式为

$$L_\text{f} = \sum_{i=1}^{n} \frac{L_i}{2\pi r H C} \tag{8.48}$$

式中，r 为井眼半径（m）；H 为统计窗长（m）；C 为电成像的井眼覆盖率（%）；L_f 为第 i 条裂缝的长度（m）。

（三）裂缝密度

裂缝密度（FVDC）为单位井段所见到的裂缝总条数，是衡量裂缝发育程度的重要指标，常用的裂缝密度可分为①线密度：统计窗长内所见到的裂缝总条数（♯/m），也称裂缝频率或裂缝频度；②面积密度：单位面积内裂缝的总长度（m/m^2）；③体积密度：指裂缝总表面积与基质总体积的比值（m^2/m^3）。

裂缝线密度的计算公式为

$$\rho_\text{f} = \frac{N_F}{2\pi H C \cdot \cos\theta_i} \tag{8.49}$$

式中，N_F 为统计井段内的裂缝总条数；θ_i 为第 i 条裂缝的视倾角。

（四）裂缝视孔隙度

裂缝视孔隙度（FVPA）是指所见到的裂缝在 1m 井壁上的视开口面积除以 1m 井段中图像的覆盖面积（%），简称为裂缝孔隙度。

裂缝性油气层岩石存在两种孔隙度系统：一种是由粒间孔隙构成的基块孔隙度系统；另一种是由裂缝和溶洞孔隙构成的裂缝孔隙度系统。在石油地质学中，裂缝孔隙度称为次生孔隙度，基质孔隙度称为原生孔隙度。

其中岩石裂缝孔隙度定义为裂缝孔隙体积与岩石体积之比，但是在成像测井中，测量数据主要反映井壁表面特征，用面孔率表示裂缝的发育程度。面孔率用裂缝孔隙面积与测量的总表面积之比表示，其计算公式为

$$\phi_\text{fr} = \frac{S_{\phi_\text{fr}}}{S} = \frac{\sum W_i \cdot L_i}{L \cdot \pi \cdot D} \tag{8.50}$$

式中，ϕ_fr 为裂缝面孔率（小数）；S_{ϕ_fr} 为裂缝孔隙面积（m^2）；S 为测量岩石总表面积（m^2）；W_i 为第 i 条裂缝的平均密度；L_i 为第 i 条裂缝在统计窗长 L 内的长度（m）；L 为统计窗长的长度（m）；D 为井径。

按照这种方法，成像测井计算的裂缝孔隙度只是一个面积意义上的孔隙度，并不能

代表真实的裂缝孔隙度。由于裂缝张开度是在 1mm 的范围内搜索得到的，裂缝视孔隙度比实际得到的偏小，在 0%～0.0096%。

第五节　裂缝性储层识别与分类

裂缝性储层的评价包括渗透层划分、裂缝识别、含油性评价及裂缝性储层的定量识别。由于裂缝性储层孔隙结构的非均质性，测井信息的多解性，测井解释时应非常注重将测井资料与地质、气测、钻井、地层测试等资料进行综合分析，尽可能收集有关沉积、构造、邻井等资料，重视纵、横向地层对比工作。

一、裂缝性储层识别方法

储层识别是测井解释工作中最基本的环节，由于狮子沟中深层地质情况复杂，导致反映储层的岩性、物性、电性等测井响应特征不明显，给储层划分带来了很大的困难。针对该区块的特点，通过不断分析研究，从以下四方面着手进行储层划分。

1. 识别岩性

认真分析测井资料特征，应用交会图、地质录井资料对目的层段的主要岩性进行分析，根据地区经验，先将致密层和泥岩层剔除。致密层的特征为电阻率明显高于围岩，各种测井视孔隙度均小于 2.0%，裂缝识别测井无裂缝显示，声波变密度曲线条纹清晰，黑白反差明显，在井径不扩大时纵横波无衰减，自然伽马低值。泥岩层的特征为高自然放射性，油气以钍、钾含量高为主要特征，低电阻，声波时差数值增高，中子孔隙度明显增大，体积密度值略有降低。

2. 寻找相对低电阻率层段

在柴西地区，裂缝性储层（裂缝-孔隙型可以例外）大多是以相对低的电阻率的特征出现，因此在剩下的可疑层段中划分相对低的电阻率段，分析造成电阻率低的原因。一些含条带状黄铁矿的致密性低阻储层，利用体积密度测井资料可以排除。

3. 寻找具有一定孔隙度的裂缝性储层

在非泥质、非含黄铁矿的低阻层段寻找具有一定孔隙度的地层，主要是利用声波时差增高，密度降低等特征。孔隙度的下限值应视储层类型而定，据狮子沟油气藏，其孔隙度的下限值定为 2.0%。

4. 寻找有效裂缝发育层段

根据各种裂缝的测井响应特征和钻井过程中的各种显示，识别出有效裂缝发育层段，分析裂缝的产状和组合情况，并对划分出的层段的裂缝的有效性进行综合评价。

二、裂缝性储层分类方法

根据对青海油田裂缝性储层统计研究表明，储层好坏取决于裂缝和溶孔发育程度及其组合关系。测井曲线和测井计算曲线都可用来进行储层类型划分。根据前面计算分析和理论，对所有可提取裂缝性储层特征参数，根据其对裂缝的敏感性分析和大量实际井资料处理，给出每种方法的加权系数，取其加权和作为裂缝综合发育指数曲线。通过对比实际资料和岩心分析，综合分析研究表明，狮子沟储集层可分为好储集层（Ⅰ类）、较好储集层（Ⅱ类）、差储集层（Ⅲ类）和非储集层（Ⅳ类）四个类型。

1. Ⅰ类储层（好储层）

裂缝-溶孔型储层，既发育裂缝，又发育溶蚀孔隙。裂缝既是储集空间又是主要渗滤通道，溶蚀孔隙则是主要储集空间，主要为晶间孔及晶间溶孔。孔隙度一般大于10%，渗透率由于裂缝发育非均质性而变化极大，但一般集中在 $100\sim10\times10^{-3}\mu m^2$。毛管压力曲线表现为比较好、平坦段长、排驱压力低的特征。由于裂缝和基质发育，部分取心段岩层较破碎，收获率低（如狮 20 井 4136.6～4139.26m），曲线上表现为井径扩大、声波时差加大、密度降低、中子孔隙度中高、电阻率略有降低（裂缝附加导电性引起）等特征。钻井过程中有井漏、井涌、井喷发生（如狮 20 井 4136.6～4184.48m，狮新 28 井 4086.7～4150m）。组成Ⅰ类储层的储集岩主要为较脆性的白云岩类、灰岩类，其易于形成裂缝。储集类型也以孔隙-裂缝型为主。井壁成像图上（FMI、STAR）裂缝非常发育，为连通孔隙-裂缝性储层。裂缝为斜交构造缝，倾角为 50°～70°。DSI（XMAC）全波波形衰减明显，横波非均质性显著，双侧向电阻率无差异，电阻率值为 17Ω·m，流体移动指数高，表明裂缝连通性好。核磁可动孔隙度大于 3.0%。

2. Ⅱ类储层（较好储层）

以晶间孔及溶孔、晶内溶孔以及溶洞为主要储集空间，喉道为主要的渗滤通道。裂缝欠发育或仅发育微裂缝，储、渗性能主要取决于基质溶孔（洞）的发育程度。孔隙度一般在 6%～10%，由于以基质喉道为主要渗滤通道，其连通性较差，岩心基质渗透率多集中在 $100\sim10\times10^{-3}\mu m^2$，毛管压力曲线特征表现为排驱压力低、中值喉道半径中等，一般为 $0.15\sim0.25\mu m$，平坦段长、分选好。在钻井中无井漏、井喷发生，局部有井涌、钻时加快现象，电测曲线上也无井径扩大、声波时差跳跃现象，油气显示频繁。一般由中-高孔隙度的白云岩及灰岩类组成，为孔隙型储集类型。Ⅱ类储层一般产量低，但稳定。在（FMI、STAR）井壁成像图上，少量斜交缝发育，为高连通孔隙-裂缝型储层。DSI（XMAC）声波全波幅度衰减明显，斯通利波变密度图呈台阶状，横波非均质性显著，流体移动指数高，裂缝具有较高连通性。核磁测井解释可动孔隙度为 2.0%～3.0%。

3. Ⅲ类储层（差储层）

以晶间溶孔及晶间孔为主要储集空间，喉道为主要的渗滤通道。孔隙度多在 3%～6%，而裂缝又不发育或发育程度不高的储集岩。其基质孔隙比Ⅱ类储层差，裂缝比Ⅰ类储层差。因此其总体储、渗性较差。毛管压力曲线特征表现为排驱压力高、中值喉道半径窄、分选差。钻井显示中无井涌、井漏、井喷现象，电测曲线特征也无井径曲线扩大、声波时差变异现象。在（FMI、STAR）井壁成像图上，岩性致密，斜交缝发育，DSI（XMAC）声波不衰减，虽然横波非均质性明显，但流体移动指数低，表明裂缝连通性差，储层渗透性能低。核磁可动孔隙度为 1.0%～2.0%。Ⅲ类储层产量较低，主要由低-中孔的泥质白云岩、灰岩及少量灰质泥岩组成。

4. Ⅳ类储层（非储层）

基质孔隙度小于 2%～3%，而裂缝又不发育，多由致密泥岩、灰质泥岩和少量泥质重的灰云岩组成。毛管压力曲线特征表现为排驱压力高、喉道窄（中值半径 <0.002μm）、分选差。晶间溶孔不发育或偶见晶间微孔。在钻井、测井上无异常反映。一般多呈隔层夹持在Ⅰ、Ⅱ、Ⅲ类储层之间，或形成盖层。FMI 无显示，DSI/XMAC 声波波幅衰减小，横波非均质不明显，流体移动指数低。核磁解释可动孔隙度小于 1.0%。

第六节　裂缝性储层流体性质识别方法研究

通过前面的分析，在狮子沟地区 E_3 储层裂缝既是流体的连通通道，又是主要的储集空间，而裂缝性储层的含流体性质在测井资料上反映不明显，需要结合钻井过程中的油气显示强度、邻井试油资料及邻井常规资料对比分析，先解释出有效裂缝发育段，再运用裂缝型储层流体性质判别方法进一步作流体性质判断。

一、储层流体判别的难点

储层流体性质判别，常规采用的方法是以试油井资料为基础，将测井方法、理论与实际地层资料相结合，认真分析储层测井响应特征。储层的流体性质的判别主要依靠电阻率曲线，通过对试油层段电阻率值与试油结果的对比统计，来确定储层内含不同性质流体（油、水、油水同层）时的电阻率测井的响应值，建立储层流体性质判别标准。因为在地层沉积、岩性变化稳定的地区，渗透层电阻率的高低主要取决于地层的岩性与含流体性质。对于碳酸盐岩储层，在岩性确定之后，双侧向（深侧向）电阻率值高低则主要反映储层所含的流体性质。

通过对收集的 10 口井（狮 20 井、狮 23 井、狮 24 井、狮 25 井、狮 28 井、狮新 28 井、狮 29 井、狮 29 斜井、狮 32 井、狮 35 井）的测井曲线及试油数据的统计，该地区试油多以多层合试为主，并且试油厚度较大，有的井试油厚度达一百余米，这给图版定性判别油水层效果的验证带来了一定的困难。

从测井资料来看,不同井间油水层的电阻率没有任何规律,按常规方法作出电阻率与声波时差的交会图(图 8.19),油气层的电阻率和声波时差变化范围很大。这说明这类储层受岩性、裂缝发育、泥浆侵入等因素影响较大,无法直接得出解释标准。

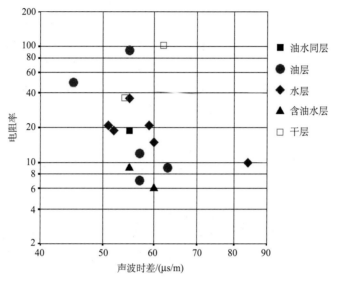

图 8.19 狮子沟地区 E_3 试油层段电阻率与声波时差交会图

二、裂缝性储层流体性质识别方法

(一) 测井交会图分析法

1. Z-M_o 法

根据前期研究报告,引入 Z 值与 M_o 区分油、水、干层,确定出裂缝性储层的定量解释标准,具体方法如下。

(1)计算含水饱和度比值参数 M_o(可动油指示)

由阿尔奇公式有

$$S_w = \sqrt[n]{\frac{abR_w}{R_t \phi^m}} \tag{8.51}$$

$$S_{XO} = \sqrt[n]{\frac{abR_{mf}}{R_{XO} \phi^m}} \tag{8.52}$$

含水饱和度比值参数 M_o 定义为: $M_o = \dfrac{S_w}{S_{XO}}$。

由式(8.51)、式(8.52)可得

$$M_{o} = \frac{S_{w}}{S_{XO}} = \frac{\sqrt[n]{\left(\dfrac{R_{XO}}{R_{t}}\right)}}{\sqrt[n]{\left(\dfrac{R_{mf}}{R_{w}}\right)}} \qquad (8.53)$$

式中，R_{XO} 为冲洗带电阻率（Ω·m），浅侧向电阻率值；R_{t} 为地层真电阻率（Ω·m），深侧向电阻率值；R_{mf} 为泥浆滤液电阻率（Ω·m），由实测泥浆电阻率换算到地层温度条件下；R_{w} 为地层水电阻率（Ω·m）；n 为饱和度指数。

（2）计算视地层水电阻率与地层水电阻率的比值 Z（含油饱和度指示）

$$Z = \frac{R_{wa}}{R_{w}} = \frac{\sqrt[n]{\dfrac{R_{t}\phi^{m}}{ab}}}{R_{w}} \qquad (8.54)$$

式中，ϕ_{b} 为双矿物模型计算的孔隙度（没有三孔隙度曲线的用声波孔隙度代替）（小数）；R_{wa} 为视地层水电阻率（Ω·m）；a，b 为比例系数；m 为胶结指数。

（3）$Z\text{-}M_{o}$ 交会图

在单对数坐标纸上，以 Z 为纵坐标，M_{o} 为横坐标，用狮 22 井、狮 24 井常规完井试油层点，狮 23 井裸眼测试、中途测试层点，狮 20 井有可靠产液性质的 3 个层点，以及狮新 28 井完井试油的点，共 44 个层点作交会图版（图 8.20），并划分出油、水、干层区。分区时纵坐标分区线由狮 22 井 3460.4～3465.4m 单层试油水层点和狮 20 井 4108.2～4124.0m 可靠油层点确定，横坐标分区线由狮 20 井 4129.6～4144.6m 的可靠水层点和狮 24 井 3903.2～3910.2m 可靠油层点确定。

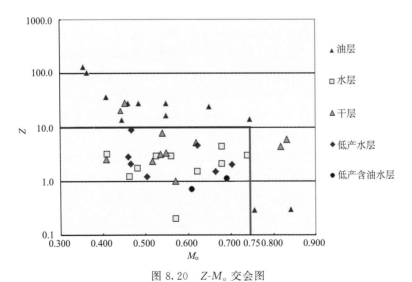

图 8.20　$Z\text{-}M_{o}$ 交会图

从分区图中可见，水层和干层没有区分。应用该方法可给出油层解释标准：

1）含油饱和度指示参数 $Z = \dfrac{R_{wa}}{R_{w}} \geqslant 10$；

2）含可动油多少的指示参数 $N_o = \dfrac{S_w}{S_{XO}} \geqslant 0.75$。

2. 孔隙度-含水饱和度（$\phi - S_w$）交会法

储层流体性质的判别，简单地说就是对储层是否含有可动水的判别，而 ϕ-S_w 交会图法就是针对这一问题而提出的，其地质物理基础如下：沉积岩储层在形成之初是完全被水充填的，但是由于水所处的孔隙空间位置不同，其中一部分为可动水，而另一部分为束缚水。随着储层对油气的捕获，其中的可动水会逐渐被排挤出去，这一过程进行的程度也就决定了储层的流体性质。同时，通过对这一过程的分析不难看出，可动水饱和度的高低与孔隙度无关。因此，问题的根本就是怎样判断储层是否含有可动水。根据阿尔奇公式

$$\phi^m S_w^n = \frac{abR_w}{R_t} \tag{8.55}$$

理论上讲，式（8.55）中的 a 和 b 如果是常数，则一般令 $a = b = 1$，而当 $a = b = 1$ 时，m 与 n 比较接近，可取 $m = n = c$，于是阿尔奇公式可写成

$$(\phi S_w)^c = \frac{R_w}{R_t} \tag{8.56}$$

当地层只含有束缚水时，含水饱和度 $S_w = S_{wi}$，对应的地层电阻率为 R_{ti}，式（8.56）可写成

$$(\phi S_w)^c = \frac{R_w}{R_{ti}} \tag{8.57}$$

大量实验观察结果表明：如果地层只含束缚水，此时 ϕ 与 S_{wi} 的乘积趋于一个常数，这个数值在一定程度上反映岩石的类型。同时也说明，如果地层只含束缚水，在 ϕ-S_w 交会图中，点子呈近双曲线分布特征。事实上，这一规律对任何储层都是存在的，只不过对含有可动水的储层，无法求得其束缚水饱和度而已。

对于上述规律，可以从如下两个方面作出解释。一方面，当储层含有可动水时，$S_w > S_{wi}$，这就意味着对应同一个孔隙度值，交会点必然会跳离 ϕ-S_{wi} 的双曲线；另一方面，由于可动水饱和度大小与孔隙度无关，交会点将不会简单地从一条双曲线跳到另一条双曲线。换句话说，只要储层含有可动水，必然导致 ϕ-S_w 交会图中数据点的无规律跳动，从而破坏 ϕ-S_{wi} 的双曲线关系（数据点呈离散的特征）。因此完全可以通过 ϕ-S_w 交会图中数据点的分布特征来判断储层是否含有可动水，从而达到判别储层流体性质的目的。

因此，在 ϕ-S_{wi} 交会图中，如交会点呈近双曲线分布规律，说明储层只含束缚水，不含可动水，储层为油气层；如交会点不呈近双曲线分布规律，说明储层不仅含束缚水，还含可动水，储层为水层或油气水同层（据交会图形态而定）。

通过以上的分析不难看出，这种方法只要满足下列条件就能使用：

1）满足岩石的导电物理模型（以地层水为导电介质）；

2）适用于阿尔奇公式（以孔隙型为主的储层，包括裂缝-孔隙型储层），但对于低

孔储层的流体性质判别，其局限性较大；

3）泥浆的侵入没有过分影响深侧向的测井响应。

据狮子沟地区狮 20 井区 E_3 试油层段作 $\phi\text{-}S_w$ 交会图，含油层 $\phi\text{-}S_w$ 交会成双曲线（图 8.21），而含水层 $\phi\text{-}S_w$ 交会没有双曲线的关系（图 8.22）。

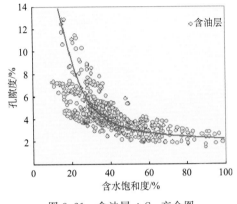
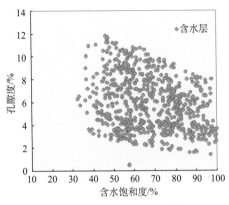

图 8.21　含油层 $\phi\text{-}S_w$ 交会图　　　　图 8.22　含水层 $\phi\text{-}S_w$ 交会图

3. 正态分布法（$P^{1/2}$）

$P^{1/2}$ 法适用于低孔裂缝性储层，该方法的思路是根据纯水层的阿尔奇公式 $F=R_o/R_w=a/\phi^m$，计算出地层水电阻率 $R_w=R_o\phi^m$（设 $a=1$）。如果对于油、气层仍用该公式计算地层水电阻率，则所得结果为油、气、水混合液电阻率，即视地层水电阻率 $R_{wa}=R_i\phi^m$。具体做法是对视地层水电阻率开方，并命名为 $P^{1/2}$ 法，即

$$P^{1/2}=\sqrt{R_{wa}}=\sqrt{R_t\phi^m} \tag{8.58}$$

从统计学观点看，对地层同一深度点多次测量结果计算的 $P^{1/2}$ 值应满足正态分布的规律。由于该方法是将储层视地层水电阻率 R_{wa} 数值大小的比较转变为对 R_{wa} 数值变化规律的比较，利用其分布规律来区分油（气）水层，因此它有三个明显的优点：一是较适合于具有复杂孔隙空间结构的储层，只要储层类型基本稳定就行，因为孔隙空间结构越复杂（表现为孔隙结构指数 m 值增大），油气层的视地层水电阻率变化范围就越大，测量值的离散程度也越高，故与水层相区别，这是该法最重要的优点；二是较适应于对水层的判断；三是不需要知道地层水的性质，只要它们在同一储层基本保持稳定就行。

该法不适于对干层的判别，因干层既可能是含水层，也可能是含油气层，虽然测试结果相同，都不产任何流体，但 $P^{1/2}$ 的累计频率特征却差别很大，前者斜率很小，后者斜率很大。

为了准确判断储层流体性质，计算 R_{wa} 时既使用了常规的补偿密度与补偿中子交会图孔隙度，也使用了核磁测井的有效孔隙度。使用两种方法统计 $P^{1/2}$ 的累计频率，并绘成概率统计图，统计结果表明，使用核磁孔隙度与使用补偿密度与补偿中子交会图孔隙度判断结果均与试油结果相符合。

利用 $P^{1/2}$ 法判断狮 36、狮 35 井储层流体性质的判别图如图 8.23 所示。

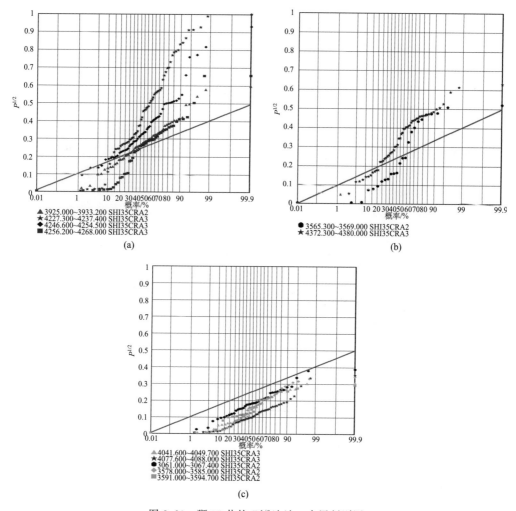

图 8.23　狮 35 井的 $P^{1/2}$ 法油、水层判别图

（a）狮 35 井油层判别；（b）狮 35 井油水层判别；（c）狮 35 井油层判别

利用狮 35 井的试油结果对 $P^{1/2}$ 判别流体性质方法进行检验（表 8.5），从试油测试结果看，$P^{1/2}$ 法符合率达 80%，所以使用该方法判断狮子沟 E_3 储层流体性质是可行的。

表 8.5　$P^{1/2}$ 判别流体性质方法试油检验

井号	层位	井段/m	试油/测试	试油结论	$P^{1/2}$ 法判别结果	$P^{1/2}$ 法符合情况
	E_3^2	3925~3933	射孔	低产油层	油层	符合
	E_3^2	4041.7~4049.6	射孔	含油水层	水层	符合
狮 35 井	E_3^1	4372.5~4380	射孔	油水同层	油层	失误
	E_3^1	4243~4245 4258~4259	中途测试	油层	油层	符合

4. 自然伽马–电阻率交会图

在柴西地区裂缝性油气藏储层中，一般泥质含量较高。泥质和裂缝的非均质性双重作用造成测井响应复杂，所以利用常规测井资料难以识别哪些含泥层产油气，哪些含泥质层是干层。

大量的交会图分析和现场测试资料对比研究表明，储层在不含流体或流体较少时，其自然伽马与电阻率在线性坐标系下有近似的双曲线函数特征。但是，当含泥质储层中有较多流体存在时，这种双曲线函数特征将被破坏。而且，含油气时的破坏特征与含地层水时的破坏特征不同。因此可以用这种交会图来判断含泥质地层是否为储层，含油气或含水。由以上规律，可大致判断某口井某一井段地层的含流体情况。图 8.24 为狮 29 井的试油试水资料得到的 GR-RT 交会图，从图中可以看出，干层的电阻率相对较高，处在双曲线的上部；油气层电阻率相对较低，其数据点处在双曲线的中下部；而油水同层和水层电阻率更低，处在双曲线的右下部。

总之，综合应用上述方法可帮助进行油气的解释与划分，但应该看到应用常规测井制定裂缝储层的解释标准还存在许多客观困难。

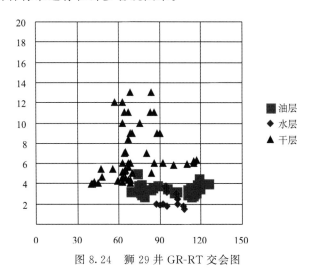

图 8.24 狮 29 井 GR-RT 交会图

（二）电阻率曲线径向法

在岩性均匀、微裂缝发育且均匀分布的块状油气藏中，可以利用深、浅双侧向的数值大小来判别油气、水层，即当储层 RD＜RS 时为水层，RD＞RS 时为油气层。通过研究，认为这种方法在柴西地区效果不明显。其原因为裂缝倾角大小是影响储层电阻率的不可忽视的因素，水平裂缝和垂直裂缝对双侧向的作用明显不同，水平裂缝发育的油气层双侧向可以出现负幅度差，而垂直裂缝发育的水层双侧向可出现正幅度差。此外，泥浆滤液电阻率大小也是影响储层电阻率曲线的径向特征的重要因素。

（三）核磁共振测井法

对于同一类型储层，油、气、水具有不同的核磁共振特征，如天然气受扩散效应影响大，具有较短的 T2 弛豫时间，在 T2 谱分布图上表现为自由流体峰向 T2 减小的方向迁移。因此，气层呈现"单峰"特征或者向"双峰"紧靠；而轻质油是非润湿相的，在孔隙中处于被水包围的状态，弛豫保持其固有的 T2 特征值，分布在 T2 谱增大的方向，并且随着含油饱和度的增大，峰值幅度会不断增加。因此，油层呈现"双峰"特征，而且"双峰"分离较水层更为明显；水层呈明显"双峰"特征，即束缚流体峰与自由流体峰分布在不同的时间区域上，图 8.25 为核磁共振油层判别图。

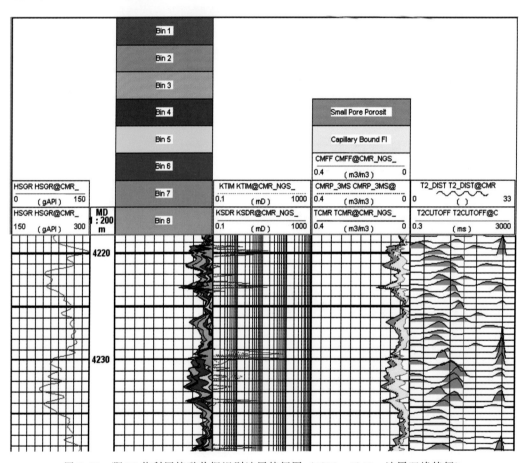

图 8.25　狮 36 井利用核磁共振识别油层特征图（4230～4240m 油层双峰特征）

三、储层流体识别标准与应用效果

1. 储层流体识别标准

油层：裂缝溶蚀发育较好，孔隙度大于 6％，相对围岩（RD＞20）低电阻率，核磁可动孔隙发育，$P^{1/2}$高斜率值（大于0.5），油气显示好；

油水同层：裂缝溶蚀发育较好，孔隙度大于6％，电阻率上高下低，核磁可动孔隙发育，$P^{1/2}$中高斜率（大于0.5），油气显示好；

水层：裂缝溶蚀发育较好，孔隙度大于6％，低电阻率（5＜RD＜20），核磁可动孔隙发育，$P^{1/2}$低值、低斜率（小于0.5），录井有可能为水显示；

干层：裂缝发育一般，孔隙度3％以下，核磁可动孔隙少，油气显示较弱或无显示。

2. 应用效果评价

在裂缝性储层中，侵入影响严重，无法像砂岩储层那样给出物性、电性和含油性界限，因此，上述成果是定性的。另外由于近两年没有新井，这里应用常规测井资料对狮20、狮22、狮23、狮24、狮25、狮27、狮新28、花深79井、狮中11井、狮中2井、狮中9井、狮中4井、游深5井等重新进行了处理和分析，并对解释结果与试油结果进行了对比验证。

图8.26是狮20井4080～4160m测井处理成果图，4085.2～4088.0m，4108.2～4124.0m解释油气层在钻井过程中出油，4129.6～4144.6m在钻井时出水。从处理结果看4365～4448m含油气可能性较大，但电阻率在10Ω・m左右。本井在上部4129.6～4144.6m电阻率也在10Ω・m左右出水，但狮24井出油层位电阻率在10Ω・m，这可能与储层岩性有一定关系，也可能与本井所处的位置有关。

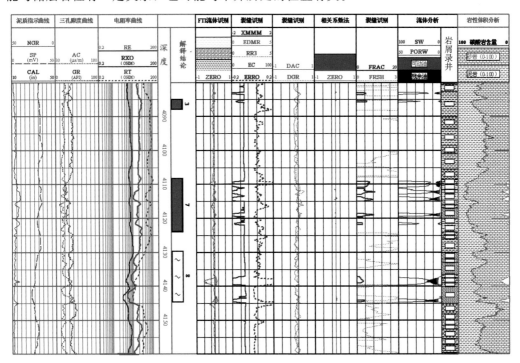

图8.26 狮20井4080～4160m测井处理成果图

第九章 薄层与薄互层测井评价技术研究

薄层就是指厚度较薄的地层，在砂泥岩剖面尤为常见，在不同领域，不同地区，不同油田，有不同的含义。《地质词汇》定义薄层是指厚度为 5～60cm 的地层。目前柴达木盆地油气田储层的识别主要依靠自然伽马和自然电位，流体性质的判别主要依靠电阻率，而自然电位、深感应测井曲线纵向分辨率均在 2.0m 以上，因此可将厚度小于 2m 的储层均定为薄层，厚度小于 0.5m 的地层为超薄层。

薄层有两种类型：单一薄层和薄互层。单一薄层是指常发育于厚泥岩中的薄砂岩或砂岩中的致密夹层。薄互层是指一段砂岩中被一个或几个泥质条带夹层分成许多个小的薄层，每一个薄层的有效厚度在 0.5～2.0m，这种薄层一般物性较差，在测井资料上没有明显的储集层显示，造成测井解释上的困难，但是这些薄层有时可能成为具有工业价值的油气储层。

第一节 薄层测井响应数值模拟

一、薄层测井响应理论基础

根据测井理论分析，测井仪器的响应是测量探头（电极或线圈等）在其探测范围内响应的平均结果，并非仪器记录点处真实物理属性值的反映。归根到仪器的纵向分辨率方面，仪器记录点处的测井值是仪器纵向分辨率范围内测井仪器与真实物理值的综合响应，其响应的实质是地层的地球物理属性值与仪器特征的褶积，即

$$S_m(z) = S_t(z) \times K_z(z) \tag{9.1}$$

式中，$S_m(z)$ 为测井曲线，是深度 z 的函数；$S_t(z)$ 为地层真信号；$K_z(z)$ 为测井仪器的响应函数。

褶积模型是一种数学算法，数学上一般将函数 $f_1(t)$ 和 $f_2(t)$ 组成的积分公式

$$f(t) = \int_{-\infty}^{+\infty} f_1(\tau) f_2(t-\tau) d\tau \tag{9.2}$$

称为 $f_1(t)$ 和 $f_2(t)$ 的褶积（或卷积），记为

$$f(t) = f_1(t) * f_2(t) \tag{9.3}$$

图 9.1（a）为一简化的地质模型，地质模型为砂岩和泥岩呈互层状，地层厚度为 $H_C = H_D = H_E < H_B = H_F < H_A < H_G$。图 9.1（b）表示某种常规测井仪器。图 9.1（c）定性给出了任意一种测井仪器测得的测井信号与地层真信号的曲线，是一个理想模型测井响应的定性演示，其结论适合于任何一种测井方法。

图 9.1（c）中的测井信号曲线是理想简化薄层模型根据褶积原理得到的正演结果。从图中可以看出，当测井仪器通过某一薄（夹）层时（其中 B、C、D、E、F 层均为薄

层，此处薄层的定义限定为地层的厚度小于仪器的纵向分辨率，其响应的实质是薄层特性、围岩特性与测井仪器的响应函数的褶积，褶积的结果是使曲线变得平滑，从而使地层特别是地层界面处的测井显示特征变得模糊不清，测井曲线上的分层界面显示模糊，测井读数失真，测井信号发生畸变。从图中可以看出，层越薄其受围岩的影响也越大，测井信号偏离真信号的幅度就越大。图 9.1 中 C、D、E 层最薄，其测井信号与真实值相比，偏离真实值的幅度远大于 A、B、F、G 层。A、G 层由于地层厚度大于仪器的纵向分辨率，可以看出在 A、G 段地层除了在层界面处受围岩的影响，致使测井曲线变得平缓外，距层界面一定距离（取决于仪器的纵向分辨率）时，地层真信号与测井信号重合，测井信号等于地层的真实地球物理属性值。这说明，在这种情况下已不受围岩的影响。

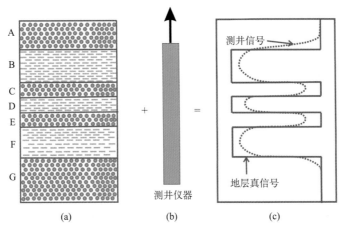

图 9.1 薄层对普通测井仪器读数的影响

二、测井仪器的响应函数

通过上述分析，要模拟仪器的测井响应，还必须要知道仪器的响应函数。根据下面研究的需要，给出了放射性测井仪器、声波仪器和感应测井仪器的响应函数。

（1）放射性测井仪器响应函数为

$$K(z) = \frac{\alpha}{2} e^{-\alpha |z|} \tag{9.4}$$

式中，α 是随着 z 的变化响应函数逐渐下降的参数，称为地质脉冲参数，与地层密度、射线能量有关，通过对多个地层自然伽马曲线的计算，α 值平均为 $1.0 \sim 2.0 \mathrm{cm}^{-1}$。

（2）声波测井仪器的响应函数为

$$K(z) = \begin{cases} \dfrac{1}{L}, & |z| \leqslant \dfrac{L}{2} \\ 0, & |z| > \dfrac{L}{2} \end{cases} \tag{9.5}$$

式中，L 为接收器间距，z 为以记录点为原点的垂直坐标。

（3）感应测井仪器的响应函数为

$$K(z)=\begin{cases} \dfrac{1}{2L}, & \text{当 } |z| \leqslant \dfrac{L}{2} \\[2ex] \dfrac{L}{8z}, & \text{当 } |z| \geqslant \dfrac{L}{2} \end{cases} \tag{9.6}$$

式中，L 为感应仪器的线圈距，z 为以记录点为原点的垂直坐标。

显然，任何一种测井仪器的响应函数都有一个共同的特点：离测量点越近的介质对测井结果影响越大。

三、薄层测井响应数值模拟

（一）自然电位

自然电位曲线一方面反映地层的渗透性，另一方面又反映地层的泥质含量高低。柴达木盆地储层的自然电位为负异常，异常的幅度主要取决于储层的渗透性，同时与储层的含油气性有一定关系。储层的渗透性越差，异常幅度越小。但对薄储层发育的地区而言，储层的厚度也是影响储层自然电位异常幅度的重要因素之一，在薄储层处自然电位测井信号要发生畸变或被"淹没"现象，其影响情况分析如下。

图 9.2 是对含水砂岩计算出的一组自然电位理论测井曲线。该图反映了自然电位曲线（$\Delta U_{sp}/|ssp|$）幅度随地层厚度变化而变化的一般规律，图中一组曲线号码为 h/d（地层厚度/井径）。影响自然电位异常幅度的因素除了地层本身的渗透性外，储层的厚度是重要的影响因素。

（二）自然伽马

常规 GR 探测半径为 $0.3m$，常规自然伽马测井仪的纵向分辨率为 $0.4\sim0.6m$。

当 $r_0=15cm$ 时（r_0 为井的半径），对不同厚度的 5 个地层算出伽马射线的通量沿井轴方向变化的曲线，每个地层的自然伽马放射性强度相等，记录点处的伽马射线通量是无穷远处到记录点范围内的地层伽马射线通量的贡献总和（图 9.3），其值是按自然伽马测井方法的理论推导公式计算得到的。该图反映了不同厚度地层的自然伽马射线的通量（幅度）的大小。

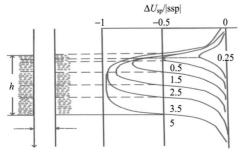

图 9.2　自然电位理论曲线图

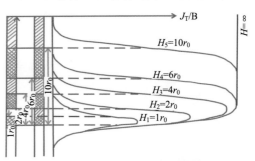

图 9.3　不同厚度地层的自然伽马曲线

（三）补偿声波

声波测井仪器纵向分辨率取决于两接收探头之间的间距，常规的补偿声波测井仪两接收探头间距 L 在 $\pm 0.6\mathrm{m}$，故通常认为补偿声波的纵向分辨率为 $\pm 0.6\mathrm{m}$。如果声波间距选择太小，会使测量的绝对值变小，从而导致记录的相对误差增大；L 选择过大会使长源距接收到的滑行纵波幅度太小，首波波峰抓不住，造成记录误差，对薄层不利。

图 9.4A、B、C、D、E、F 和 G 是采用五点褶积法模拟的纵向分辨率为 0.5m 的声波时差曲线在不同厚度储层段的测井响应。图 9.4A-1、B-1、C-1、D-1、E-1、F-1 和 G-1 是采用七点褶积法模拟的纵向分辨率为 0.7m 的声波时差曲线在不同厚度储层段的测井响应。从图 9.4 中可以发现，相同厚度的地层相对仪器的纵向分辨率越薄，测井值偏离真值的幅度越大；同时可以看出相同的仪器纵向分辨率随着储层厚度的逐渐减薄，声波时差曲线逐渐由平直状变化为尖峰状。当储层厚度小于仪器的纵向分辨率时（图 A、A-1、B、B-1、C-1 等），随着储层厚度逐渐减薄，声波值与真实值相差越大。在厚层段内声波曲线呈平直状，峰值等于地层真值，如图 F，F-1，G 和 G-1 所示。

（四）补偿中子

补偿中子测井仪器测量两个探测器热中子计数率的比值，该比值代表地层内中子随距离而衰减的速率。经过一定的转换关系，该比值被转换为地层的含氢指数 NPHI，又称为中子测井孔隙度。近探测器热中子计数率的纵向分辨率约为 0.38m，远探测器热中子计数率的纵向分辨率约为 0.64m，那么其比值的纵向分辨率应介于两者之间，为 $0.5 \sim 0.6\mathrm{m}$。

另外，测井速度、测井采样间隔都将影响到中子测井曲线的纵向分辨率。通常认为中子测井曲线的纵向分辨率为 0.6m。

图 9.5 中给出的是不同厚度（0.25ft（0.08m）～2ft（约 0.62m））薄层砂岩（$\Phi_\mathrm{N} =$ 26P.U.）中子孔隙度测井响应的模拟。

从以上模拟出的曲线可以看出，随着地层厚度增加，补偿中子孔隙度值也逐渐增大，当地层厚度等于 2ft（0.62m）时，补偿孔隙度曲线的峰值等于实际孔隙度。层越薄，薄层受围岩的影响越大，补偿中子孔隙度更接近于围岩的孔隙度；并且还可以发现，如果在薄层处按补偿中子孔隙度的半幅点确定储层厚度则其将远大于真实的地层厚度。

（五）补偿密度

密度测井仪的纵向分辨率大约在 0.3m。图 9.6 给出了密度测井仪的薄层响应，例子中薄层厚度的范围为 0.25ft（0.08m）～2ft（约 0.62m）。由此可以看出，随着地层厚度的增加，补偿密度值随着厚度增加而逐渐增大；当地层厚度等于 1ft 时，补偿密度孔隙度曲线的峰值等于实际孔隙度。

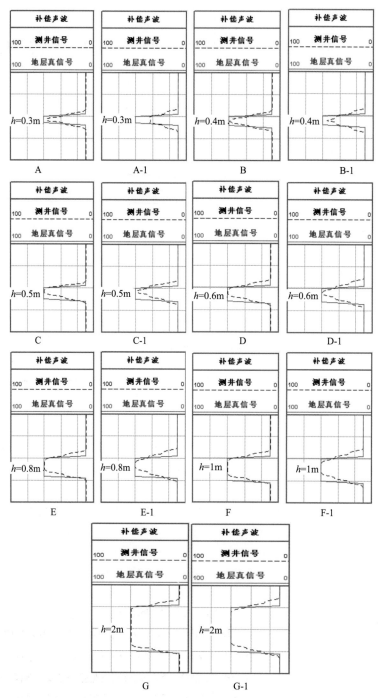

图 9.4　五点和七点褶积模型模拟的补偿声波在不同厚度储层段的薄层响应曲线

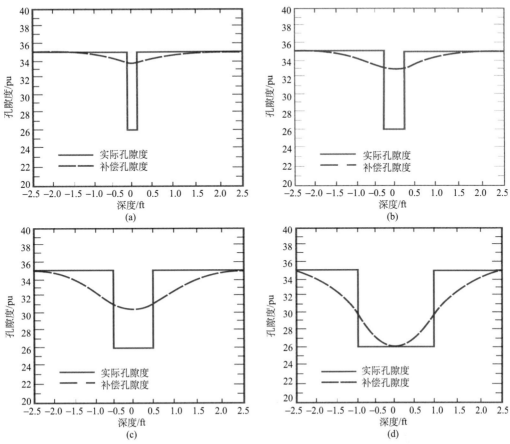

图 9.5　补偿中子在不同厚度储层段的薄层测井响应（1ft＝3.048×10⁻¹m）

（a）0.25ft（约 0.08m）厚的地层的孔隙度响应；（b）0.5ft（约 0.16m）厚的地层的孔隙度响应；

（c）1ft（约 0.31m）厚的地层的孔隙度响应；（d）2ft（约 0.62m）厚的地层的孔隙度响应

补偿密度测井的薄层响应的一个重要特征是密度测井响应曲线在薄层处有偏移现象（图 9.6（a）和图 9.6（b）），即密度测井响应的峰值并不对应于地层的中心，而是偏移于地层的中心。

（六）感应电阻率

深感应有很大的探测深度，大约为 8ft（约为 2.48m），但其纵向分辨率低，层界面分辨能力差，分辨率从 3～20ft（约 0.9～6m），主要还取决于地层的导电性好坏。一般认为双感应测井曲线的纵向分辨率在 2～2.5m。

从图 9.7 可以看出，深感应电阻率值随着地层厚度的增加而逐渐接近真实电阻率值，薄层处电阻率曲线变得很平滑，在层界面处的响应更差，分层能力也更弱。

分析表明，柴达木盆地自然伽马曲线对地层岩性的反映最为明显，纵向分辨率相对最高；就三孔隙度曲线而言，补偿密度的纵向分辨率相对较高。

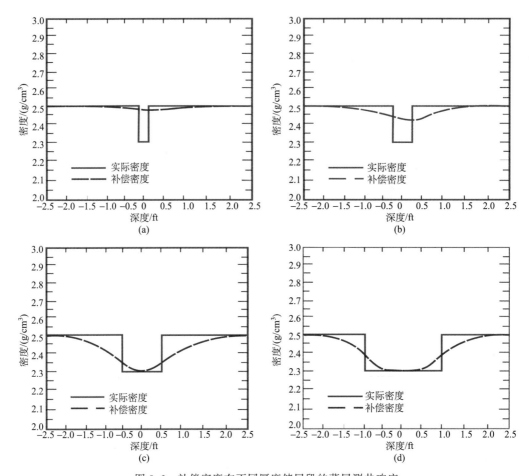

图 9.6　补偿密度在不同厚度储层段的薄层测井响应

（a）0.25ft（约 0.08m）厚的地层的密度响应；（b）0.5ft（约 0.16m）厚的地层的密度响应
（c）1ft（约 0.31m）厚的地层的密度响应；（d）2ft（约 0.62m）厚的地层的密度响应；

四、薄层测井响应校正方法

通过薄层校正后的测井曲线分辨率明显提高，效果比较明显的包括自然伽马、自然电位、电阻率等。

五、自然伽马反褶积参数确定

自然伽马是计算泥质含量最为重要的曲线，并且自然电位分辨率的提高依赖于自然伽马曲线，因此自然伽马反褶积参数的选择变得尤其重要。

将自然伽马分别做了三点、五点、七点反褶积，并将反褶积后的各条曲线与岩石物理实验数据进行了对比。如图 9.8 所示，首先从分辨率来看，七点反褶积高于五点反褶积，五点反褶积高于三点反褶积。另外，从校正的幅度和趋势来看，三点反褶积 GR 基

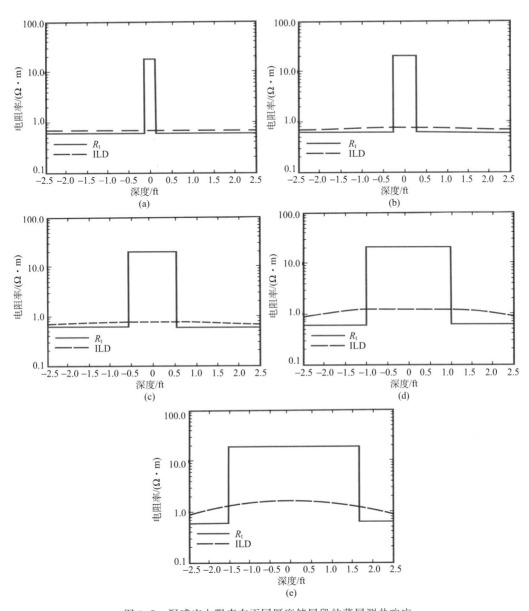

图 9.7 深感应电阻率在不同厚度储层段的薄层测井响应

（a）0.25ft 厚油砂岩的深感应电阻率测井响应；（b）0.5ft 厚油砂岩的深感应电阻率测井响应

（c）1ft 厚油砂岩的深感应电阻率测井响应；（d）2ft 厚油砂岩的深感应电阻率测井响应；

（e）3ft 厚油砂岩的深感应电阻率测井响应

本上与井下实测自然伽马没有太大区别，对薄层的响应不够明显，与岩心自然伽马仍有一定差距；五点反褶积 GR 相对要好一些，七点反褶积 GR 最接近实验岩心自然伽马值。

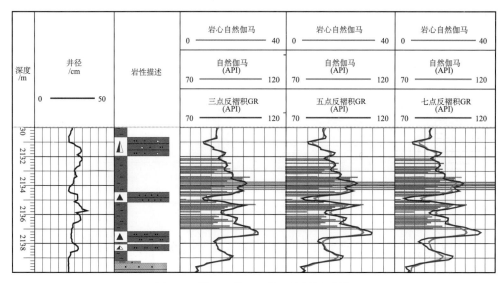

图 9.8　跃 375 井 GR 校正效果图-薄层

六、声波、电阻率曲线匹配曲线确定

对补偿声波、电阻率的校正主要是采用频率匹配法，分别用原始 GR、三点反褶积 GR、五点反褶积 GR、七点反褶积 GR 进行匹配，校正效果如图 9.9 和图 9.10 所示。

从测井曲线与岩石物理实验数据的吻合程度来看，薄层不如薄互层效果好，造成这种现象的主要原因是取心井段薄层扩径现象较薄互层严重，因此电阻率与补偿声波受到井径的影响都比较大。井眼规则的井段，电阻率、补偿声波与岩石物理实验数据吻合相对要好一些。

从声波、电阻率的校正效果来看，校正后的曲线分辨率都有一定程度的提高，但用三点反褶积校正后 GR 匹配的曲线与五点、七点 GR 匹配的曲线差别很小（图 9.9 和图 9.10）这说明频率匹配法对具体用哪条校正后的 GR 曲线差异不太大。最终确定使用自然伽马薄层校正效果相对好一些的七点反褶积后的 GR 曲线进行分辨率匹配。

七、薄层校正效果分析

通过与岩石物理实验数据进行对比，确定了对自然伽马使用七点反褶积方法；三孔隙度曲线、自然电位曲线采用七点反褶积后的自然伽马进行频率匹配；在有微球形聚焦、薄层电阻率等高分辨率测井曲线的情况下，采用这些探测深度较浅的高分辨率曲线对深侧向、深感应等进行频率匹配，若没有高分辨率电阻率曲线，也采用七点反褶积后的自然伽马进行频率匹配。各条曲线校正后的效果如图 9.11 和图 9.12 所示。

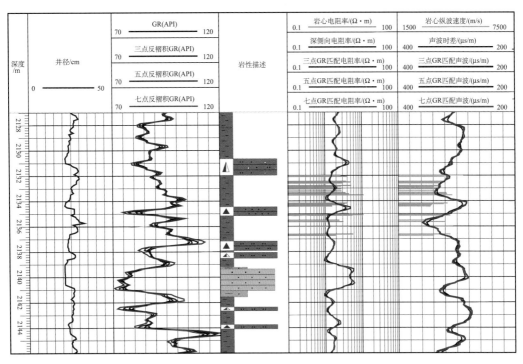

图 9.9 跃 375 井电阻率、声波校正效果图-薄层

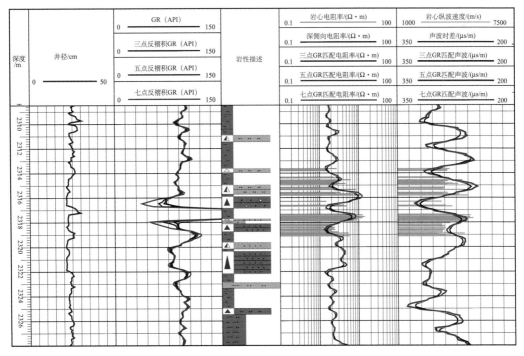

图 9.10 跃 375 井电阻率、声波校正效果图-薄互层

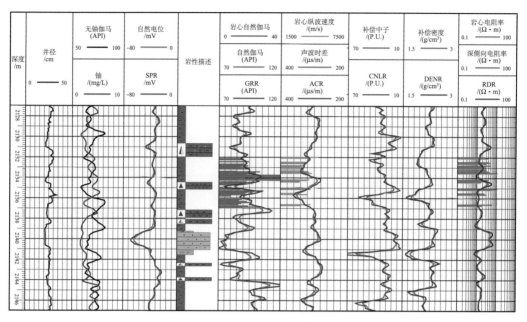

图 9.11　跃 375 井薄层曲线校正效果图

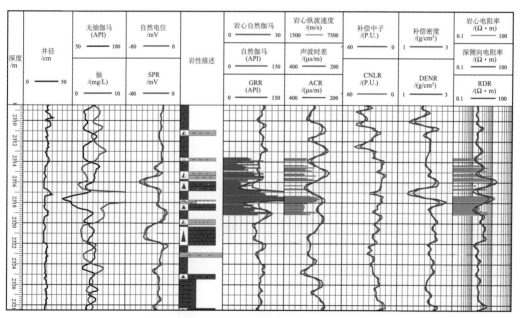

图 9.12　跃 375 井薄互层曲线校正效果图

从图中可以看到，根据所确定的薄层校正方法，校正后的测井曲线较原始曲线纵向分辨率有一定程度提高，且薄层校正后曲线与岩石物理实验结果更加接近，证明薄层校正方法选择以及校正参数选取是可行的。

第二节　岩性、流体对薄层测井响应的影响分析

一、不同岩性的薄层响应特征

由于薄层受仪器纵向分辨率影响，会使得测井曲线在薄层处出现畸变。不同性质（岩性、流体）、不同厚度岩层与不同围岩产生测井曲线畸变也有差别，其特点如下所示。

1）无论砂泥岩还是碳酸盐岩中，薄层纯泥岩较易识别，薄层纯砂岩、薄层纯灰岩较少，多为薄层含泥砂岩、薄层含泥（含砂）灰岩。

2）岩性对薄层测井响应的影响与厚层是一致的，所不同的是在薄层处，岩性的影响在一定程度上被围岩影响掩盖，而厚层则更能凸显岩性的影响。

3）工区内三种主要的岩性——泥岩、砂岩、灰岩对薄层测井响应各不相同。①泥岩：与砂岩相比，自然伽马值增高，增高的幅度取决于泥岩中的黏土成分；自然电位无负异常；中子、声波值相对增高，密度值相对降低，电阻率相对降低。②砂岩：自然伽马中低值；自然电位一般负异常；致密砂岩，中子、声波为低值，密度值相对高值；随着物性变好，中子、声波值增高，密度值相对降低，电阻率值更多取决于储层含流体性质。③灰岩：自然伽马中低值；自然电位一般负异常；致密灰岩，中子、声波为低值，密度值相对高值；随着物性变好，中子、声波值增高，密度值相对降低，电阻率值相对背景值增高，储层含流体性质有一定影响。

4）薄层处，自然伽马分辨率较高，但自然电位表现比较平缓或差异不明显等。通过薄层校正，自然电位曲线能提高分辨率，与自然伽马匹配性更好。

5）薄层处，并且受围岩影响，三孔隙度曲线与围岩差异不明显，但有一定趋势，通过薄层校正能使其分辨率提高。

6）薄层处，电阻率曲线相比厚层增高或降低幅度较小，即使经过薄层校正后幅度仍然较小，可能与薄层岩性不纯、物性较差有较大关系。

7）物性好的储层，物性、流体及围岩影响通常在很大程度上掩盖了岩性的影响。

二、不同流体性质对薄层的影响

含不同流体性质的储层，其测井特征的差别主要体现在三孔隙度曲线和电阻率曲线上，并且在厚层和薄层上其特征也有一定差异。

储层流体组成一般为三种：油、气、水。它们物理性质的差别导致储层段测井特征的差别。油的导电性差会导致储层电阻率值升高；气的含氢指数低产生挖掘效应可导致储层段补偿中子值降低，同时有可能导致补偿声波曲线跳波；水的含氢指数高，会导致储层补偿中子值变大，同时由于水的电阻率较低会使得水层电阻率下降（地层水矿化度极低的高阻储层除外）。

薄油层、薄水层、薄干层与其同类型的厚层相比，都有较大的相似性。但受各种因素的影响后，其幅度变小或表现比较平缓（分辨率降低）。通过测井曲线薄层校正后，其特征向厚层靠近（能在一定程度上恢复其分辨率），以此来进行测井识别与解释。

第三节　测井资料处理解释

一、储层参数建模

经过研究，同时参考青海油田现有的四性研究报告及其他相关分析报告，分别得到乌南、油泉子、尕斯、跃进二号、南翼山等 5 个区块模型参数。

尕斯：$a=1$，$b=1.034$，$m=1.63$，$n=1.807$，$R_w=0.008\sim0.067\Omega\cdot m$

跃进二号：$a=1$，$b=1.034$，$m=1.63$，$n=1.807$，$R_w=0.0131\sim0.0395\Omega\cdot m$

其他区块参数参考本报告第五章、第六章有关章节。

二、流体性质判别

储层流体性质主要通过测井曲线直观判别法来进行判别。对于具有一定孔隙度和渗透性的储层，判别流体性质主要依据双感应和阵列感应电阻率曲线，见表 9.1。

根据上述测井解释模型和参数，对乌南、油泉子、尕斯、跃进二号、南翼山等目标地区井进行了处理。对于有取心分析的井，进行了将处理结果与取心物性资料对比，岩心孔隙度与测井孔隙度交会图的相关关系也均在 0.8 以上，这证明了的测井解释模型和模型参数是正确的。

例如，南翼山地区南浅 3-6 井的岩心分析孔隙度、渗透率与测井的孔、渗数据具有应较好的一致性（图 9.13）。表 9.2 为尕斯、跃进二号区块的具体判别依据。

表 9.1　尕斯地区 N_1 和 N_1^2 储层流体性质判别依据

类型	电性特征描述
油层	自然电位通常为低自然伽马，有较明显的负异常；三孔隙度曲线为两高一低，高补偿声波、中高补偿中子、低补偿密度；电阻率一般高于围岩 N_2^2：$\phi\geq15\%$，$S_O\geq45\%$，$R_T\geq2.2\Omega\cdot m$ N_1：$\phi\geq11\%$，$S_O\geq45\%$，$R_T\geq2.0\Omega\cdot m$
水层	低自然伽马，自然电位负异常幅度较大，高补偿声波、高补偿中子、低补偿密度，电阻率明显低于围岩，电阻率低于 $1.5\Omega\cdot m$ N_2^2：$\phi\geq15\%$，$S_O<40\%$，$V<1.6\Omega\cdot m$ N_1：$\phi\geq11\%$，$S_O<40\%$，$R_T<1.5\Omega\cdot m$
油水同层	油水同层自然电位明显负异常，自然伽马低值，自然电位与自然伽马曲线一致性好。双感应电阻率值高于水层，低于油层。同时，双感应电阻率值常呈上高下低特征，即在储层段上部双感应电阻率高值，呈现油层特征；在储层段下部双感应电阻率呈低值，呈现水层特征。 N_2^2：$\phi\geq15\%$，$40\%\leq S_O<45\%$，$1.6\Omega\cdot m\leq R_T<2.2\Omega\cdot m$ N_1：$\phi\geq11\%$，$40\%\leq S_O<45\%$，$1.5\Omega\cdot m\leq R_T<2.0\Omega\cdot m$

类型	电性特征描述
干层	自然伽马较低；自然电位有一定负异常，但也有部分差异较小或差异不明显；双感应电阻率值近似于围岩，多呈平直状或高于水层；与油层、水层最大的差别在于其物性差，因此其补偿声波值较低，补偿中子值较低，补偿密度与围岩相近或高于围岩，反映岩性致密 N_2^1：$\phi<15\%$，$S_O<45\%$，$R_T>1.6\Omega\cdot m$ N_1：$\phi<11\%$，$S_O<45\%$，$R_T>1.5\Omega\cdot m$

三、测井资料处理解释效果评价

根据上述测井解释模型和参数，对乌南、油泉子、尕斯、跃进二号、南翼山等目标地区井进行了处理。对于有取心分析的井，进行了将处理结果与取心物性资料对比，岩心孔隙度与测井孔隙度交会图的相关关系也均在 0.8 以上，这证明了的测井解释模型和模型参数是正确的。

例如南翼山地区南浅 3-6 井的岩心分析孔隙度、渗透率与测井的孔、渗数据具有较好的一致性（图 9.13）。

表 9.2 跃进二号 N_1 和 N_2^1 储层流体性质判别依据

类型	电性特征描述
油层	自然电位通常为低自然伽马，有较明显的负异常；三孔隙度曲线为两高一低，高补偿声波、中高补偿中子、低补偿密度；电阻率一般高于围岩 N_2^1：$\phi\geq20\%$，$S_O\geq40\%$，$R_T\geq2.2\Omega\cdot m$ N_1：$\phi\geq18\%$，$S_O\geq40\%$，$R_T\geq2.0\Omega\cdot m$
水层	低自然伽马，自然电位负异常幅度较大，高补偿声波、高补偿中子、低补偿密度，电阻率明显低于围岩，电阻率低于 $1.5\Omega\cdot m$ N_2^1：$\phi\geq20\%$，$S_O<30\%$，$R_T<1.6\Omega\cdot m$ N_1：$\phi\geq18\%$，$S_O<30\%$，$R_T<1.5\Omega\cdot m$
油水同层	油水同层自然电位明显负异常，自然伽马低值，自然电位与自然伽马曲线一致性好。双感应电阻率高于水层，低于油层。同时，双感应电阻率值常呈上高下低特征，即在储层段上部双感应电阻率高值，呈现油层特征；在储层段下部双感应电阻率呈低值，呈现水层特征 N_2^1：$\phi\geq20\%$，$30\%\leq S_O<40\%$，$1.6\Omega\cdot m\leq R_T<2.2\Omega\cdot m$ N_1：$\phi\geq18\%$，$30\%\leq S_O<40\%$，$1.5\Omega\cdot m\leq R_T<2.0\Omega\cdot m$
干层	自然伽马较低；自然电位有一定负异常，但也有部分差异较小或差异不明显；双感应电阻率值近似于围岩，多呈平直状或高于水层；与油层、水层最大的差别在于其物性差，因此其补偿声波值较低，补偿中子值较低，补偿密度与围岩相近或高于围岩，反映岩性致密 N_2^1：$\phi<20\%$，$S_O<40\%$，$R_T>1.6\Omega\cdot m$ N_1：$\phi<18\%$，$S_O<40\%$，$R_T>1.5\Omega\cdot m$

另外，从图 9.14 可以看到，乌南绿 10 的岩心孔隙度、渗透率与测井处理的孔、渗对应也较好；尕斯地区跃中 6-5 井测井计算孔隙度、渗透率与岩心分析数据吻合较好（图 9.15）。

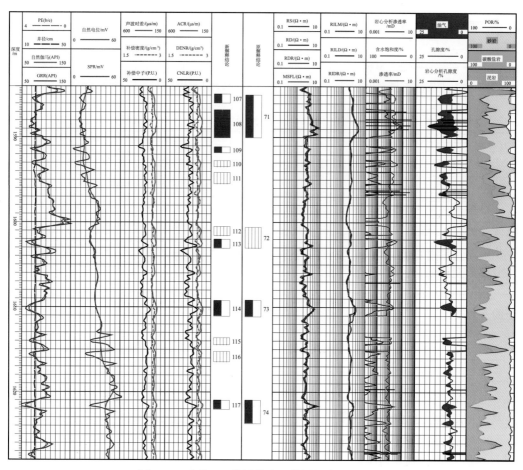

图 9.13　南浅 3-6 井测井处理结果与岩心对比图

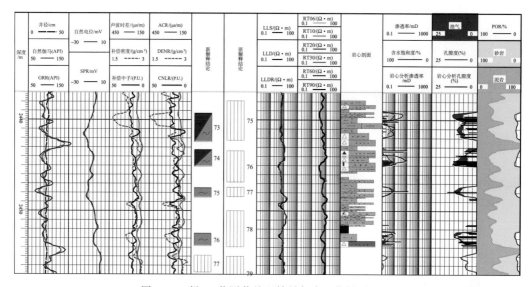

图 9.14　绿 10 井测井处理结果与岩心物性对比图

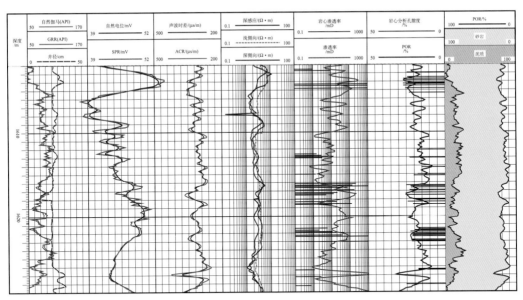

图 9.15　跃中 6-5 井测井处理结果与岩心物性对比图

四、与原测井解释结论对比分析

通过解释处理并与原测井解释结论进行对比，在薄层的识别和解释上取得了一定的效果，不仅是识别的薄层数目增加了，更是解释出了一批薄储层，使得总体有效厚度较以前也有一定程度的增加。

例 1：孕斯乌 2-03 井

乌 2-03 井 1834～1859m 原解释结论只解释 1 个油层，而经过薄层校正后，测井曲线纵向分辨率有一定程度提高，在 1835.63～1836.5m、1842～1842.88m、1856.375～1858.5m 处，GR 值降低，SP 负异常，电阻率增高，且三孔隙度有一定的储层响应特征，因此综合解释 29、31、33 号这 3 个差油层，其厚度分别为 0.87m、0.88m、2.125m（图 9.16）。

例 2：油泉子油 15 井

油 15 井 820～850m 原只解释了 2 个干层。通过薄层校正后，发现 3 个井段的 GR 值降低，SP 负异常，电阻率增高，且三孔隙度曲线符合油泉子地区储层响应特征，同时经电成像对比，与常规曲线特征匹配性好。因此新识别出了 3 个薄层，均为差油层，有效厚度分别为 0.76m、0.84m、0.83m（图 9.17）。

例 3：南翼山南浅 3-6 井

南浅 3-6 井 445～480m 原只解释 1 个差油层。经过薄层校正后，发现在 468.25～469.5m、470.75～471.75m、475.375～477.375m，GR 值降低，SP 负异常，电阻率增高，且从三孔隙度曲线上看，符合南翼山地区储层响应特征，因此新解释出 3 个层，为差油层，有效厚度分别为 1.25m、1m、2m（图 9.18）。

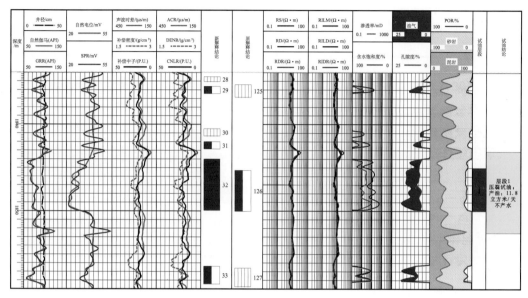

图 9.16　乌 2-03 井测井解释成果图

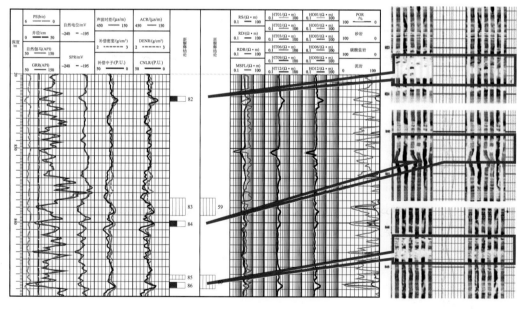

图 9.17　油 15 井测井解释成果图

五、薄储层测井处理解释结果统计对比分析

分别对乌南、油泉子、尕斯、跃进二号、南翼山这五个区块共 197 口井进行了薄层解释处理。从处理结果来看，新解释的油气层数以及储层有效厚度与原解释结论相比都有一定程度的增加（表 9.3）。其中油气层个数增加 11.49%～47.40%，有效厚度增加

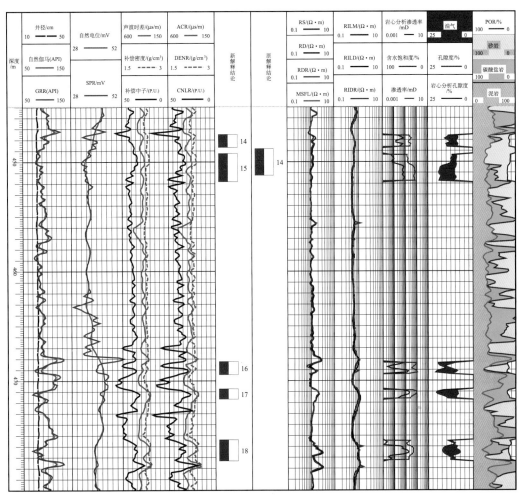

图 9.18　南浅 3-6 井测井解释成果图

5.52%～11.53%，平均为 9.84%。这表明，薄储层在柴达木盆地有一定的潜力，对油田储量增长也具有重要意义。

表 9.3　各区块测井解释结论综合统计对比表

地区	层位	井数/口	油气层数				有效厚度			
			新结论/层	原结论/层	增加量/层	增加百分比/%	新结论/m	原结论/m	增加量/m	增加百分比/%
乌南	N_2^1	61	639	480	159	32.92	1019.2	867.15	152.05	17.53
油泉	N_2^2，N_2^1	31	771	533	238	44.65	1094.35	1022.67	71.68	7.01
尕斯	N_2^1，N_1	51	1862	1510	352	23.31	3355.2	3137	218.2	6.96
跃进	N_2^1，N_1	25	1562	1401	161	11.49	3401	3224	178	5.52
南翼	N_2^2，N_2^1	29	936	635	301	47.4	1290.5	1154.62	135.88	11.77

第四节　测井新技术的应用

由于常规测井曲线纵向分辨率有限，或者纵向分辨率高，但探测深度浅，并且受工作环境、井径、侵入等的制约与影响较大，即使通过薄层校正，仍然存在不足。为了弥补常规测井曲线的先天不足，有必要引入一些测井新技术配合常规测井曲线来进行测井解释。

通过对多个区块的实际分析，认为目前柴达木盆地运用较广的测井新技术中，微电阻率成像测井、阵列感应电阻率测井对于薄层测井解释有较大帮助。

微电阻率成像测井与阵列感应电阻率测井在薄层识别、层界面确定、标定常规测井等方面发挥了重要作用。例如，乌107井，在2340.4~2341.1m（厚0.7m），常规测井曲线显示自然伽马较低，自然电位有一定负异常，校正后三孔隙度有一定储集性能，但2ft阵列感应电阻率曲线平缓，仅凭此特征解释为储层显得证据不足。根据微电阻率成像测井成果显示，该段为亮色，为较纯砂岩，1ft阵列感应曲线有一定高阻响应，因此综合该层为差油层（图9.19）。

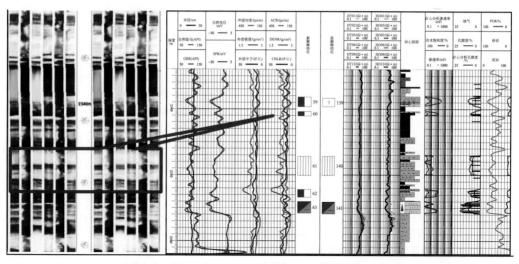

图9.19　乌107井测井新技术结合常规测井识别薄层图

参 考 文 献

高成军，陈科贵，卫扬安，等.2007.碳酸盐岩储层测井与录井评价技术.北京：石油工业出版社

贾文玉，田素月，孙耀庭.2001.成像测井技术及应用.北京：石油工业出版社

金燕，张旭.2002.测井裂缝参数估算与储层裂缝评价方法研究.天然气工业，22（增刊）：64～67

赖富强.2004.应用声电成像测井进行裂缝检测与评价研究.中国石油大学博士学位论文

李金柱，孙波.2003.利用常规测井和电成像资料评价薄层砂岩.测井技术，27（1）：35～38

刘伟，林承焰，管全俊，等.2009.油泉子油田低渗透储层特征分析及岩性识别.测井技术，33（1）：47～51

陆敬安，伍忠良，关晓春，等.2004.成像测井中的裂缝自动识别方法.测井技术，28（2）：115～117

欧阳健，等.1994.石油测井解释与储层评价.北京：石油工业出版社

彭琥.2003.基于钟形函数的自然伽马测井响应.测井技术，27（6）：449～455 乔德新.2005.成像测井资料定量计
　　算方法研究及软件开发.中国地质大学（北京）博士学位论文

秦巍，陈秀峰.2001.成像测井井壁图像裂缝自动识别.测井技术，25（1）：64～69

青海石油管理局地质测井公司.1998.青海省柴达木盆地柴西地区裂缝性油气藏测井解释方法研究报告［内部资料］

青海油田分公司勘探开发研究院，中国石油勘探开发研究院.2000a.柴达木盆地南翼山、狮子沟裂缝性油气藏储层
　　裂缝分布规律研究［内部资料］

青海油田分公司勘探开发研究院，中国石油勘探开发研究院.2000b.柴达木盆地南翼山 E_3^2 裂缝性凝析气藏测井储层
　　评价［内部资料］

青海油田分公司勘探开发研究院，中国石油勘探开发研究院.2000c.柴达木盆地南翼山、狮子沟裂缝性油气藏开发
　　技术研究［内部资料］

青海油田分公司勘探开发研究院.1998.乌南油田乌 4 断块新增探明储量报告［内部资料］

青海油田分公司勘探开发研究院.2006.乌南油田"四性"关系与测井精细解释研究［内部资料］

青海油田分公司勘探开发研究院.2008.乌南油田乌 101 井区沉积、储层评价［内部资料］

寿建峰，邵文斌，陈子炓，等.2003.柴西地区第三系藻灰（云）岩的岩石类型与分布特征.石油勘探与开发，
　　30（4）：37-39

孙建孟，刘蓉，梅基席，等.1999.青海柴西地区常规测井裂缝识别方法.测井技术，23（4）：268～272

单瑛杰.2006.测井曲线高分辨率处理及薄层解释.吉林大学硕士学位论文

碳酸盐岩气田地质与勘探编委会.1996.碳酸盐岩气田地质与勘探.北京：石油工业出版社

陶宏根，王宏建，傅有升.2008.成像测井技术及其在大庆油田的应用.北京：石油工业出版社

王瑞飞.2008.特低渗透砂岩油藏储层微观特征.实验室研究与探索.北京：石油工业出版社

王树寅，李晓光，石强，等.2006.复杂储层测井评价原理和方法.北京：石油工业出版社

魏国，赵佐安.2008.元素俘获谱（ECS）测井在碳酸盐岩中的应用探讨.测井技术，32（3）：285～288

温志峰，钟建华，郭泽清，等.2004.柴西地区第三纪叠层石岩石学特点与油气储集特征.石油勘探与开发，31（3）：
　　49～53

吴海燕，朱留方.2002.成像、核磁共振测井在埋北裂缝性储层评价中的应用.石油与天然气地质，23（1）：45～48

谢然红.2001.低电阻率油气层测井解释方法.测井技术，25（3）：199～203

杨青山，艾尚君，钟淑敏.2000.低电阻率油气层测井解释技术研究.大庆石油地质与开发，19（5）：33～36

姚伟，王东生，申梅英.2005.薄层测井解释技术的进展.油气田地面工程，24（4）：61～62

赵国瑞，吴剑锋，解玉堂，等.2002.低电阻率油层的实验研究和解释方法.测井技术，26（1）：107～112

中国石油勘探与生产公司.2006.低阻油气藏测井识别评价方法与技术.北京：石油工业出版社

主要符号表

μm－微米

φ－孔隙度

$K(k)$ －渗透率

℃－摄氏温度

g/cm³－克/立方厘米

μm²－平方微米

mg/L－毫克/升

mPa·s－毫帕秒

t－吨

km²－平方公里

m－米

m³－立方米

mm－毫米

MPa－兆帕

Ω·m－欧姆米

$\varPhi$－直径

μs/m－微秒/米

mD－毫达西

N/m－牛/米

N/m²－牛/平方米

MPa/m－兆帕/米